Titel:	**Handbuch für das Technische Underwriting**
Untertitel:	**Aufnahme und Analyse von gewerblichen Sachrisiken**
Auflage-Nr.:	**5. überarbeitete Auflage**
Autor & Layout:	**Marc Latza**
Copyright:	**© 2019 Marc Latza**
ISBN:	**978-3-96518-007-9 Hardcover**
	978-3-96518-005-5 Paperback
	978-3-96518-006-2 e-Book

independent-Verlag
Marc Latza

www.independentverlaglatza.de

Schauen Sie sich auch gerne unsere **kostenlose App** an und informieren Sie sich so über unsere Veröffentlichungen, Autoren und Angebote.

Ein Besichtigungsbericht für die alltägliche Arbeit sowie ein Schweißerlaubnisschein können auf unserer Internetseite heruntergeladen werden !

Vorwort

Bei diesem Buch handelt es sich um ein Kompendium und somit liegt laut Wikipedia ein kurz gefasstes Lehrbuch bzw. Nachschlagewerk vor.

Dieses Werk ist für die alltägliche Anwendung im Innen- und Außendienst gedacht und soll übersichtlich zusammengestellte Informationen vorhalten.

Daher wurde bei der Erstellung bewusst auf umfangreiche Paragrafen, Gesetzestexte und Bedingungswerke verzichtet.

Erklärtes Ziel vom Autor: Eine Art Arbeitsunterlage zu verfassen, in der die Informationen aus der Praxis für die Praxis enthalten sind.

Dieses Buch hat einen rein informatorischen Zweck und kann daher nicht verbindlich zur Beurteilung von zu versichernden Risiken herangezogen werden.

Horstmar im Januar 2019

Marc Latza

Der Autor

Marc Latza

- geboren 1974

- Haftpflicht Underwriter (DVA)

- Technischer Underwriter (DVA)

- Versicherungsrisikomanager (IOFC)

- seit Februar 2019 als Senior-Underwriter bei einem großen deutschen Versicherungsunternehmen tätig

- Fachbuchautor

- Dozent

- Akkreditierter Fachjournalist

Regelmäßig bietet der Autor zu diversen versicherungstechnischen Themen Seminare an.

Das Seminar zum Thema „1x1 der Architektenhaftpflicht" wurde 2014 inhaltlich von der Architektenkammer NRW geprüft und als Fortbildungsveranstaltung für Architekten und Ingenieure anerkannt !

Inhaltsverzeichnis

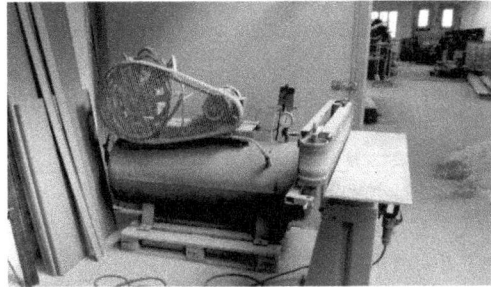

Kapitel 1   Brandschutz

Kapitel 1 Brandschutz / **Baulicher Brandschutz**

Kapitel 1   Brandschutz / **Betrieblicher und organisatorischer Brandschutz**

Metallverarbeitung

Werkstoffeigenschaften
- Eisenmetalle
- Leichtmetalle
- Buntmetalle

- Vorbehandlung
- Formgebung
- Bearbeitung
- Oberflächenveredelung
- Thermische Vergütung

- Vorbehandlung
-
-
- Oberflächenveredelung
-

- Kunststoffe
- Kühlschmierstoffe
- Hydraulikaggregate
- Absauganlagen
- Galvanisieren
-
- Härten
- Tempern
- Putzlappen in offenen Abfallbehältern

Kunststoffe

Grundlagen
- Verhalten im Brandfall
-

- Kohlendioxid (CO^2)
- Kohlenmonoxid (CO)
-
- Cyanwasserstoff / Blausäure (HCN)
-
-
-

- Flammschutzmittel
-
-
-
-

Kapitel 2   Underwriting

Chemieanlagen

Kapitel 2 _____ Underwriting

Schutzmaßnahmen / Explosionsgefahr

Kapitel 3   Technische Versicherungen

Kapitel 4   Betriebsunterbrechungsversicherungen

Kapitel 1

Brandschutz

Allgemein

Wer ein Sachrisiko „aufnehmen" will, sollte über gewisse Dinge grundsätzlich Bescheid wissen.

Daher möchte ich zu Beginn unter Zuhilfenahme eines historischen Brandberichtes auf die Wichtigkeit eines funktionierenden Brandschutzes aufmerksam machen.

Ich habe extra einen historischen Brandbericht gewählt, da schon beim Lesen der aus heutiger Sicht fehlerhafte bzw. fehlende Brandschutz auffällig ist. Ich habe mir dennoch erlaubt die wichtigen Stellen zu markieren.

1934 zerstörte ein Großbrand die Betriebsgebäude und das Holzlager von einem Sägewerk. Der damalige Schaden belief sich auf ca. 800.000 Mark.

1. Beilage zu Nr. 118 der „Nordwestdeutschen Zeitung" Donnerstag, 24. Mai 1934

Von einem verheerenden Großfeuer wurde gestern Nachmittag (23.05.1934) der Stadtteil Geestemünde heimgesucht.

In dem **Säge- und Hobelwerk**, der größte Holzimport- und Holzverarbeitungsfirma der Unterweserorte, in der zuletzt 100 Personen beschäftigt wurden, brach ein Schadenfeuer aus, das sich mit **unglaublicher Schnelligkeit ausdehnte und fast den gesamten Betrieb in Schutt und Asche legte.**

Die großen Werkanlagen, das Maschinenhaus, die bedeutenden Vorräte an Holz und sonstigen Materialien, das gesamte Inventar, Arbeitsgerät usw. sind ein Opfer der Flammen geworden.

Lediglich das Kontorgebäude konnte gerettet werden und ein in der Nähe befindliches Lager von Edelhölzern. Sonst bietet der einst große Betrieb ein einziges Bild der Verwüstung.

Große Gefahr bestand für die anliegenden Wohngebäude und vor allem für das städtische E-Werk an der Rheinstraße, das bei der ungünstigen Windrichtung in außerordentlichem Maße den Flammen ausgesetzt war.

Es ist eine hervorragende Leistung der vereinigten Unterweser-Feuerwehren, dass es gelang, das städtische Elektrizitätswerk, zu dem das Feuer vorgedrungen war, zu halten. Im anderen Falle hätte für den ganzen angrenzenden Stadtteil große Gefahr bestanden.

Der Kühlturm und ein Schuppen des E-Werkes, in dem sich ein Lager der Volkswohlfahrt befand, sind freilich von dem rasenden Element vernichtet worden. Die Hauptgebäude jedoch haben die Feuerwehrmänner gerettet.

Die Anlagen der Firma umfassten **einen** Komplex **von etwa** 16.000 m².

Den Mittelpunkt bildete das große aus Backsteinen errichtete Säge- und Hobelwerk, in dem sich **Hobel- und Kehlmaschinen, Rundstab- und Tischlereimaschinen, Sägegatter und Kreisblocksägen, sowie zahlreiche Hilfsmaschinen** befanden.

In der Nähe stand der ebenfalls massive Maschinenschuppen. Dahinter lagen drei große Lagerschuppen, in denen große Holzvorräte aufbewahrt wurden. Das Stallgebäude, in dem für gewöhnlich die Pferde und Wagen der Firma stehen, war zum Glück zur Zeit des Brandausbruches leer.

Das Werk führte Holz in großen Mengen ein, verarbeitete es und belieferte Abnehmer in ganz Nordwestdeutschland bis weit nach Mitteldeutschland hinein. **Eine Türen- und Kistenfabrik war dem Werk angegliedert.**

Als der Geestemünder Löschzug um 14.51 Uhr zur Brandstelle des Sägereibetriebes ausrückte, bemerkten sie die mächtig sich über dem Häusermeer türmenden Rauchwolken und beauftragte einen Polizeibeamten Großfeuer zu melden.

Beim Eintreffen des Löschzuges an der Sägerei ging die Feuerwehr zunächst daran, das bedrohte Kontorgebäude zu retten. Schnell wurde eine Schlauchleitung vorgenommen, und nach und nach wurden weitere Leitungen eingesetzt.

Die Wasserverhältnisse waren die denkbar besten, denn der Holzhafen bot genügend "Stoff". Inzwischen rückten von der Rheinstraße die übrigen alarmierten Wehren an, die Bremerhavener und die Leher Wehr, ferner die aus Wulsdorf und Schiffdorferdamm.

Die Flammen hatten sich mittlerweile vom Sägewerk aus über die sämtlichen Holzlager ausgedehnt, die eine mühelose Beute wurden. Der Wind trieb unglücklicherweise die gierig züngelnden Flammen in Richtung Rheinstraße und damit auf das Elektrizitätswerk zu.

Der hölzerne **Kühlturm** des E-Werkes wurde von den Flammen ergriffen und brannte fast herunter, auch eine frühere Garage, die zur Hälfte als **Lagerraum vom Werk benutzt und zur anderen Hälfte der Volkswohlfahrt zur Verfügung gestellt war, wurde ein Raub der Flammen. Hier lagerten etwa 3.000 Paar neue Männerschuhe, von denen etwa 300 Paar fortgeschafft werden konnten. Verbrannt sind durch Spenden zusammengekommene alte Bettstellen, Kinderwagen, alte Kleidungsstücke.**

Vier Meter von diesen niedergebrannten Gebäuden entfernt, erhebt sich der Komplex des E-Werkes mit seinen wertvollen Anlagen.

Diese zu verteidigen galt es die ganze Energie des hier eingesetzten Gros der Wehren. **Schon waren die Fensterscheiben infolge der fürchterlichen Glut gesprungen, schon sengten am Dachfirst die Holzteile,** denn der Wind trieb die Flamme gegen die Gebäude, aber das Rettungswerk gelang.

Das E-Werk blieb unversehrt, und unabsehbarer Schaden konnte so verhütet werden. Dank und Anerkennung gebührt neben den Feuerwehrmännern den sonstigen freiwilligen Helfern, die sich uneigennützig zur Verfügung gestellt hatten.

[...]

Kleine Ursachen ergaben den Riesenbrand.

Die einzigen, die den Brandherd in dem Augenblick sahen, als das Feuer entstand oder gerade entstanden waren, sind eine Frau und ein zehnjähriger Junge, Angehörige eines Betriebsmitgliedes, die im **Sägewerk Hobelspäne für die Haushaltsfeuerung holen wollten.**

Im Transmissionskeller sahen sie plötzlich in der Nähe der Hobelmaschine eine Stichflamme aufzucken.

Dann stand mit einem Schlage der ganze Keller in Flammen, sodass die Leute sich nur in höchster Eile retten konnten. Mit ungeheurer Geschwindigkeit griff das Feuer nach allen Seiten um sich. Es ist nach der bisherigen Feststellung der Kriminalpolizei mit einem Verschulden dritter Personen nicht zu rechnen.

Es ist als Brandursache mit größter Wahrscheinlichkeit anzunehmen, dass - wie schon bei einem kleinen Brande vor drei Wochen - eine heiß gelaufene Welle und von der Welle abspritzendes Öl ein paar winzige Sägespäne entzündet haben, und dass so aus kleiner Ursache dieser Riesenbrand entstand.

[...]

Ein Unglück kommt selten allein.

Während man in Geestemünde in angestrengtester Arbeit des Feuers Herr zu werden suchte, traf um 15.50 Uhr aus Schiffdorferdamm die Meldung von einem Waldbrand in der Sohr-Heide ein. Hierauf wurde vom Brandplatze der Sägerei die Freiwillige Feuerwehr von Schiffdorferdamm herausgezogen und mit der Bekämpfung des Waldbrandes beauftragt, ferner der 6.000 Liter fassende Sprengwagen, der jedoch nicht in Tätigkeit zu treten brauchte. Auch eine Abteilung des freiwilligen Arbeitsdienstes wurde eingesetzt.

Der Waldbrand ist offenbar durch Funkenflug entstanden (man hat an der Brandstelle verkohlte Holz- und Pappstücke gefunden); etwa 20 Morgen junger Tannenschonung wurde vernichtet.

Um 19.40 Uhr wurde schließlich noch Großfeuer aus Weddewarden gemeldet, wo das mit Stroh gedeckte Haus des Schmiedemeisters in Flammen stand.

[Ende]

Lässt man die damals als normal geltenden Umstände wie Transport per Pferd und die damit verbundene Brandlast durch Heu und Stroh bzw. die teilweise zu dieser Zeit typische Holzbauweise mal außer Betracht: Hätten man heute so einen Betrieb versichert ?

Fassen wir mal die Fakten aus dem Zeitungsartikel zusammen:

- Ein holzverarbeitender Betrieb mit Lagerstätten

- Brandlasten auf dem Fußboden (Späne)

- Brandlasten in der Nachbarschaft (Tür- und Kistenfabrik sowie E-Werk)

- Inklusive „Altkleiderlager" für eine karitative Einrichtung

- Keine bzw. geringe Abstände zwischen den Gebäuden

- Maschinen in einem technisch bedenklichen Zustand (mehrfacher Ölverlust)

- Betriebsfremde Personen (hier: Mutter und Sohn) haben ungehinderten Zutritt

Als mögliche Schadensursache wäre aus heutiger Sicht in erster Linie das Versagen des organisatorischen Brandschutzes zu nennen.

In dem Zeitungsartikel heißt es: „Wahrscheinlichkeit anzunehmen, dass - **wie schon bei einem kleinen Brande vor drei Wochen** - eine heiß gelaufene Welle und von der Welle abspritzendes Öl ein paar winzige Sägespäne entzündet haben..".

Eine Maschine kann sicherlich mal Öl verlieren, zumindest sollte man dies als mögliches Schadenszenario in Betracht ziehen.

Da hier jedoch nicht auf Ordnung und Sauberkeit in dem Maschinenbereich (Sägespäne auf dem Boden) geachtet wurde, obwohl es zuvor bereits einen kleinen Brand gegeben hatte, konnte das Feuer sich entsprechend schnell ausbreiten.

Kleine Ursache, große Wirkung – wie gesagt: Die damaligen Umstände und Bauweisen, die letztendlich zum Schaden geführt haben, sind aus heutiger Sicht undenkbar.

Aber dennoch zeigt dieser Zeitungsartikel geradezu beispielhaft auf, **mit welchen einfachen Mitteln damals schon eine derartige Brandausbreitung hätte verhindert werden können und genau darum soll es in diesem Buch gehen !**

Wie wäre der Brand wohl verlaufen, wenn ein organisatorischer Brandschutz (es ist bis jetzt noch nicht von technischen Brandschutz die Rede !) vorhanden gewesen wäre ?

- Ordnung und Sauberkeit im Maschinenraum

- Die Produktionsbereiche werden abends besenrein verlassen

- Rauchverbot

- Keine betriebsfremden Personen auf dem Gelände

- Auffangwanne unter der schadhaften Maschine zwecks Ansammlung von austretenden Öl

- Die Fenster in der Außenwand vom E-Werk zumauern

- Auslagerung der karitativen Sammelstelle

- Auslagerung von Heu und Stroh

Einziger Pluspunkt seinerzeit: Die räumliche Nähe zum Hafenbecken und somit zu ausreichenden Mengen an Löschwasser. Dies würde man heute ebenfalls als positiv bewerten.

Sicherlich alles nur Spekulation, aber dies sind alles „Forderungen", die der holzverarbeitende Betrieb hätte umsetzen können, ohne dass man die heutige Technologie wie Brandwände, Löschanlage etc. eingesetzt hätte.

Die heutigen Forderungen von den Versicherern sind sicherlich komplexer und somit qualitativ Anspruchsvoller geworden.

Dieses Buch soll dabei helfen, ein gewerbliches Komposit-Risiko auf hohem Niveau aufzunehmen und einem Versicherer transparent und schlüssig anzubieten.

Die nachfolgenden Informationen bilden daher das „Fundament" für eine qualitativ gut durchgeführte Risikoaufnahme.

Nicht so gut: Dieser „Ofen" ist immer mal wieder in Betrieb,
wird aber auch als Ablagefläche für brennbare Materialien
genutzt und es besteht kein angemessener Abstand
zu anderen brennbaren Dingen hergestellt.

Welche Gefahren können versichert werden ?

Hier wird unterschieden zwischen gewerblichen und industriellen Risiken.

Bei den **gewerblichen** Risiken wird zumeist (ohne jetzt auf die Unterscheidung zwischen Gebäude und Inventar einzugehen) wie folgt angeboten:

Klassisch (konservativ)   **EC-Deckung**

Feuer   Feuer
Leitungswasser   EC: Leitungswasser
Sturm / Hagel   Sturm / Hagel
Einbruchdiebstahl   Einbruchdiebstahl
Elementar   Elementar
Unbenannte Gefahren   Unbenannte Gefahren

Zusätzlich können „Innere Unruhen, Streik oder Aussperrung, böswillige Beschädigung" eingeschlossen werden.

Bei **industriellen** Risiken ist im Grunde der Leistungskatalog vergleichbar, aber deutlich individueller versicherbar:

Feuer

EC: Innere Unruhen, Streik oder Aussperrung, böswillige Beschädigung

  Fahrzeuganprall, Rauch, Überschallknall

  Wasserlöschanlagenleckage

  Leitungswasser

  Sturm / Hagel

  Einbruchdiebstahl

  Überschwemmung, Rückstau

  Erbeben

  Erdsenkung, Erdrutsch

  Schneedruck, Lawine

  Vulkanausbruch

  Unbenannte Gefahren

Im Gegensatz zu der in „Gewerbe" üblichen pauschalen Elementarschadendeckung können hier einzelne Gefahren abgesichert werden.

Was können die versicherten Gefahren leisten ?

Die versicherbaren Gefahren wie Feuer, Sturm usw. sichern den Versicherungsnehmer durchaus weiter ab, als ihre Bezeichnungen es im ersten Moment vermuten lassen.

Im Folgenden werden die allgemeinen Bezeichnungen wie sie in Angeboten, Versicherungsscheinen oder auch im Gespräch genutzt werden, etwas detaillierter Beschrieben.

Diese Beschreibungen sind nicht abschließend und sollen an dieser Stelle auch nur das Verständnis schaffen, im Alltag etwas genauer auf die einzelnen Gefahren einzugehen und sie ggf. gegenüber dem Versicherungsnehmer etwas differenzierter zu beschreiben.

Feuer

Laut den AFB leistet der Versicherer Entschädigung für versicherte Sachen, die durch

a) Brand
b) Blitzschlag
c) Explosion
d) Anprall oder Absturz eines Luftfahrzeuges, seiner Teile oder seiner Ladung

zerstört oder beschädigt werden oder abhandengekommen sind.

Man spricht hier auch von der sog. FLExA-Deckung. **F**ire, **L**ightning, **Ex**plosion, **A**ircraft.

Im Einzelnen:

Zu a) **Brand** ist ein **Feuer**, das ohne einen **bestimmungsgemäßen Herd** entstanden ist oder **ihn verlassen hat** und dass sich aus **eigener Kraft auszubreiten** vermag.

- Brand
  Als Brand wird ein Schadfeuer bezeichnet, dass durch nicht bestimmungsgemäßes Brennen einen Schaden anrichtet. Im Gegensatz dazu steht das sog. Nutzfeuer, das gewollt und kontrolliert an einen bestimmten Ort brennt.

- Feuer
  Ein Feuer geht immer mit einer sichtbaren äußeren Begleiterscheinung einer Verbrennung einher. Hierzu zählen in erster Linie Flammen und / oder Glut, je nachdem, welcher Stoff brennt. Verbrennungen ohne Lichterscheinung (Verkohlung, Fermentation, Erhitzung durch Strom usw.) sind kein Feuer.
  Gerade im Maschinenbereich gibt es aufgrund von sog. Wicklungsschäden oder „Lichtbögen" enorme Hitzeentwicklung, die mit entsprechenden Schäden verbunden sind. Hier würden für die Regulierung als Feuerschaden die Flamme sowie die Glut fehlen. Eine entsprechende Absicherung über eine Technische Versicherung wäre hier sinnvoll.

- Bestimmungsgemäßer Herd / nicht bestimmungsgemäßer Herd
  Das Feuer muss entweder ohne bestimmungsgemäßen Herd entstanden sein oder seinen bestimmungsgemäßen Herd verlassen haben.

  Diese Unterscheidung dient der Abgrenzung zwischen nicht versichertem Nutzfeuer (der entsprechende Einschluss kann aber per Klausel -siehe GDV 31xx- erfolgen) und versichertem Schadenfeuer.

  Es gibt 2 Gruppen von bestimmungsgemäßen Herden:
    o Geschlossene Feuerstätten
    o Ungeschützte Feuer

  Die geschlossene Feuerstätte als bestimmungsgemäßer Herd bezeichnet die zur Erzeugung oder Aufnahme von Feuer bestimmte Ausgangsstelle.

  Geschlossene Feuerstätten sind demnach dazu bestimmt, Feuer in sich zu bergen.

  Beispiele für geschlossene Feuerstätten sind
    o alle Arten von Öfen, Herden, Kaminen,
    o Industrieanlagen, in denen mit Feuer oder Glut gearbeitet wird.

  Keinen "Brand" im Sinne der AFB stellt deshalb beispielsweise ein Feuer im Ofen dar, da es seinen bestimmungsgemäßen Herd nicht verlassen hat.

  Alles, was innerhalb eines bestimmungsgemäßen Herdes durch das Feuer oder seiner Hitzestrahlung zu Schaden kommt, ist nicht ersatzpflichtig. Es ist dabei unerheblich, warum der besagte Gegenstand (Absicht oder Versehen) in den bestimmungsgemäßen Herd gelangt ist.

  Ein Schaden am Ofen ist z. B. auch dann nicht versichert, wenn der Brand von außen, und zwar von dessen Ölauffangwanne (Bestandteil des Ofens) ausgeht.

  Schäden an bestimmungsgemäßen Herden sind nur dann regulierungsfähig, wenn das Feuer von außen und von „neutraler Stelle" (z. B. durch ein schadhaftes Aufladungsgerät eines Gabelstaplers) auf sie einwirkt.

  Ebenso spielt es keine Rolle, dass ein ursprünglich als kleine Flamme gewolltes Feuer in einem Ofen durch z. B. Bedienungsfehler oder Eintragung eines Fremdstoffes zu einem „Vollbrand" im Ofen führt und aufgrund der dadurch erreichten Temperatur der Ofen beschädigt wird.

Tipp: Brandschäden an Räucher-, Trocknungs- und sonstigen ähnlichen Erhitzungsanlagen und deren Inhalt können mittels Klausel versichert werden. In diesen Fällen würde Versicherungsschutz für den bestimmungsgemäßen Herd bestehen, wenn der Brand darin ausbricht !

  Nicht zu den bestimmungsgemäßen Herden zählen Kochtöpfe, Rauchabzüge, Elektrogeräte aller Art, weil sie lediglich Wärme und Hitze in sich bergen, jedoch kein Feuer.

  Beispiele für ungeschützte Feuer sind:
    o Streichholzflamme
    o Zigarettenglut
    o Kerzenflamme
    o Gasflamme und Schweißflamme.

Bestimmungsgemäßer Herd ist z. B. die Kerze, nicht aber die Laterne, in der sich die Kerze befindet. Wenn der Innenraum der Laterne in Flammen steht, entspricht dies nicht mehr der vorgesehenen Nutzung der Laterne.

Ferner ist es unwichtig, warum im Einzelfall z. B. ein Ofen geheizt oder ein Streichholz entzündet wurde.

Wichtig ist nur, dass der Ofen zum Heizen gedacht ist und das Streichholz zum Brennen. In diesen Fällen wäre die Erfüllung der Definition „bestimmungsgemäßer Herd" gewährleistet.

Ob es sich im Einzelfall um einen bestimmungsgemäßen Herd handelt, muss nach objektiven Gesichtspunkten betrachtet werden. Aber der Grad ist sehr schmal !

Werden gelagerte Streichhölzer ungewollt entzündet, liegt kein bestimmungsgemäßer Herd vor. Aufgrund der hier vorliegenden Lagerungssituation sind die Streichhölzer in keinem gewollten „bestimmungsgemäßen Herd"-Zustand.

Als nicht bestimmungsgemäßer Herd gilt ferner:
- o der Blitzschlag
- o die Hitzestrahlungen durch nicht bestimmungsgemäße Herde (z. B. Abgasrohr, Ofenrohr)
- o eine Selbstentzündung (z. B. von Heu, ölgetränkte Textilien, „Gelber Sack"-Brände usw.)

- den Herd verlassen
Ein durch einen bestimmungsgemäßen Herd entstandenes Feuer hat seinen Herd verlassen, sobald es die vorgegebene Begrenzung überschritten hat, z. B.:
- o ein Handtuch auf der heißen Herdplatte
- o das Essen in der Pfanne
- o das Fett in der Fritteuse
- o auslaufendes und weiter brennendes Kerzenwachs
- o übergelaufenes Benzin, was nach der Betankung des Feuerzeuges sich entzündet
- o aus der geöffneten Ofentür schlagen Flammen heraus

Schwierig wird es in Grenzfällen wie z. B. zu hoch (!) lodernde Flammen eines Lagerfeuers.

- aus eigener Kraft
Am Ende des Tages ist dieser Punkt der Entscheidende !

Ob ein Feuer als Brand einzustufen ist, egal ob bestimmungsgemäßer Herd oder nicht, hängt von der „eigenen Kraft" zur Ausbreitung ab.

Denn in der Feuerdefinition heißt es „**und** sich aus eigener Kraft...". Wenn dort „oder" stehen würde, wäre die Gewichtung gleich eine ganz andere.

Daraus folgt, dass bei einem bestimmungsgemäßen Herd alle Schäden durch reine Hitzestrahlung und die sich daraus ergebenen Schäden an, im, um, auf, unter, neben oder über dem Herd entstehen, nicht regulierungsfähig sind.

Bei Feuern ohne bestimmungsgemäßen Herd liegt der Fall ähnlich. Bei Strahlungshitze oder Schäden durch Berührung mit der Hitze (heißes Ofenrohr) ohne Flammen- oder Glutentstehung, liegt kein erstattungspflichtiger Brandschaden vor.

Das Feuer muss sich zwar aus eigener Kraft ausbreiten können, dies setzt aber nicht das räumliche Verlagern einer vorhandenen Feuersubstanz (z. B. auslaufende glühende Schmelzmasse) oder sprühende Schweißfunken voraus !

Hier ist vielmehr die zündende Weitergreifung auf andere Stoffe gemeint.

Wenn also die vorgenannte glühende Schmelzmasse austritt und Kunststoffteile verformt, ist dies kein Brand bzw. kein Fall für die Feuerversicherung.

Entzündet die Schmelzmasse aber Holzteile, die wiederum weitere Teile in Flammen setzen, ist der Brandbegriff erfüllt.

Man kann auch vorsichtig mit der Faustformel „wenn gelöscht werden muss, um ein Ausbreiten zu verhindern, ist der Brandbegriff erfüllt" arbeiten. Vorsichtig deswegen, denn wenn sich herausstellt, dass man bei Entfernung des sog. Stützfeuers den Brand auch ohne löschen beendet hätte, würde wiederum der Begriff „eigene Kraft" nicht erfüllt sein.

Bei der Beurteilung der Einzelfälle ergeben sich in der Praxis manchmal Beweisprobleme.

Ein Blick in die empfohlenen Klauseln des GDV kann ebenfalls helfen.

Wichtig sind in diesem Zusammenhang auch die formulierten Ausschlüsse in den AFB wie:

- ohne Rücksicht auf mitwirkende Ursachen Schäden durch Erdbeben.

  Anmerkung: Hier hilft der Abschluss einer erweiterten Elementarschadendeckung.

- Sengschäden, außer wenn diese dadurch verursacht wurden, dass sich eine versicherte Gefahr (Anmerkung: gemeint sind hier FLExA) verwirklicht hat.

- Schäden, die an Verbrennungskraftmaschinen durch die im Verbrennungsraum auftretenden Explosionen, sowie Schäden, die an Schaltorganen von elektrischen Schaltern durch den in ihnen auftretenden Gasdruck entstehen.

  Anmerkung: Jeder Motor arbeitet mit kleinen gewollten Explosionen. Ein Einschluss dieser Schäden würde die Absicherung von quasi jedem Motorschaden bedeuten. Zum Teil kann hier aber eine Technische Versicherung weiterhelfen.

- Brandschäden, die an versicherten Sachen dadurch entstehen, dass sie einem Nutzfeuer oder der Wärme zur Bearbeitung oder zu sonstigen Zwecken ausgesetzt werden; dies gilt auch für Sachen, in denen oder durch die Nutzfeuer oder Wärme erzeugt, vermittelt oder weitergeleitet wird.

  Anmerkung: Hier werden die Teile ausgeschlossen, deren Job einfach die Arbeit mit Feuer ist. Ein Einschluss dieser Teile würde z. B. dazu führen, dass alle normalen Verschleißteile oder Bearbeitungsfehler an zur Bearbeitung übernommenen Teile Gegenstand der Feuerdeckung wären.

Zu b)   Blitzschlag ist der unmittelbare Übergang eines Blitzes auf Sachen.

Hier kommt es auf die genaue Formulierung an !

Ein Blit**schlag** ist der unmittelbare Übergang eines Blitzes auf Sachen. Hierbei ist allerdings nicht der Blitz als solches gemeint, sondern der **Einschlag** eines Blitzes und der damit verbundene Schaden an einer Sache. Dabei ist es unerheblich, ob der Blitz eine Sache auf der Erde oder in der Luft trifft.

Daher heißt es in den AFB auch:
„Überspannungs-, Überstrom- oder Kurzschlussschäden an elektrischen Einrichtungen und Geräten sind nur versichert, wenn an Sachen auf dem Grundstück, auf dem der Versicherungsort liegt, durch Blitzschlag Schäden anderer Art entstanden sind. Spuren eines Blitzschlags an diesem Grundstück, an dort befindlichen Antennen oder anderen Sachen als elektrischen Einrichtungen und Geräten stehen Schäden anderer Art gleich."

Im Gegensatz dazu und somit deutlich Kundenfreundlicher ist die Formulierung „während eines Gewitters entstandener Schaden". Diese Schäden machen in der Praxis den Großteil der Schäden aus und setzen nicht den nachvollziehbaren Einschlag eines Blitzes voraus.

Bei einem Blitzschlag wird noch unterschieden zwischen
- zündenden
- kalten

Blitzschlag.

Bei dem zündenden Blitzschlag ist der Name auch Programm. Dort entzünden sich Sachen, die durch den Blitz getroffen wurden.

Beim kalten Blitzschlag kommt es zu wasserdampfbedingten Versprengungen von Mauerwerken und Holzbalken.

Zu c) Explosion

Laut AFB handelt es sich hierbei um „eine auf den Ausdehnungsbestreben von Gasen oder Dämpfen beruhende, plötzlich verlaufende Kraftäußerung."

Diesem Thema wird in diesem Buch ein eigenes Kapitel gewidmet.

Zu d)   Anprall oder Absturz eines Luftfahrzeuges, seiner Teile oder seiner Ladung

Im Vergleich zu der früheren Formulierung „Anprall oder Absturz eines bemannten Flugkörpers, seiner Teile oder seiner Ladung" ist nunmehr kein „Personal" mehr an Bord für die Schadenregulierung nötig.

Dabei wurde seinerzeit extra auf die genaue Formulierung „bemannt" geachtet. „Bemannbar", also die theoretische Möglichkeit von Personen an Bord, hatte seinerzeit nicht gereicht. Damals ging es darum nur für die Schäden aufzukommen, die wirklich nicht mehr verhinderbar waren. Bei bemannten Flugkörpern wäre also noch eine Rettung in letzter Sekunde durch den Piloten denkbar gewesen.

Laut §1 des Luftverkehrsgesetzes sind Luftfahrzeuge wie folgt beschrieben:

- Flugzeuge, Drehflügler (also Hubschrauber), Luftschiffe, Segelflugzeuge, Motorsegler, Frei- und Fesselballone, Rettungsfallschirme, Flugmodelle, Luftsportgeräte
- Unbemannte Fluggeräte einschließlich ihrer Kontrollstation, die nicht zu Zwecken des Sports oder der Freizeitgestaltung betrieben werden (unbemannte Luftfahrtsysteme)
- sonstige für die Benutzung des Luftraums bestimmte Geräte

sofern sie in Höhen von mehr als dreißig Metern über Grund oder Wasser betrieben werden können.

Die theoretische Möglichkeit von über 30 Meter genügt. Das Flugobjekt muss nicht aus über 30 Metern abgestürzt sein (z.B. beim Startversuch nicht die Flughöhe erreicht und gegen ein Haus geprallt).

Wiederum gelten Raumfahrzeuge, Raketen und ähnliche Flugkörper nur dann als Luftfahrzeuge, solange sie sich im Luftraum befinden !

Ein „Anprall" des Flugmodells an der Hauswand z.B. beim Entladen des Kofferraums stellt also keinen versicherten Schaden dar. Das Flugobjekt muss aus luftiger Höhe kommend den Schaden verursacht haben.

In der Praxis (zum Glück gibt es nur sehr wenige derartige Fälle) sind die weiteren Kriterien leider nicht so konkret abzuleiten.

„Anprall oder Absturz… seiner Teile oder Ladung"

„Ladung" ist hier noch relativ einfach. Aufgrund eines technischen Defektes oder weil der Ferienflieger in der Luft explodiert, fallen Gepäckstücke auf das Haus und beschädigen dies.

Bei „Teilen" wird es schon schwieriger. Flugzeugteile wie Flügel oder Räder sind unstrittig.

Aber was ist mit Eisbrocken oder aufgrund eines Notfalls abgelassenes Kerosin ? Natürlich könnte man argumentieren, dass das Kerosin ein Betriebsmittel und somit ein „Teil" des Triebwerkes war.

Bei dem Eisbrocken wird es noch schwieriger, da sich Eis auch ohne ein Flugzeugabsturz lösen kann. Hier würde es allein schon an dem fehlenden Schadensverursacher (Fluglinie) scheitern.

Sollte Versicherungsschutz inklusiver der sog. „unbenannten Gefahren" bestehen, sollte dieser Punkt bei derartigen Schäden geprüft werden.

Sollte der „Anprall oder Absturz" nicht direkt auf dem Grundstück des Versicherungsnehmers erfolgen, sondern in der Nachbarschaft, sind Schäden durch den z.B. Sog des Flugzeuges (aufgrund des nahenden Absturzes ganz tief über das Dach geflogen) oder der Erschütterung durch den Aufprall (also Immission, Druckwelle) hierüber nicht erfasst.

Hinweis: Der Punkt „Anprall oder Absturz" steht für sich alleine. Somit wird hier kein Brand aufgrund eines abgestürzten Flugzeuges gefordert. Beschädigungen durch Trümmerteile werden also auch ohne ein anschließendes Feuer reguliert !

Der Schaden aufgrund des Durchbrechens der Schallmauer ist hierüber nicht erfasst. Hierfür gibt es in den EC-Gefahren das Risiko des „Überschallknalls" als Deckungsergänzung.

Leitungswasser

Hier gibt es je nach Risikoträger unterschiedliche Deckungskonzepte, daher folgen hier nur rudimentäre Informationen.

Prinzipiell sind Bruchschäden innerhalb von Gebäuden durch frostbedingte und sonstige Bruchschäden an versicherten Rohren der Wasserversorgung (Zu- und Ableitungen) versichert und bei Bruchschäden außerhalb von Gebäuden zumeist nur die Zuleitungsrohre.

Ferner sind sog. Nässeschäden versichert. Hier werden die durch bestimmungswidrig austretendes Leitungswasser zerstörten oder beschädigten Sachen ersetzt, wobei Wasserdampf dem Leitungswasser gleichsteht.

Nicht versichert sind ohne Rücksicht auf mitwirkende Ursachen Schäden durch Regenwasser aus Fallrohren, Plansch- oder Reinigungswasser sowie Schwamm und Grundwasser.

Auch Bruchschäden durch Elementarereignisse wie Überschwemmung oder Witterungsniederschläge oder einen durch diese Ursachen hervorgerufenen Rückstau sowie Erdbeben, Erdsenkung oder Erdrutsch sind nicht Gegenstand der Deckung.

„Andersrum" schon: Wenn also Leitungswasser nach einem Bruchschaden die Erdsenkung oder den Erdrutsch verursacht hat, besteht sehr wohl Deckung.

Einbruchdiebstahl

Der Versicherer leistet Entschädigung für versicherte Sachen, die durch

- Einbruchdiebstahl
- Vandalismus nach einem Einbruch
- Raub innerhalb eines Gebäudes oder Grundstücks
- Raub auf Transportwegen

oder durch den Versuch einer solchen Tat abhandenkommen, zerstört oder beschädigt werden.

Der Versicherer ersetzt bis zu der hierfür vereinbarten Versicherungssumme die infolge eines Versicherungsfalles tatsächlich entstandenen Aufwendungen für notwendige

- Aufräumungs- und Abbruchkosten
- Bewegungs- und Schutzkosten
- Wiederherstellungskosten von Geschäftsunterlagen
- Schlossänderungskosten
- Mehrkosten durch behördliche Wiederherstellungsbeschränkungen
- Mehrkosten durch Preissteigerungen
- die Beseitigung von Gebäudeschäden. Hierzu zählen Schäden an Dächern, Decken, Wänden, Fußböden, Türen, Schlössern, Fenstern (ausgenommen Schaufensterverglasungen), Rollläden und Schutzgittern sowie Schäden an Schaukästen und Vitrinen (ausgenommen Verglasungen) außerhalb des Versicherungsortes, aber innerhalb des Grundstücks, auf dem der Versicherungsort liegt und in dessen unmittelbarer Umgebung.

Versicherungsorte

Versicherungsort für Einbruchdiebstahl oder Vandalismus nach einem Einbruch sind nur die Gebäude oder Räume von Gebäuden, die im Versicherungsvertrag bezeichnet sind oder die sich auf den im Versicherungsvertrag bezeichneten Grundstücken befinden.

Versicherungsort für Raub innerhalb eines Gebäudes oder Grundstücks ist das gesamte Grundstück, auf dem der Versicherungsort liegt, wenn das Grundstück allseitig umfriedet ist.
Nicht versichert sind Sachen, die an den Ort der Herausgabe oder Wegnahme erst auf Verlangen des Täters herangeschafft werden, es sei denn, das Heranschaffen erfolgt nur innerhalb des Versicherungsortes, an dem die Tathandlungen verübt wurden.

Versicherungsort für Raub auf Transportwegen ist, soweit nicht etwas anderes vereinbart ist, die Bundesrepublik Deutschland.
Bei Raub auf Transportwegen beginnt der Transportweg mit der Übernahme versicherter Sachen für einen unmittelbar anschließenden Transport und endet an der Ablieferungsstelle mit der Übergabe. Versichert sind nur die Sachen, die sich bei Beginn der Tat an dem Ort befunden haben, an dem die Gewalt ausgeübt oder die Drohung mit Gewalt verübt wurde.

Die Versicherung erstreckt sich ohne Rücksicht auf mitwirkende Ursachen u.a. nicht auf Schäden durch Innere Unruhen.

Elementarschäden

- **Sturm / Hagel**

Sturm ist eine wetterbedingte Luftbewegung von mindestens Windstärke 8 nach Beaufort (Windgeschwindigkeit mindestens 62 km/Stunde).

Hagel ist ein fester Witterungsniederschlag in Form von Eiskörnern.

Der Versicherer leistet Entschädigung für versicherte Sachen, die zerstört oder beschädigt werden oder abhandenkommen
- durch die unmittelbare Einwirkung des Sturms oder Hagels auf versicherte Sachen oder auf Gebäude, in denen sich versicherte Sachen befinden
- dadurch, dass ein Sturm oder Hagel Gebäudeteile, Bäume oder andere Gegenstände auf versicherte Sachen oder auf Gebäude, in denen sich versicherte Sachen befinden, wirft.

Erweiterte Elementarschäden

a) Überschwemmung, Rückstau
b) Erdbeben
c) Erdsenkung
d) Erdrutsch
e) Schneedruck
f) Lawinen
g) Vulkanausbruch

Zu a) Überschwemmung ist die Überflutung von Grund und Bodens des Versicherungsgrundstücks mit erheblichen Mengen von Oberflächenwasser durch
a) Ausuferung von oberirdischen (stehenden oder fließenden) Gewässern
b) Witterungsniederschläge (hierzu zählt auch die Schneeschmelze*)
c) Austritt von Grundwasser an die Erdoberfläche infolge von a) oder b).

* Zum Witterungsniederschlag zählt Wasser unabhängig davon, in welchem Aggregatzustand es auf die Erde fällt. Das gilt auch für Schnee, und zwar auch dann, wenn dieser erst nach dem Auftauvorgang als Wasser zum Schaden führt. Die Formulierung in den Versicherungsbedingungen, wonach der Schaden sich als unmittelbare Einwirkung einer Überschwemmung ergeben muss, steht dem nicht entgegen. Die Unmittelbarkeit bezieht sich nämlich nicht darauf, dass der Witterungsniederschlag "Schnee" den Schaden unmittelbar herbeigeführt haben muss. Vielmehr ist entscheidend, dass der Gebäudeschaden die unmittelbare Folge der Einwirkung der Überschwemmung (d.h., nach dem Auftauvorgang) gewesen ist (LG Nürnberg-Fürth, Urteil v. 26.7.2012, 8 O 9839/10).

Nicht versichert sind ohne Rücksicht auf mitwirkende Ursachen u.a. Schäden durch Sturmflut.

Rückstau liegt vor, wenn Wasser durch Ausuferung von oberirdischen (stehenden oder fließenden) Gewässern oder durch Witterungsniederschläge bestimmungswidrig aus gebäudeeigenen Ableitungsrohren oder damit verbundenen Einrichtungen in das Gebäude eindringt.
Nicht versichert sind ohne Rücksicht auf mitwirkende Ursachen u.a. Schäden durch Sturmflut.

Tipp aus der Praxis:

Nach dem heißen Sommer in 2018 haben Häuser sog. Setzrisse bekommen, da der sich darunter befindliche Grundwasserspiegel gesunken ist. Das zeigt: Wasser ist Masse !

Ist dieses Ereignis bzw. die dadurch entstehenden Schäden versicherbar ?
Nein !

Diese Schäden lassen sich weder über „Erdsenkung" oder z.B. „unbenannte Gefahren" absichern. In beiden Fällen gilt der Ausschluss:
Nicht versichert sind ohne Rücksicht auf mitwirkende Ursachen u.a. Schäden durch Trockenheit oder Austrocknung.

Zu d)   Erdrutsch ist ein naturbedingtes Abrutschen oder Abstürzen von Erd- oder Gesteinsmassen. Nicht versichert sind ohne Rücksicht auf mitwirkende Ursachen u.a. Schäden durch Trockenheit oder Austrocknung.

Zu b)   Erdbeben ist eine naturbedingte Erschütterung des Erdbodens, die durch geophysikalische Vorgänge im Erdinneren ausgelöst wird.

Zu c)   Erdsenkung ist eine naturbedingte Absenkung des Erdbodens über naturbedingten Hohlräumen.
Nicht versichert sind ohne Rücksicht auf mitwirkende Ursachen u.a. Schäden durch Trockenheit oder Austrocknung.
Hinweis: „Naturbedingt" schließt Schäden durch das sog. „Unterfahren" und „Unterfangen" aus. Hier wird seitens des Menschen in den Baugrund eingegriffen.

Zu d)   Erdrutsch ist ein naturbedingtes Abrutschen oder Abstürzen von Erd- oder Gesteinsmassen. Nicht versichert sind ohne Rücksicht auf mitwirkende Ursachen u.a. Schäden durch Trockenheit oder Austrocknung.
Hinweis: „Naturbedingt" schließt Schäden durch das sog. „Unterfahren" und „Unterfangen" aus. Hier wird seitens des Menschen in den Baugrund eingegriffen.

Zu e)   Schneedruck ist die Wirkung des Gewichts von Schnee- oder Eismassen.
Hinweis: Hier geht es um das Gewicht der Schnee- oder Eismassen (z.B. Dacheinsturz). Schäden durch z.B. Dachlawinen (also kein Gewichtsproblem, sondern da schiebt sich etwas über das Dach und beschädigt z.B. ein Dachfenster oder die Regenrinne) sind nicht versichert.

Hinweis: Gewicht von 10 cm hohen…   Pulverschnee: 10 kg / qm²
nassen Schnee: 40 kg / qm²
gefrorenen Schnee: 90 kg / qm²
Im Januar 2019 lagen in Kreis Traunstein / Bayern 1,22 m hoher Schnee in jedweder Form auf den Gebäuden, so dass sich ca. 577 kg pro qm² auf den Dachflächen befunden haben !

Zu f)   Lawinen sind an Berghängen niedergehende Schnee- oder Eismassen.

Zu g)   Vulkanausbruch ist eine plötzliche Druckentladung beim Aufreißen der Erdkruste, verbunden mit Lavaergüssen, Asche-Eruptionen oder dem Austritt von sonstigen Materialien und Gasen.

Nicht versichert sind ohne Rücksicht auf mitwirkende Ursachen u.a. Schäden an sich im Freien befindlichen beweglichen Sachen.

Terror

Wie definiert sich Terror ? Terror ist die systematische und oftmals willkürlich erscheinende Verbreitung von Angst und Schrecken durch ausgeübte oder angedrohte Gewalt, um Menschen gefügig zu machen.

Der Schaden muss durch einen in der Bundesrepublik Deutschland begangenen Terrorakt verursacht sein und sich auf ein Versicherungsgrundstück/eine Betriebsstelle des Versicherungsnehmers innerhalb der Bundesrepublik Deutschland auswirken.

Terrorakt ist versichert, eine ausgerufene Terrorstufe nicht !

Sollte aufgrund einer Terrorstufe z.B. die Ein- oder Ausfuhr von Produkten gestört sein und der Versicherungsnehmer nicht wie gewohnt arbeiten können, wäre dies kein ersatzpflichtiger Schaden.

Ferner ist jeder einzelne Terrorakt ein Schaden. Beispielsweise war in Paris der Angriff auf das Stadion ein Terrorakt, der Angriff auf die Konzerthalle ein Weiterer. Es wird nicht danach geschaut, ob z.B. eine Terrorzelle zeitgleich mehrere Schäden anrichtet, sondern jeder Schaden an sich wird einzeln betrachtet.

Je nach Risikoträger ist der Umgang mit der Absicherung von Terrorschäden zwar unterschiedlich, aber eine Grenze gilt für alle Versicherer: 25 Mio. EUR !

Ab einer Versicherungssumme von 25 Mio. EUR werden in Deutschland die Risiken über EXTREMUS abgesichert.

Laut eigener Darstellung

- wurde die EXTREMUS Versicherungs-AG auf Initiative der deutschen Versicherungswirtschaft am 3. September 2002 gegründet. Auslöser waren die Terroranschläge vom 11. September 2001 in New York.

- ist EXTREMUS ein Spezialversicherer, der Großrisiken (Feuer- und BU-Summen über 25 Mio. Euro) in der Bundesrepublik Deutschland gegen Sach- und Betriebsunterbrechungsschäden durch Terrorakte versichert, sofern die Anschläge im Inland begangen wurden. Über Partner werden auch Terrordeckungen weltweit abgesichert.

- kann EXTREMUS für Schäden durch Terrorismus bei Großrisiken eine Jahreskapazität von 2,5 Mrd. Euro zur Verfügung stellen. Mit Unterstützung der Bundesregierung konnte diese Summe mittlerweile auf 10 Mrd. Euro aufgestockt werden.

Der Anschlag auf den Berliner Weihnachtsmarkt 2016 führte übrigens zur ersten Schadenregulierung durch EXTREMUS (BU-Schaden durch Schließung des Weihnachtsmarktes). Mit den eingetretenen Personenschäden hat EXTREMUS als Sachversicherer nichts zu tun.

Das Betriebsunterbrechungsrisiko wird bei Mitversicherung von Terror i.d.R. über die Feuer-Betriebsunterbrechung erstattet. Eine „Terror"-BU gibt es im gewerblichen Bereich nicht, EXTREMUS hingegen kann dieses Produkt darstellen.

Hinweis: Terror ist ein Thema für jedes Versicherungsrisiko und kein reines „Feuer"-Thema, was sich z.B. auf Gebäude oder Inventar beschränkt. Auch im Bereich der Elektronik- und Maschinenversicherung, bei der Absicherung von Transport- oder Baurisiken gilt dieses Risiko als besonders beobachtungswürdig !

Exkurs: **Terrorschäden durch Einsatz von Kraftfahrzeugen**

Der Attentäter vom Berliner Weihnachtsmarkt setzte für seine Tat einen Lkw ein. An den Lkw ist er durch Tötung des eigentlichen Fahrers gelangt und war somit kein berechtigter Fahrer, der zudem vorsätzlich einen hohen Personenschaden angerichtet hat.

Laut den AKB besteht kein Versicherungsschutz über die Kfz.-Haftpflicht für Schäden, die vorsätzlich und widerrechtlich herbeigeführt werden !

Zusätzliche Unterstützung können die Opfer jedoch durch den Verein Verkehrsopferhilfe e.V. bekommen.

Der Verein wurde im Jahre 1963 von allen Autohaftpflichtversicherern, die dem früheren HUK-Verband angehörten, gegründet.

Mit Wirkung vom 1.1.1966 wurde ihm die Stellung des gesetzlichen Entschädigungsfonds für Schäden aus Kraftfahrzeugunfällen und seit dem 1.1.2003 die Stellung der Entschädigungsstelle jeweils mit seiner Zustimmung zugewiesen.

Hier wurde ein Garantiefonds eingerichtet, um letzte Lücken im Pflichtversicherungsgesetz zu schließen und um die Verkehrsopfer vor Härten zu bewahren, gegen die sie sich am wenigsten schützen können.

Er reguliert nach den §§ 12 ff Pflichtversicherungsgesetz u.a. Schäden, die durch den Gebrauch eines nicht zu ermittelnden bzw. pflichtwidrig nicht versicherten Kraftfahrzeuges entstanden sind oder mit einem Kraftfahrzeug vorsätzlich und rechtswidrig herbeigefügt werden.

Ferner ist er zuständig im Falle einer Insolvenz eines in Deutschland tätigen Kfz-Haftpflichtversicherers.

Die gesamten Schadenaufwendungen werden allein von den Autohaftpflichtversicherern getragen. Die öffentliche Hand beteiligt sich nicht.

Jeder kann sich an den Verein wenden; man muss kein Mitglied sein. Aus der Zweckbestimmung des Garantiefonds folgt, dass er nicht unterschiedslos alle Schäden ersetzen kann.

Aber: Die Inanspruchnahme setzt zunächst voraus, dass weder vom Fahrer noch vom Halter oder Eigentümer noch ein Anspruch aus Amtspflichtverletzung in Betracht kommt. Der Entschädigungsfond kann nur dazu dienen, Ausfälle zu vermindern. Ein vollständiger Schadenausgleich ist nicht vorgesehen.

In den sogenannten „Fahrerfluchtfällen" werden, um eine übermäßige oder gar missbräuchliche Inanspruchnahme des Fonds zu vermeiden, Sachschäden an Kraftfahrzeugen nur erstattet, wenn gleichzeitig ein beträchtlicher Personenschaden entstanden ist.

P.S.:   In den privaten Versicherungsverträgen wie Unfall-, Lebens-, Hausrat- und Wohngebäudeversicherungen sind Schäden durch Terror nicht ausgeschlossen. Differenziert wird erst bei den gewerblichen- und industriellen Risiken.

Amok

Laut Wikipedia werden als Amok (von malaiisch amuk „wütend", „rasend") tateinheitliche und scheinbar wahllose Angriffe auf mehrere Menschen in Tötungsabsicht bezeichnet, bei denen die Gefahr, selbst getötet zu werden, zumindest in Kauf genommen wird.

Der entsprechende Vorgang wird als Amoklauf, der Täter als Amokläufer bezeichnet – oder auch als Amokschütze, wenn er eine Schusswaffe verwendet.

Die gemeinsame Polizeidienstvorschrift der deutschen Länder (PDV100 Nr. 4.11a.1.1) stellt unter dem Stichwort Amok-Lage fest:

„Eine Amok-Lage im polizeitaktischen Sinne liegt vor, wenn ein Täter
- anscheinend wahllos oder gezielt
- insbesondere mittels Waffen, Sprengmitteln, gefährlichen Werkzeugen oder außergewöhnlicher Gewaltanwendung,
- eine in der Regel zunächst nicht bestimmbare Anzahl von Personen verletzt oder getötet hat bzw. wenn dies zu erwarten ist und
- er weiter auf Personen einwirken kann.

Der Unterschied zwischen „Terror" und „Amok" liegt in der Absicht. Bei „Terror" liegen politische Beweggründe vor, bei „Amok" eher persönliche oder sogar psychologische.

Schäden durch einen Amoklauf / Amokschützen sind entweder über Vandalismusschäden nach einem Einbruch (sofern der Täter sich nur über einen Einbruch Zugang verschafft hat) oder über die Position „böswillige Beschädigung" versichert.

Bei Amokfahrern wäre es die Position „Anprall von Fahrzeugen".

Innere Unruhen

Innere Unruhen definieren sich durch zahlenmäßig nicht unerhebliche Teile des Volkes in einer die öffentliche Ruhe und Ordnung störenden Weise in Bewegung geraten und Gewalttätigkeiten gegen Personen und Sachen verüben.
Hierzu können auch Schäden durch sog. „G20"-Ausschreitungen zählen.

Böswillige Beschädigung

Böswillige Beschädigung ist jede vorsätzliche, unmittelbare Zerstörung oder Beschädigung von versicherten Sachen durch betriebsfremde Personen. Betriebsfremde Personen sind alle Personen, die nicht im Betrieb tätig sind.
Hierzu können auch Schäden durch sog. „G20"-Ausschreitungen zählen.
Nicht versichert sind ohne Rücksicht auf mitwirkende Ursachen Schäden durch
- Brand, Explosion oder Implosion
- Abhandenkommen oder im Zusammenhang mit Einbruchdiebstahl.

Streik / Aussperrung

Streik ist die gemeinsam planmäßig durchgeführte, auf ein bestimmtes Ziel gerichtete Arbeitseinstellung einer verhältnismäßig großen Zahl von Arbeitnehmern.

Aussperrung ist die auf ein bestimmtes Ziel gerichtete planmäßige Ausschließung einer verhältnismäßig großen Zahl von Arbeitnehmern.

Versichert sind Schäden, die entstehen durch
- Zerstörung oder Beschädigung unmittelbar durch Streik
- Aussperrung oder Abhandenkommen in unmittelbarem Zusammenhang mit Streik oder Aussperrung.

Nicht versichert sind ohne Rücksicht auf mitwirkende Ursachen Schäden durch Brand, Explosion oder Implosion.

Rauch / Ruß

Versicherungsschutz besteht für jede unmittelbare Zerstörung oder Beschädigung versicherter Sachen durch Rauch oder Ruß, der plötzlich bestimmungswidrig aus den auf dem Versicherungsgrundstück befindlichen Feuerungs-, Heizungs- oder Trockenanlagen austritt.

Sprinklerleckage

Versichert sind Schäden durch Wasserlöschanlagen-Leckage.
Hierbei handelt es sich um das bestimmungswidrige Austreten von Wasser oder auf Wasser basierenden Flüssigkeiten aus einer ortsfesten Wasserlöschanlage. Zu Wasserlöschanlagen gehören Sprinkler, Wasserbehälter, Verteilerleitungen, Ventile, Alarmanlagen, Pumpenanlagen, sonstige Armaturen und Zuleitungsrohre, die ausschließlich dem Betrieb der Wasserlöschanlage dienen.

Überschallknall

Als Schaden durch Überschallknall gilt jede unmittelbare Zerstörung oder Beschädigung versicherter Sachen, die direkt auf der durch den Überschallknall eines Flugzeuges entstehenden Druckwelle beruhen.
Sinnvolle Ergänzung der Position „Anprall oder Absturz eines Luftfahrzeuges".

Anprall von Fahrzeugen

Fahrzeuganprall ist jede unmittelbare Berührung versicherter Sachen oder Gebäude, in denen sich versicherte Sachen befinden, durch Schienen- oder Straßenfahrzeuge (also auch Fahrräder und Motorräder), die **nicht** vom Versicherungsnehmer, dem Benutzer der Gebäude oder deren Arbeitnehmer betrieben werden.
Interessant für Risiken, die direkt an Straßen / Eisenbahnstrecken liegen oder für Risiken, bei denen gerne das Auto als Einbruchswerkzeug (Juweliere) genutzt wird. Aber auch Gebäude von Speditionen oder sonstige Lagerhallen gehören hier zu der interessierten Risikogruppe (der Schaden muss durch fremde Fahrzeuge entstanden sein !).
Nicht versichert sind Schäden an Fahrzeugen sowie Schäden an Zäunen, Straßen und Wegen.

Hinweis:

Abschließend lässt sich also feststellen, dass Sachrisiken gegen Schäden durch Land- und Luftfahrzeuge versicherbar sind. Bei Gebäuden, die direkt am Wasser liegen und von Booten angefahren werden können (weil sie eine Kaianlage haben oder direkt am Kanal liegen), fehlt hingegen eine standardisierte Versicherbarkeit. Hier wird man eine individuelle Lösung suchen müssen.

Unbenannte Gefahren

Hier ist der Name auch Programm, denn es sind die nicht im Versicherungsschein benannten Gefahren versichert !

Der Versicherer leistet Entschädigung für versicherte Sachen, die durch eine plötzliche, unvorhergesehene, von außen einwirkende Ursache zerstört oder beschädigt werden.

Schadenbeispiele:

- Schlammlawinen
- Schäden durch plötzliches Absenken bei Tunnelarbeiten (Erdsenkung ist ansonsten nur bei naturgemäßen Ereignissen versicherbar)
- Schäden durch unterirdischen Baumwurzelwuchs (z.B. durch Heben von Terrassenplatten)
- Beschädigung durch Ansteigen/Absinken des Grundwasserspiegels (ist kein Oberflächenwasser, daher kein Elementarereignis)
- Verschmutzung von Fassaden durch Graffiti (gibt es auch als eigenständige Position bei einigen Versicherern)
- Vandalismusschaden ohne Einbruch, z.B. Verschluss von Schließzylindern der Eingangstüren mit Silikon (der ED-Begriff wäre hier nicht erfüllt !)
- Sengschäden (ist kein Feuer)
- Absturz eines Aufzuges aufgrund eines technischen Defektes
- Erschütterungsschäden am Gebäude z.B. durch Tiefflieger
- Schäden durch Anprall von Gegenständen (z.B. Strommasten)
- Schäden durch Auslaufen/Verschütten von Flüssigkeiten

Die Mitversicherung von den „unbenannten Gefahren" funktioniert logischerweise nur dann, wenn alle anderen Bausteine wie Feuer, Leitungswasser, Elementar etc. ebenfalls versichert wurden.

Wenn diese Bausteine **nicht** leistungspflichtig sind und zudem die **Ausschlüsse der „unbenannten Gefahren" nicht greifen**, nur dann besteht über diese Position Versicherungsschutz.

Klassische Ausschlüsse einer Allgefahrenversicherung sind z. B.: Abnutzung und Korrosion, Verschleiß, innerer Verderb, Vorsatz, Krieg oder kriegsähnliche Ereignisse sowie die Folgen aus atomaren Unfällen.

Bei einem Teil der am Versicherungsmarkt angebotenen „All Risk"-Versicherungen ist ein weiterer wichtiger Vorteil die Umkehr der Beweislast. Während bei jeder herkömmlichen Versicherung der Versicherungsnehmer den Schadenseintritt beweisen muss, ist in diesem Fällen der Versicherer beweispflichtig.

In diesem Zusammenhang sollten folgende Begriffe einmal kurz erläutert werden:

All-Risk   auch Allgefahren-Versicherung. Eine Police für z.B. Gebäude und / oder Inventar (mit Betriebsunterbrechung), über die alle Gefahren versichert sind, solange sie nicht ausgeschlossen wurden.

Multi-Risk /
Multi-Line   hier werden i.d.R. verschiedene Risiken (Gebäude, Inventar, Betriebsunterbrechung, Haftpflicht) in eine Police gepackt.

Aufeinandertreffen von einzelnen Gefahren

Wenn ein Wasserrohr bricht oder ein Feuer das Gebäude beschädigt, sind solche **einzeln** eintretenden Schäden relativ einfach zu beurteilen. Aber wie sieht es aus, wenn ein Schaden einen weiteren Schaden bedingt bzw. sie zeitnah aufeinanderfolgen ?

Beispiel 1:   Der Versicherungsnehmer hat sich nicht gegen Einbruchdiebstahl versichert. Eines Tages brechen die Täter in seinen Betrieb ein, finden nicht die gewünschte Beute und zünden aus Frust das Inventar an. Der Betrieb brennt ab. Der VN ist allerdings nur gegen die Feuerschäden versichert ! Da aber der Schaden mit einem Einbruch begonnen hat und Einbruchdiebstahl nicht versichert ist, was wird aus dem daraus resultierende Vandalismusschaden (!) „Feuer" ?

Beispiel 2:   Der VN hat sich <u>nicht</u> gegen Erdbeben versichert. Während einer Dienstreise in Südamerika wird sein Hotel von einem Erdbeben stark beschädigt. Durch das anschließend ausbrechende Feuer werden seine Musterstücke zerstört. Auch hier wieder nur Versicherungsschutz für Feuerschäden. Da aber der Schaden mit einem Erdbeben begonnen hat und dieser nicht versichert ist, wie wird dann der daraus resultierende Feuerschaden beglichen ?

Nun sind ja unzählige Schadenkombinationen denkbar. Damit hier aber mal lediglich das Prinzip (und letztendlich das Handling mit dem jeweiligen Bedingungswerk) verdeutlicht wird, folgen nun diverse Schadeneintritte, **aus deren Folge** es jedes Mal anfängt zu brennen (Feuer).

Welche Gefahr ist dann worüber versichert ?

Als Erstes tritt ein:	Der anschließende Feuerschaden ist versichert über:
Sturm/Hagel	Feuer ist in den AStB ausgeschlossen, daher nur über eine Feuerversicherung absicherbar. *Tipp: Da Blitz ebenfalls eine über Feuer mitversicherte Gefahr ist, bildet die Kombination „Sturm/Hagel" und „Feuer" quasi eine Elementar-Grundgefahrenabsicherung (Sturm, Hagel, Blitz) ab.*
Leitungswasser	Feuer ist in den AWB ausgeschlossen, daher nur über eine Feuerversicherung absicherbar.
Einbruchdiebstahl	Feuer ist in den AERB ausgeschlossen, daher nur über eine Feuerversicherung absicherbar. Selbst wenn das Feuer aus Frust von den Einbrechern gelegt wurde, würde es nicht unter „Vandalismus" fallen.
Elementar (Erdbeben)	Da Erdbeben bei allen hier betroffenen Versicherungsbedingungen (also auch in den AStB usw.) ausgeschlossen gilt, wäre ein Feuer nach einem Erdbeben nur über den Einschluss von Erdbeben versichert !
Unbenannte Gefahr	Feuer ist eine ausgeschlossene Gefahr und ein entsprechender Feuerschaden wäre nur über eine entsprechende Feuer-Mitversicherung abgesichert.

Unrealistisch ? Am 16.09.2017 brach in einem Betrieb im Sauerland eine Wasserleitung und das austretende Wasser sorgte für eine chemische Reaktion, was wiederum zu einem Großbrand führte.

Brandschutzarten

Für die Durchführung einer adäquaten Brandschutzberatung ist es unerlässlich über die folgenden Grundzüge von Brandschutzarten Bescheid zu wissen.

Erfahrungsgemäß können insbesondere die nachfolgenden Ursachen im Brandfall erheblich zu einer großflächigen Ausbreitung von Feuer und dadurch zu einer wesentlichen Schadenerweiterung beitragen:

- Anhäufung brennbarer oder explosionsgefährlicher Stoffe
- Bauteile aus / mit brennbaren Baustoffen, z.B. in Außenwände oder im Dach
- unzureichende Feuerwiderstandsfähigkeit der Tragwerke
- fehlende oder ungenügende bauliche Trennungen, z.B. unzureichender Schutz betriebsnotwendiger Öffnungen
- späte Brandentdeckung und späte Einleitung der Brandbekämpfung
- erschwerte Brandbekämpfung, z.B. aufgrund unzureichender Löschwasserversorgung

---

Die Brandschutzarten werden unterteilt in:

Vorbeugenden Brandschutz	Abwehrenden Brandschutz
Baulicher Brandschutz **Betrieblicher Brandschutz** **Organisatorischer Brandschutz** **Anlagentechnischer Brandschutz**	**Feuerwehr**

Sinn und Zweck der einzelnen Brandschutzarten

Baulicher Brandschutz

- Eine Brandentstehung z.B. durch die Wahl geeigneter Baustoffe verhindern oder zumindest räumlich einzugrenzen

- Ferner sollen dadurch Rettungswege gesichert werden

Betrieblicher Brandschutz

- Brandentstehung soll verhindert werden

- Mögliche Mängel des baulichen Brandschutzes können kompensiert werden

- Brandentstehung melden

- Brandausbreitung begrenzen

- Rettungswege sichern

Organisatorischer Brandschutz

- Brände vermeiden

- Im Ereignisfall rasche Hilfe ermöglichen

Schutzmaßnahmen der Anlagen- und Verfahrenstechnik (Anlagentechnischer Brandschutz)

- Umfasst zusätzliche Sicherheitstechnik für die Beherrschung chemischer und physikalischer Prozesse, z.B. automatische Feuerlöschanlagen

Abwehrender Brandschutz

- Beinhaltet alles, was die Feuerwehr unternimmt, wenn es brennt

- Allerdings mit der Priorität der Personenrettung

Manche sprechen auch von der sog. **„Konventionellen Schadenverhütung".**

Die umfasst: **Bauliche Schadenverhütung**
- Räumliche und bauliche Abtrennung
- Abschottung von Kabelkanälen und Lüftungsschächten
- Konstruktion, Baustoffe, Isolationsmaterial

Technische Schadenverhütung
- Löschwasserversorgung, Löschanlagen
- Brandmeldeanlagen, Rauchansaugsysteme (RAS), Videoüberwachung
- Rauch- und Wärmeabzugsanlagen

Organisatorische Schadenverhütung
- Feuerwehr, Brandschutzbeauftragter
- Wartung und Installation, Inspektion
- Rauchverbot, Ordnung und Sauberkeit

Brandschutzanlagen

Damit es nicht zu Verwirrungen kommt, wird hier der Begriff „Brandschutzanlagen" (laut VDS) erläutert.

Hierunter fallen folgende Brandschutzanlagen:

- Brandmeldeanlagen (mit erhöhter Anforderung), Rauchansaugsysteme (RAS)
- Wasserlösch-, Sprinkleranlagen
- Löschanlagen (Sprühwasser, gasförmigen Löschmitteln, Schaum, Pulver)
- Rauch- und Wärmeabzugsanlagen
- Funkenerkennungs-, Funkenausscheidungs- und Funkenlöschanlagen.

Eine Brandschutzanlage muss also nicht immer eine Brandmeldeanlage o.ä. sein.

Der Brandschutz begründet sich in Deutschland auf gesetzliche Anforderungen und ist somit also keine Erfindung der Versicherungsbranche.

Folgende Ziele lassen sich daher im Baurecht (hier als Beispiel für das Land NRW) finden:

- Bauliche Anlagen sind so anzuordnen, zu errichten, zu ändern und instand zu halten, dass die öffentliche Sicherheit und Ordnung nicht gefährdet wird.
  (§ 3 BauO NW)

- Bauliche Anlagen müssen so beschaffen sein, dass der Entstehung eines Brandes und der Ausbreitung eines Feuers vorgebeugt wird und dass bei einem Brand die Rettung von Menschen und Tieren sowie wirksame Löscharbeiten möglich sind.
  (§ 17 BauO NW / §14 MBO)

Wie soeben geschildert, sind diese Schutzziele in den jeweiligen Bauordnungen der Länder formuliert.

Diesen individuellen Bauordnungen ging ursprünglich eine Musterbauordnung (MBO) voraus, die erstmalig 1959 erschienen ist.

Fazit: Ein Blick in die jeweilige Landesbauordnung, in der das zu versichernde / zu besichtigende Risiko liegt, kann durchaus interessante Informationen liefern.

Das genaue Zusammenspiel lässt sich anhand des Themas „Hochregallager" auf Seite 168 prima nachvollziehen.

Baulicher Brandschutz

Aufgaben

In den Bauordnungen der Länder wird als Schutzziel die Aufgabe formuliert, dass die öffentliche Sicherheit und Ordnung, insbesondere Leben und Gesundheit, aber auch die natürlichen Lebensgrundlagen nicht gefährdet werden dürfen.

Dieser Grundsatz wird auch als „Generalklausel des Baurechts" bezeichnet.

Der Entstehung eines Brandes und der Ausbreitung von Feuer und Rauch muss vorgebeugt und wirksame Rettungs- bzw. Löscharbeiten ermöglicht werden. Oberste Priorität hat der Personenschutz, in den der Schutz der Löschkräfte grundsätzlich einbezogen ist.

Finden die Feuerwehrleute beim Eintreffen an der Brandstätte ein Gebäude vor, dass eine zunehmende Instabilität aufgrund der Hitzeeinwirkung vermuten lässt, wird i.d.R. nur noch von außen gelöscht und der für einen Versicherer wichtige „Innenangriff" wird unterlassen.

Der Feuerwiderstand eines Gebäudes beeinflusst die Dauer, in der die Feuerwehr einen schadenminimierenden Innenangriff vornehmen kann.

Aber was ist ein Feuer überhaupt ?

Dazu hilft zum besseren Verständnis das sog. Feuerdreieck oder auch Verbrennungsdreieck !

Das Verbrennungsdreieck ist ein Begriff aus der Verbrennungslehre. Mit Hilfe des Verbrennungsdreiecks stellt man die Bedingungen dar, die notwendig sind, damit ein Feuer entsteht.

Wichtig ist, dass alle Bedingungen zeitlich und räumlich zusammentreffen.
Wird eine von diesen drei Bedingungen dem Feuer entzogen oder erst gar nicht zugänglich gemacht, brennt es auch nicht !

Im abwehrenden Brandschutz macht man sich diese Erkenntnisse zunutze und löscht, indem man versucht, eine oder mehrere Bedingungen auszuschalten:

- Vermeidung der Lagerung von brennbaren Materialien an kritischen Stellen

- Die Zufuhr von Luftsauerstoff wird unterbunden, beispielsweise durch die Installation von Brandschutztüren

- In geschlossenen Anlagenbereichen wird Stickstoff zur Inertisierung verwendet

Die drei Bedingungen dargestellt als Verbrennungsdreieck sind:

- Brennbarer Stoff

- Sauerstoff

- Zündenergie (Wärme, mechanische Funken, Elektrizität)

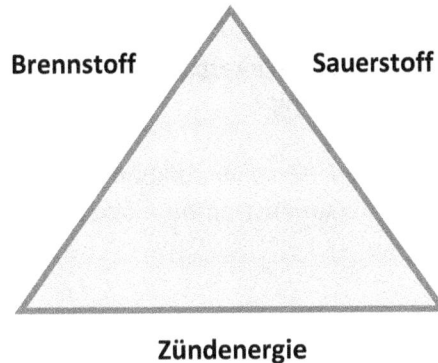

Brennstoff   **Sauerstoff**

Zündenergie

Nicht in den Bauordnungen festgeschrieben, aber in jeder Entscheidungsebene trotzdem allgegenwärtig, ist der Sachschutz.

Der bautechnische Brandschutz verfügt daher über die sogenannten 5 Schutzziele:

1. Schutzziel: Brandentstehung vorbeugen bzw. erschweren

- sowohl von außen als auch von innen
- Verbot des Einsatzes leicht entflammbarer Baustoffe
- Einsatz brennbarer Baustoffe auf ein unbedingt erforderliches Maß beschränken
- harte Bedachung einbauen
- Beachtung gefährdeter Gebäudeteile (Heizzentrale, Lüftungszentrale)
- Sonderrolle für explosionsgefährdete Räume berücksichtigen
- Installation einer wirksamen Blitzschutzanlage
- Vorsicht bei der Durchführung von Schweißarbeiten
- Umgang mit offenem Feuer einschränken

2. Schutzziel: Ausbreitung von Feuer / Rauch verhindern

- umfangreiche Anforderungen an Gebäude bzw. Gebäudeteilen, die zum Ziel haben, lebensbedrohende Zustände zu vermeiden
- Rauchausbreitung, Brandweiterleitung und Wärmeausbreitung sind möglichst zu unterbinden
- Einhalten von Abständen zu anderen Gebäuden
- Qualität von Wänden, Decken, Dächern prüfen
- Haustechnische Anlagen und Feuerungsanlagen
- Rauch-/Wärmeabzugsgeräte einbauen
- Löschangriffswege gleich Rettungswege
- Zufahrtsmöglichkeiten und Durchfahrtsmöglichkeiten für die Feuerwehr sichern
- Aufstellflächen für die Feuerwehr vorsehen
- ausreichende Löschwasserversorgung
- selbsttätige Löschanlagen
- effektive Meldeeinrichtungen

3. Schutzziel: Rettung schnell und überall ermöglichen

- bezieht sich vor allem auf die innere Erschließung von Gebäuden und im direkten Zusammenhang damit auf die Gestaltung der Rettungswege zur sicheren und schnellen Räumung der Gebäude
- klare Gliederung der Nutzungseinheiten und organisatorische Maßnahmen wie Warnsysteme, Informationen und Kennzeichnungen von:
  - vertikale / horizontale Rettungswege
  - Feuerwehraufzüge
  - Ausführung 2. Rettungsweg, Anleiterbarkeit
  - Beschilderung und Alarmierung

Hilfreich: Bei Gebäuden mit hohen Personenaufkommen könnten zusätzliche Planungen zu Evakuierungszeiten, Personenströmen oder Personenstromdichten wertvolle Informationen liefern.

4. Schutzziel: Sachwerte schützen

- Der Sachschutz, vor allem in einer erweiterten Form, ist zunächst nicht das Hauptanliegen der Landesbauordnungen und beruht üblicherweise auf Verabredungen zwischen Bauherren und Planern.

5. Schutzziel: Umwelt möglichst wenig schädigen

- Dieses Ziel hat in allen Bereichen Geltung, vorrangig ist allerdings der Personenschutz.

Basiswissen über thermische Grundlagen, Brandverhalten und Brandverlauf

Um später mit dem Versicherungsnehmer den Sinn und Zweck von Brandschutzmaßnahmen besprechen zu können, sollte man wissen, wie ein Brand verläuft, ab wann z.B. eine Sprinkleranlage einsetzt und was die Sprinklerung genau bewirkt.

Daher folgen nun einige theoretische Fakten, die für das Verstehen von technischen und organisatorischen Brandschutz unerlässlich sind.

Ausbreitung von Wärme

Brandausbreitung ist ein Wärme- oder Energietransport vom Brandherd zu den noch nicht vom Feuer betroffenen Bauteilen oder Baustoffen !

Drei Vorgänge bestimmen den Wärmetransport:

1. Leitungsvorgang in einem ruhenden Träger   => Wärmeleitung oder Transmission
2. Transport in einem bewegten Träger   => Wärmemitführung oder Konvektion
3. Transport per elektromagnetischer Wellen   => Strahlung

Verbrennungsvorgang

Unter der Einwirkung von Wärme spalten sich die Bindungen organischer Stoffe auf, die Materialien sind nicht mehr existenzfähig und es kommt zu einem Zersetzungsprozess.

Im Ergebnis dieses komplexen chemischen Prozesses entstehen Bruchstücke, die brennbar sind oder den Verbrennungsvorgang unterstützen.

Unbrennbare Bestandteile bleiben als Asche zurück !

Jeder Verbrennungsvorgang beginnt mit einer mehr oder weniger starken Erwärmung.

Der betroffene Stoff wird durch eine erhöhte Umgebungstemperatur seine eigene Temperatur erhöhen. In der Folge entstehen erste flüchtige Bruchstücke, es wird eine Gasphase gebildet, die sich ggf. schon entflammen kann.

Es handelt sich hierbei noch nicht um eine Entzündung im Sinne eines dauerhaften Prozesses ! Entfernt man die externe Quelle, erlischt die Flamme wieder.

Erst eine weitere Temperaturerhöhung führt zum Entzünden und somit zu einem selbstständigen Weiterbrennen des Stoffes.

Nach der Entzündung kommt es zu chemischen Vorgängen, zur Oxidation mit weiterer Flammenbildung und Entwicklung hoher Temperaturen.

Selbstentzündung

Brände können auch durch Selbstentzündung entstehen. Bakterien erzeugen beispielsweise schon bei einer Umgebungstemperatur von 20 °C bis 30 °C eine solche Wärmemenge, die, wenn ungünstige Bedingungen für die Wärmeableitung vorliegen, zu einem lokalen Wärmestau und in kurzer Zeit zu einem Schwelbrand führen kann.

Derartige Brände treten bei der Lagerung von Schüttgütern wie Kohle, Getreide, Heu usw. auf. Aber auch bei der Lagerung von sogenannten „Gelber Sack-Müll" können diese Selbstentzündungen entstehen, da auch hier entsprechende „Wärmeproduzenten" vorhanden sind.

Selbstentzündung durch Öle

Auf den Verpackungen von Holzöl (z.B. für Teakholz), Hartöl, Arbeitsplatten-Öl oder Hartwachs-Öl steht der Sicherheitshinweis "Mit Öl getränkte Lappen können zur Selbstentzündung neigen. Daher sofort nach Gebrauch gründlich auswaschen oder in luftdicht verschlossenem Gefäß aufbewahren und entsorgen".

Was hat dieser Hinweis zu bedeuten?

Grundsätzlich härten alle Öle durch Aufnahme von Luftsauerstoff aus. Bei dieser chemischen Reaktion entsteht Wärme. Diese Wärme wird normalerweise an die Umgebung abgegeben und ist ungefährlich.

Bei den zur Verarbeitung benutzten Lappen, Filzpads oder Schwämmen ist die Sauerstoffreaktion aufgrund der größeren Materialoberfläche wesentlich intensiver. Ein Schwamm oder zusammengeknüllter Lappen kann wenig Wärme abgeben und sich deshalb stark aufwärmen.

Wenn diese Wärme nicht abgeführt wird, kommt es zunächst zu einer Rauchentwicklung und danach zur Entzündung. Die Entzündung kann ohne entsprechende Vorkehrungen nach wenigen Stunden und je nach Umgebungsbedingungen auch noch nach einigen Tagen stattfinden.

So ist z.B. Anfang 2017 eine Tischlerei fast niedergebrannt, weil ein Lappen mit Holzöl an einem Freitag Nachmittag von einem Auszubildenden in eine Schublade gesteckt wurde. Am Sonntag stand der Innenraum der Tischlerei in Flammen. Es entstand ein 6-stelliger Sachschaden.

Die richtige Verhaltensweise wäre:
Tücher, Lappen, Pads und ähnliche mit Öl benetzte Materialien in einen Eimer mit Wasser tauchen und komplett durchnässen. Danach im Freien trocknen lassen und im Hausmüll entsorgen. Alternativ können Tücher in einem luftdicht verschließbaren Gefäß vorübergehend gelagert werden, um sie später mit Wasser zu tränken und zu entsorgen. Ölige Lappen also niemals achtlos liegen lassen. Während der Arbeit die benutzten Lappen immer ausgebreitet ablegen. Sollte dennoch eine Entzündung stattfinden: mit Wasser löschen.

Hinweis: Dieses „Phänomen" betrifft übrigens nicht nur Handwerksbetriebe !
             Auch Reinigungen haben mit Arbeitskleidung von z.B. Tischlern (Öl auf Baumwolle) so
             ihre Probleme.

Brandverlauf / Die 4 Phasen

Der Verlauf eines Brandes lässt sich in mehrere Abschnitte unterteilen.

Phase 1:	Erwärmung / Zündphase
Phase 2:	Schwelbrand / Brandbeginn => Brandentdeckung & Alarmierung => Einsatz von Löschanlagen
Phase 3:	Feuerübersprung bzw. Flash-Over / Vollbrand => Feuerwehreinsatz (ggf. bei optimalen Umständen schon in Phase 2)
Phase 4:	Abkühlung

Brandverlaufskurve

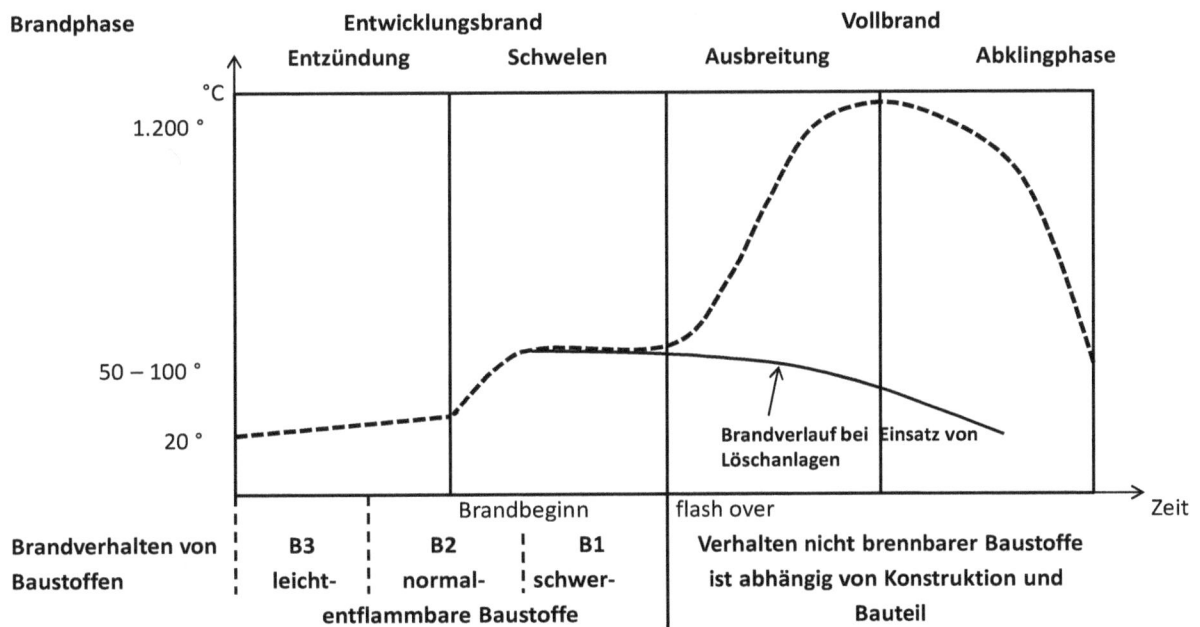

Allerdings ist die Einschätzung, bis zu welcher Temperatur diese Erwärmung als unkritisch anzusehen ist, sehr subjektiv und generell von der Qualität der Baustoffe bzw. Bauteile abhängig.

In der zweiten Phase werden verstärkt Brandgase durch Pyrolyse gebildet, die unter Einwirkung von Sauerstoff verbrennen und **Wärmeenergie freisetzen, wodurch wiederum die chemischen Reaktionen beschleunigt werden und so zu höheren Temperaturen bis zur Entzündung führen.** Die Temperatur steigt weiter an, die Verrauchung beginnt.

Die dritte Phase beginnt mit einem sogenannten Feuerübersprung oder auch „Flash-Over".

Die Temperatur im bis dahin lokal begrenzten Brandraum steigt schnell an, heiße Brandgase füllen den Raum. Eine schlagartige Ausbreitung des Feuers ist die Folge, der Vollbrand ist da.

Die Temperaturen pendeln sich jetzt (je nach Brandlast) auf **800 °C bis 1.200 °C** ein.

Nach dem Ausbruch des Vollbrandes besteht eigentlich kaum noch eine realistische Chance auf erfolgreiche Löschmaßnahmen.

Es ist daher notwendig, dass Bekämpfungs- und Rettungsmaßnahmen von der Feuerwehr sehr früh in der zweiten Phase einsetzen.

Selbsttätige Löschanlagen entfalten ihre Wirkung zur Bekämpfung des Entstehungsbrandes ebenfalls fast ausschließlich in der 2. Phasen.

Zumindest verhindern die Anlagen einen deutlichen Anstieg der Temperatur bzw. Verzögern den Feuerübersprung, sodass die Feuerwehr bei ihrem Eintreffen noch gute Erfolgsaussichten hat.

Brandmelder

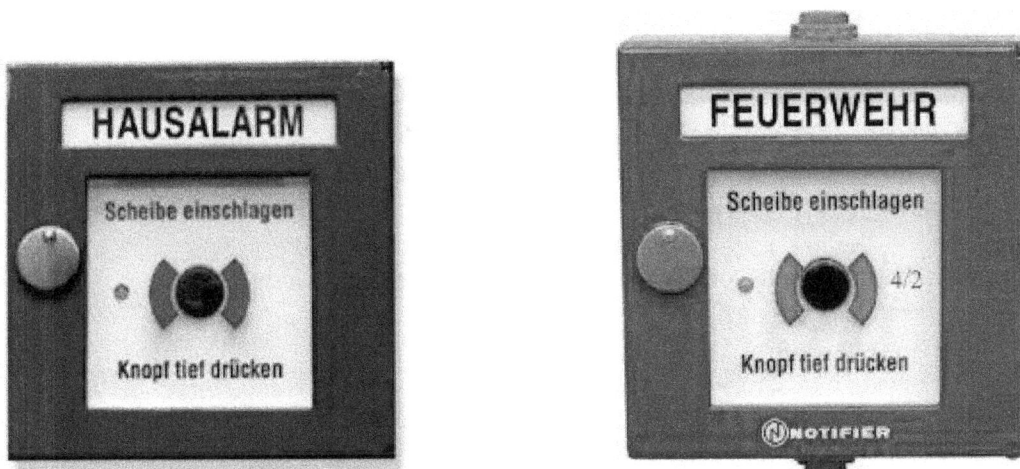

Häufig in Betrieben und Hotels gesehen, aber die genaue Funktion ist meistens nicht bekannt.

Warum gibt es zwei unterschiedliche (nichtautomatische) Melder in Blau und in Rot ?

Ein Hausalarm wird meistens in Betrieben eingebaut, bei dem man den Missbrauch durch z.B. betrunkene Gäste in Diskotheken nicht ausschließen kann.

Wenn ein Hausalarm ausgelöst wird, wird die Feuerwehr nicht direkt alarmiert, um ein unnötiges Anrücken auszuschließen. Hier wird zuerst von einem dann hoffentlich gut organisiertes Personal schnell reagiert und der entsprechende Bereich auf ein mögliches Feuer kontrolliert.

Der rote Melder löst sowohl den Hausalarm als auch die direkte Feuerwehralarmierung parallel aus. Daher sind diese Melder (bleiben wir bei dem Beispiel Disco) meistens so angebracht, dass ihn nur das Personal (z.B. in der Nähe des Tresens) auslösen kann.

In so einem Fall wird dann z.B. sofort die Musik aus- und das Licht angemacht. Um Panik zu vermeiden, läuft eine Ansage „vom Band" (also heute vom Chip), bei der auf ein „technisches Problem" hingewiesen wird, aufgrund dessen man doch bitte das Gebäude verlassen soll.

Brandmelde- und Löschanlagen können eine Doppelfunktion haben:
Zum einen soll die tragende Substanz des Gebäudes vor einer zu starken Hitzeentwicklung geschützt werden, zum anderen wird frühzeitig (bei Aufschaltung auf die Feuerwehr) der abwehrende Brandschutz alarmiert.

So sieht ein automatischer Brandmelder aus.

Problem: Meisterbuden und Galerien

Gut konzipierte Brandmelde- oder Sprinkleranlagen erfassen den gesamten Brandabschnitt.

Probleme können dann dadurch entstehen, dass nachträglich sogenannte Meisterbuden oder auch Galerien eingebaut werden und die BMA bzw. Sprinklerung nicht entsprechend angepasst wird. Es entsteht dann ein „blinder Fleck", der im Brandfall nicht oder nur zu spät von der jeweiligen Anlage erfasst wird.

Bei aufgeschalteten Anlagen (also direkte Alarmierung der Feuerwehr) geht so viel wertvolle Zeit verloren. Die Wahrscheinlichkeit eines Vollbrandes ist exorbitant erhöht.

Sogenannte Meisterbude, die nachträglich eingebaut wurde.

Querschnitt einer Halle mit BMA oder Sprinkler

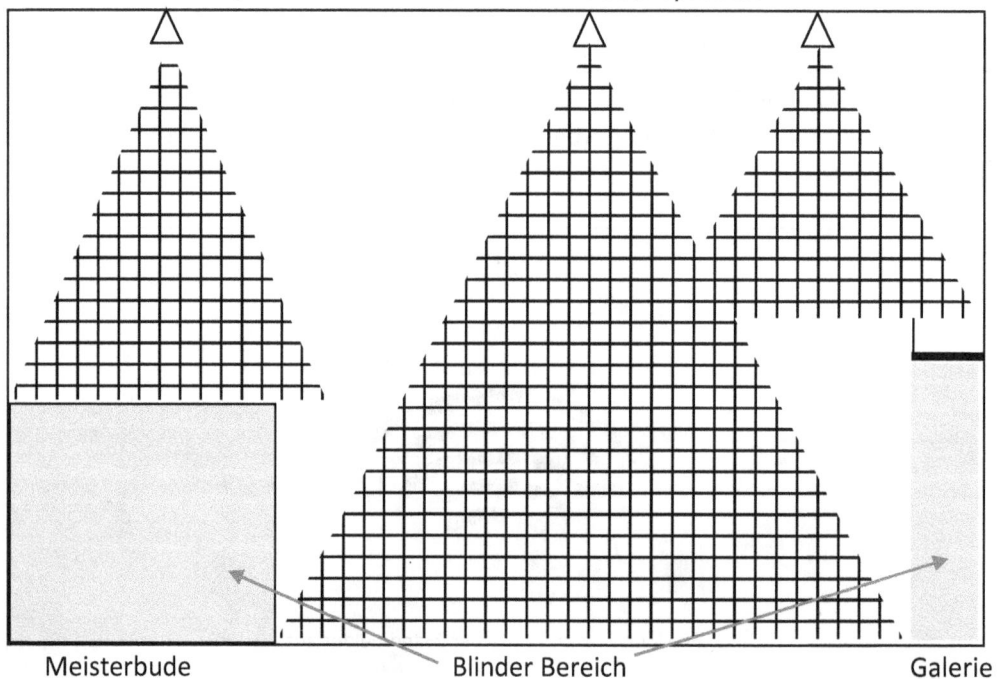

Meisterbude   Blinder Bereich   Galerie

56

Löschanlagen

Eine Feuerlöschanlage ist eine ständig betriebsbereite technische Anlage, die einen Brand mit einem Löschmittel löscht.

Bei dem Löschmittel kann es sich um pures Wasser handeln oder um Wasser mit einer speziellen Beimischung. Je nachdem, wie feuergefährlich das zu schützende Gut ist, kann auch als Löschmittel ein spezielles Gas eingesetzt werden.

Stationäre (ortsfeste) Feuerlöschanlagen bestehen aus einem Rohrleitungssystem mit geeigneten Ausgabevorrichtungen (Beispiel: Sprinkler, Löschdüse), über die im Einsatzfall das Löschmittel ausgetragen wird.

Sie werden entweder
- automatisch indirekt durch Brandmelde- und Löschsteueranlagen
- oder direkt durch mechanische Branderkennungs- und Auslöseelemente (Beispiel: Glasfass, Schmelzlot)
- oder auch manuell

ausgelöst.

Die Anlagen sollen einen Brand selbsttätig löschen oder ihn so lange eindämmen, bis die Feuerwehr eintrifft, um ihn zu löschen.

Apropos Glasfass bzw. Schmelzlot:

Diese „Röhrchen" in den Sprinklerköpfen können anhand der unterschiedlichen farblichen Flüssigkeiten einer bestimmten **Auslösetemperatur** zugeordnet werden !

- **Orange**   57 °C
- **Rot**   68 °C
- **Gelb**   79 °C
- **Grün**   93 °C
- **Blau**   141 °C
- **Violett**   182 °C

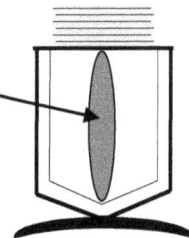

Sprinklerkopf

Mobile Feuerlöschanlagen gibt es z.B. fest in Feuerwehrfahrzeuge eingebaut, als Wechselauflieger oder als Container für Feuerwehrfahrzeuge, die je nach Einsatzfall auf dem Trägerfahrzeug zum Einsatzort kommen (Beispiel: mobile Kohlendioxid-Feuerlöschanlagen für Unternehmen der chemischen Industrie).

Arten von Feuerlöschanlagen

Wasserlöschanlagen

- Sprinkleranlagen: Sprinkler-Nassanlage
  Sprinkler-Trockenanlagen
  Vorgesteuerte Sprinkleranlagen

- Sprühwasser-Löschanlagen

- Wassernebel-Löschanlagen: Hochdruckanlage
  Niederdruckanlage

- Schaum-Löschanlagen

Gaslöschanlagen

- Kohlenstoffdioxid-Löschanlage
  (CO_2-Löschanlage)

- Inertgas-Löschanlagen: Argon-Löschanlagen
  Stickstoff-Löschanlagen
  Inertgas-Löschanlagen mit Gasgemischen
  (Inergen, Argonite)

- Chemische Löschanlagen (Halon, FM-200, Novec 1230)

Hinweis: In den Prämienrichtlinien sind derzeit lediglich die Löschmittel CO^2, Inergen, Argon, Stickstoff und FM-200 anerkannt.

Löschanlagen mit Inergen, Argon, Stickstoff und FM-200 sind nur zum Schutz von geschlossenen Räumen und umschlossenen Einrichtungen (gem. Prämienrichtlinien) anerkannt.

Für den Schutz umschlossener Einrichtungen gilt zudem ein eingeschränkter Anwendungsbereich, z.B. für elektrische und elektronische Einrichtungen.

Die rein manuelle Auslösung von Gaslöschanlagen mit FM-200 ist nicht zulässig.

Sonstige Löschanlagenarten

- Pulverlöschanlagen

- Explosionsschutzanlagen

Sprinkleranlage

Bereits 1874 von einem US-Amerikaner (ein Hersteller von Klavieren) erfunden, sind die heutigen Sprinklerköpfe mit Glasampullen (Glasfässern) verschlossen. Die wiederum sind mit einer gefärbten Spezialflüssigkeit gefüllt, die ihrerseits eine Luftblase enthält.

An der Raumdecke oder im oberen Bereich der Seitenwände werden i.d.R. mehrere solcher Sprinklerköpfe angebracht, die mit einem Wasserrohrnetz verbunden sind. Innerhalb des Sprinklersystems herrscht ein konstanter Wasserdruck, der in der Sprinklerzentrale kontrolliert wird.

Bei einem Feuer erwärmt sich die Flüssigkeit in den Glasampullen, dehnt sich aus und die Ampullen platzen, sodass die Düsen geöffnet werden und das Wasser aus dem Sprinklerrohrnetz austreten kann.

Bei einem Brand öffnen selektiv nur die Sprinkler, deren Ampullen die Auslösetemperatur erreicht haben.

Diese Temperatur hängt von der Größe der eingeschlossenen Luftblase ab und wird über die Farbe der Ampullenflüssigkeit gekennzeichnet.

Der Druckabfall im Rohrnetz wird erkannt und sofort wird Wasser aus dafür vorgesehenen Tanks oder über einen dafür dimensionierten Wasseranschluss mit hohem Druck in das Sprinklersystem gepumpt. Das Wasser tritt an allen offenen Wasserdüsen aus und löscht oder minimiert den Brand.

Rohrnetz und Wasserversorgung sind dabei so dimensioniert, dass nur Wasser für eine bestimmte Anzahl der Wasserdüsen zur Verfügung steht (sogenannte „Wirkungsfläche").

Öffnen mehr Sprinklerköpfe als für die ausgelegte Wirkungsfläche vorgesehen sind, fällt die pro Sprinklerkopf zur Verfügung stehende Wassermenge ab und die Wirksamkeit der Anlage sinkt.

Sprinkleranlagen sind deshalb überwiegend zur Bekämpfung der Anfangsphase eines Brandes (Entstehungsbrand) und nicht zur Bekämpfung eines Vollbrandes in der Lage.

Es muss zwischen Bereichen ohne Sprinkleranlage und Bereichen mit Sprinkleranlage eine feuerbeständige Abtrennung errichtet werden, damit ein in einem ungeschützten Bereich entstandener Vollbrand nicht auf den mit einer Sprinkleranlage geschützten Abschnitt des Gebäudes (oder umgekehrt) übergreifen kann.

Sprühwasserlöschanlage

Sprühwasserlöschanlagen werden in Gebäuden, Räumen und im Freien eingesetzt, wenn mit einer schnellen Brandausbreitung zu rechnen und Wasser als Löschmittel anwendbar ist.

Sie verfügen über fest in einem zu schützenden Bereich installierte Rohre und offene Löschdüsen sowie eine Auslöseeinrichtung (z.B. eine Brandmeldeanlage mit zugehöriger Alarmierungseinrichtung).

Im Unterschied zu einer Sprinkleranlage sind die Leitungen nicht permanent mit Wasser gefüllt, ebenso gibt es keine Glasfässchen oder Schmelzlote, die den Wasseraustritt aufhalten. Deshalb wird eine Sprühwasserlöschanlage (auch "Regenanlage" genannt) immer ausgelöst.

Dies geschieht entweder manuell über z.B. Druckknopftaster oder über automatische Brandmelder.

Eine Sprinkleranlage wirkt punktuell, da hier immer nur der Sprinklerkopf ausgelöst wird, der thermisch beaufschlagt wurde.

Die Sprühwasserlöschanlage hingegen wirkt auf eine bestimmte Fläche. Mehrere Löschdüsen sind zu Löschbereichen ("Gassen") zusammengefasst.

- Feinsprühtechnik

Kleineres Tropfenspektrum vervielfacht die Wirkung. So nimmt es die Brandwärme besonders gut auf, Brandherd und Umgebung werden sofort wirksam gekühlt.

Durch das Verdampfen des Löschwassers im Feuer wird zusätzlich eine große Wärmemenge gebunden und gleichzeitig behindert der entstehende Wasserdampf die Sauerstoffzufuhr zum Brandherd. Die Absenkung der Sauerstoffkonzentration in unmittelbarer Nähe der Flammenzone führt zu einem zusätzlichen Stickeffekt.

Niederdruck-Anlagen arbeiten dabei mit max. 15 bar, Hochdruck-Anlagen hingegen mit bis zu 200 bar.

- Nassanlage

Die Nassanlage eignet sich für den Brandschutz in frostsicheren Räumen mit Temperaturen über 4 °C.

An den Decken der zu schützenden Räume und über besonders gefährdeten Punkten werden Strangrohre mit Sprinklern angeordnet.

Das Rohrnetz ist bis zu den Glasfass-Sprinklern mit Löschwasser gefüllt. Maximal 1.000 Sprinkler sind anschließbar.

- Trockensystem

Das Trockensystem wird in frostgefährdeten Räumen oder Räumen mit hohen Temperaturen eingesetzt. Besitzt die Trockenventilstation einen Schnellöffner, so sind je nach Risiko 500 bis 700 Sprinkler einsetzbar.

Nach dem Öffnen eines Sprinklers und dem Durchschlagen des Alarmventils fließen über einen Bypass zwischen 100 und 150 Liter Wasser in der Minute zur Alarmglocke und zum Alarmdruckschalter.

- Pre-Action

Pre-Action-Systeme kombinieren eine Sprinkler- mit einer Brandmeldeanlage. Sie werden zum sicheren Schutz vor allem sensibler Anlagen und Einrichtungen eingesetzt.

Bei Detektion eines Brandes durch eine Brandmeldeanlage wird das Trockenrohrnetz mit Wasser vorgefüllt, sodass bei Öffnung eines Sprinklers über dem Brandherd das Wasser sofort löschwirksam werden kann.

- Schaum-Löschanlage

Schaum-Löschanlagen werden insbesondere dort eingesetzt, wo mit Flüssigkeitsbränden zu rechnen ist.

Bei Schaum als Löschmittel wird je nach seinem Luftanteil zwischen Schwerschaum, Mittelschaum und Leichtschaum unterschieden. Je nach chemischer Zusammensetzung der brennbaren Flüssigkeit hat die Art des verwendeten Schaummittels entscheidenden Einfluss auf die Qualität und Stabilität des erzeugten Schaums.

Im Brandfall fließt das Löschwasser durch einen Zumischer und heraus kommt das Schaum-Löschmittel.
In sog. Schaumdüsen / Schaumrohren wird dabei Luft angesaugt und so das gewünschte Schaumvolumen erzeugt.

Das Löschprinzip von Schaum beruht auf die Verdrängung von Luft und Kühlung. Die brennbaren Flüssigkeiten werden unter einem Schaumteppich abgedeckt.

Gaslöschanlage

Hier wird i.d.R. der Brand mittels eines gasförmigen Löschmittels durch Sauerstoffverdrängung (Reduktion des Sauerstoffgehaltes) gelöscht.

Mit gasförmigen Löschmitteln ist nur das Löschen in umschlossenen Schutzbereichen (Räumen) möglich.

Funktionsweise einer Gaslöschanlage / Inertisierungsanlage:

Normaler Sauerstoffgehalt in der Luft (Feuer brennt):   **ca. 21 %**

Ein Feuer benötigt mindestens ein Sauerstoffgehalt von: **14 %**

Durch Inertisierung wird der Sauerstoffgehalt entsprechend unter diese Grenze gebracht.

Die Ausnahme bildet der Einrichtungsschutz (Objektschutz) mit Kohlenstoffdioxid, z. B. für Maschinen.

Unterscheidung von Gaslöschanlagen anhand des verwendeten Löschmittels:

- Kohlenstoffdioxid-Löschanlagen (CO_2)

- Inertgas-Löschanlagen
    - Argon-Löschanlagen
    - Stickstoff-Löschanlagen
    - Inertgas-Löschanlagen mit Gasgemischen (Inergen, Argonite)

- Chemische Löschanlagen

Bei Kohlenstoffdioxid- und Inertgas-Löschanlagen haben Personen den Löschbereich vor dem Einströmen des Löschgases zu verlassen, um nicht durch den reduzierten Sauerstoffgehalt zu Schaden zu kommen.

Zusammen mit Gaslöschanlagen müssen also stets Alarmierungseinrichtungen für im Löschbereich anwesende Personen vorgesehen werden, die diese vor dem Auslösen der Löschanlage warnen.

Beim Einsatz von Kohlenstoffdioxid-Löschanlagen ist zusätzlich Folgendes zu bedenken:

- Das Löschmittel ist toxisch und in löschwirksamer Konzentration grundsätzlich lebensgefährlich

- Kohlenstoffdioxid ist deutlich schwerer als Luft, sinkt ab und sammelt sich deshalb in Gruben und Kellerräumen

Aufgrund ihrer möglichen Gefahren werden Gaslöschanlagen nur bei Brandrisiken eingesetzt, die von anderen Feuerlöschanlagen nicht beherrscht werden können oder bei denen andere Feuerlöschanlagen unverhältnismäßig hohe Löschfolgeschäden verursachen würden.

Der Einsatz von Löschwasser oder Löschschaum kann z. B. im Papier- oder Elektronikbereich (Bibliotheken oder Rechenzentren) große Löschfolgeschäden verursachen.

Rauchgas

Rauchgasdurchzündung

Kommt es zu einem Feuer, hat man es mit 3 Temperaturzonen zu tun:

1. **Temperatur im Feuer**
2. **Temperatur in der direkten Umgebung des Brandherdes (sog. Strahlungshitze)**
3. **Temperatur der Rauchgase**

Ein Feuer kann zu extrem heißen Gasen, sog. Pyrolysegase, führen.

Diese Gase können mit der Zeit eine derartig hohe Temperatur erreichen, dass dadurch ein weiterer Brand entsteht (Rauchgasdurchzündung), bzw. den ursprünglichen Brand vergrößert.

Eine Rauchgasdurchzündung (engl. *Roll-Over*) ist das plötzliche Durchzünden und Abbrennen von Pyrolysegasen.

Bei einer Rauchgasdurchzündung ist genug Sauerstoff für die Zündung vorhanden.

Dies unterscheidet die Rauchgasdurchzündung von der Rauchgasexplosion (engl. *Backdraft*), für deren Entzündung dem Rauchgas zunächst weiterer Sauerstoff zugeführt werden muss.

- Beim *Roll-Over* handelt es sich um das Zünden der Pyrolysegase in einer Rauchschicht. Sobald sich genügend brennbare Pyrolyseprodukte in der Rauchschicht angesammelt haben und genügend Luft zur Zündung im Raum ist, findet eine Durchzündung der Rauchschicht statt.

- Beim *Flash-Over* handelt es sich um den Übergang vom Entstehungsbrand zum Vollbrand. Hierbei entzünden sich brennbare Oberflächen durch die Strahlungswärme der Rauchgasschicht.

Die Phänomene Rauchgasdurchzündung und Flash-Over treten bei jedem größeren Brand in geschlossenen Räumen auf, der die Entstehungsphase überschreitet.

Die drei Temperaturzonen im Feuer sind bitte nicht mit den **vier Flammzonen** zu verwechseln.

Bei den vier Flammzonen geht es im Detail „nur" um die Flamme als solche, nicht um das entstandene Feuer eines Brandes.

Die Flammzonen am Beispiel einer Kerze:

Zone 1:   Temperatur ca. 800 C°
Hier wird das Wachs verdampft und nur partiell verbrannt, da der Sauerstoff von unten nicht genügend schnell hinein diffundiert.

Zone 2   Temperatur ca. 1.000 C°
Übergang von Molekülen aus den Verbrennungsgasen.

Zone 3   Temperatur ca. 1.000 C°
Das Wachs wird in seine Bestandteile zerlegt (Kohlenstoff und Wasserstoff), wobei der Kohlenstoff für den Ruß sorgt.

Zone 4   Temperatur ca. 1.400 C°
Flammenoberfläche, hier erhalten die brennbaren Wachsanteile genügend Sauerstoff, um eine heiße Flamme erscheinen zu lassen.

Rauchdurchzündung im Kleinen:
Bläst man eine Kerze aus, steigen Paraffin- bzw. Wachsdämpfe auf. Sie lassen sich entzünden und können die Kerze wieder zum Brennen bringen !

Rauch- / Wärmeabzugsgeräte (RWA)

Eine Hilfe bei Rauchentwicklung für die Feuerwehr sind sogenannte RWA´s.

Vorteil Nr. 1: Durch den Abzug des Rauches kann sich das Rauchgas nicht unter der Hallendecke sammeln und mit der Zeit hohe Temperaturen entwickeln, sondern wird nach draußen abgelassen.
Somit steigt auch die Chance, dass die Feuerwehr im Gebäude einen Löschangriff tätigt, da hier z.B. die Gefahr eines Dacheinsturzes reduziert wird.

Vorteil Nr. 2: Die Feuerwehr gewinnt dadurch Zeit, da sich der Brand langsamer ausbreitet.

Vorteil Nr. 3: Die Feuerwehr findet bei ihrem Löschangriff deutlich bessere Sichtverhältnisse vor, was die Chance auf einen „Innenangriff" deutlich erhöht.

Rauchabzüge:
- Können auch als Wärmeabzüge dienen, umgekehrt jedoch nicht
- Sind für Rettungsarbeiten und Löschangriffe wichtig
- Müssen manuell betätigt werden können
- Sollten auf Rauch und Wärme ansprechen
- Die Auslösetemperatur sollte nicht über 72 °C liegen

Wärmeabzüge:
- Sollen heiße Brandgase abführen und den Vollbrand vermeiden
- Müssen manuell betätigt werden können oder durch aufschmelzen der Abzugsöffnung den Weg nach draußen freigegeben
- Bei einer Aufschmelztemperatur von über 300 °C können diese Wärmeabzüge nicht als Rauchabzüge gerechnet werden

Die Aufgabe von RWA-Anlagen wird in der DIN 18232 wie folgt definiert:

„RWA-Anlagen haben die Aufgabe, im Brandfalle Rauch und Wärme abzuführen. Sie tragen dazu bei, die Brandbeanspruchung der Bauteile zu vermindern."

Rauch- und Wärmeabzugsanlagen setzen sich zusammen aus
- den einzelnen Rauch- und Wärmeabzugsgeräten (RWG)
- den Auslöse- und Bedienelementen
- der Energieversorgung
- den Leitungen
- der Zuluftversorgung

Bei größeren Räumen werden sie durch Rauchschürzen ergänzt.

Als **natürliche Rauchabzugsanlage** (NRA) wird eine RWA bezeichnet, wenn ihre Funktion auf dem **thermischen Auftriebsprinzip** beruht (z.B. bei Lichtkuppeln, Jalousien).

Als **maschinelle (mechanische) Rauchabzugsanlage** (MRA) wird eine RWA bezeichnet, wenn ihre Funktion mit **motorischem Antrieb** erfolgt (z.B. Ventilatoren).

Rauchdruckanlagen (RDA) zählen zu den maschinellen Entrauchungsanlagen für den Sonderfall der Treppenraumentrauchung.

Als **Wärmeabzug** bezeichnet man eine Wand- oder Dachfläche, die bei einer bestimmten Temperatur selbsttätig eine Öffnung freigibt (z.B. durch abschmelzen von thermoplastischen Dachlichtelementen), aus der dann Brandhitze nach außen entweichen kann.

Rauch- und Wärmeschürzen als Bestandteil der RWA-Anlage

Rauch- und Wärmeschürzen müssen so beschaffen sein und installiert werden, dass sie für **mindestens 30 Minuten** wirksam bleiben.

Geeignet sind Materialien wie Stahlbleche oder Gipskarton-Platten.

Rauch- und Wärmeschürzen sind so weit wie betrieblich möglich herunter zu führen; sie sollten **mindestens 2 m von der Decke** herab reichen.

Kann aus betrieblichen Gründen die angestrebte Mindesthöhe von 2 m nicht eingehalten werden, so ist eine Reduzierung bis auf 1 m mit dem besitzenden Versicherer abzustimmen.

Aber auch in diesem Fall sollten rauchempfindliche oder leicht entzündliche Waren oder Betriebseinrichtungen nicht in die heiße Rauchschicht hineinragen.

Die Kombination aus Schürze und RWA ist so zu bemessen, dass Rauch und Brandgase weiterhin ungehindert ins Freie abgeleitet werden können, um eine ausreichende rauchfreie Sicht zu erhalten.

In der Praxis „darf" man ruhig den Versicherungsnehmer nach möglichen Rauchschürzen fragen, denn mittlerweile gehen sie in der modernen Architektur optisch unter.

Rauchschürzen, entweder dezent als graue Borde im Rolltreppenbereich oder gleich als Restaurant in einem Flughafen.

Zu- und Abluft

Grundsätzlich müssen die Öffnungen für die Zu- und Abluft in einer Wand eingebaut werden.

Zuluftöffnungen müssen so weit wie möglich unten an der Wand angebracht sein. Ihr Abstand zur angestrebten rauchfreien Schicht soll mindestens 1 m betragen.

Abluftöffnungen sollen möglichst weit oben in der Wand eingebaut werden. Ihr Abstand von der Gebäudeoberkante (bei Flachdächern also von der Dachfläche) sollte mindestens 1 m betragen. Der Abstand zur Grenzschicht muss ebenfalls 1 m betragen.

Zuluftflächen

Die notwendige Zuluftfläche ist nach der größten Rauchabschnittsfläche festzulegen. Diese errechnete Fläche ist in den Außenwänden des Raumes einzuplanen.

Die Eintrittsöffnungen der Zuluft sollten an mindestens zwei Gebäudeseiten angeordnet und gleichmäßig verteilt sein.

Der VDS sagt dazu:

„Der geometrische Querschnitt der Zuluftöffnungen muss mindestens doppelt so groß sein wie der geometrische Querschnitt der RWA Öffnungen des Dachabschnittes mit der größten wirksamen Öffnungsfläche."

Anrechenbare Öffnungen sind z.B.

- im Brandfall manuell von außen zu öffnende Tore und Türen

- sowie im unteren Hallenbereich angeordnete Fenster, die im Brandfall schnell zerstört werden können

Als Zuluftöffnungen gelten:

- eigenständige Zuluftvorrichtungen

- Tore, Türen oder Fenster, **wenn sie entsprechend als „Zuluftöffnung für NRA" von innen und außen mit Schildern entsprechend DIN 4066 gekennzeichnet sind und zerstörungsfrei** (z.B. kein Einschlagen von Fensterscheiben oder Einreißen von Wand- oder Torflächen) **von außen geöffnet werden können.** Dies gilt nicht, wenn die Werkfeuerwehr entsprechende Zuluftöffnungen schaffen kann.

- Die Zuluftflächen müssen unverzüglich (z.B. automatisch, durch Werkfeuerwehr, durch betriebliche oder organisatorische Vorkehrungen) nach Auslösung der NRA geöffnet werden können.

- Die wirksame Fläche der Zuluftöffnungen muss mindestens das 1,5-fache der aerodynamisch wirksamen Öffnungsflächen aller NRA-Öffnungen der größten Rauchabschnittsfläche des Raumes betragen.

Zusammenwirken mit Löschanlagen

Grundsätzlich ist die Kombination von Wasserlöschanlagen (Sprinkler) und NRA sinnvoll, da diese Anlagen durch ihre verschiedenen Wirkungsweisen unterschiedliche und sich ergänzende Beiträge zur Erreichung bestimmter Schutzziele leisten.

In wenigen Einzelfällen sind der gemeinsamen Anwendung jedoch Grenzen gesetzt.

Die früher übliche höhere Auslösetemperatur der NRA von 18 K (K als Temperatureinheit „Kelvin" = ca. 273 °C) für Wasserlöschanlagen entfällt.

Werden NRA und Gaslöschanlagen oder Wassernebelanlagen gemeinsam in einem Raum installiert, ist die automatische Auslösung der NRA auf die Anforderungen dieser Löschanlagen abzustimmen.

Kombinationsmöglichkeiten

RWA	Sprinkler	Löschanlage Sprühwasser	Feinsprüh
Maschineller Rauchabzug	möglich unter Beachtung der Querlüftung	bedingt möglich bei gemeinsamer Ansteuerung z.B. über Sprinkler-ventilstation	Kombination i.d.R. nicht sinnvoll
Natürlicher Rauchabzug mit Auslösung über Rauchmelder	möglich und sinnvoll unter Beachtung des Deckenabstandes der Sprinkler	möglich und sinnvoll unter Beachtung der Anordnung von Sprinkler und RA sowie verknüpfte Auslösung	Kombination i.d.R. nicht sinnvoll
Natürlicher Rauchabzug mit thermischer Auslösung	möglich und sinnvoll unter Beachtung des Deckenabstandes der Sprinkler	möglich und sinnvoll unter Beachtung der Anordnung	Kombination i.d.R. nicht sinnvoll
Natürlicher Rauchabzug mit Auslösung über Handmelder	sinnvoll	sinnvoll	bedingt möglich

Feuerwiderstandsklassen (FWK)

Der Feuerwiderstand (auch *Brandwiderstand*) eines Bauteils steht für die Dauer, in der ein Bauteil im Brandfall seine Funktion behält.

Die Feuerwiderstandsdauer einiger bewährter Systeme wird beispielsweise in Teil 4 der deutschen DIN 4102 katalogisiert.

Das Zulassungsverfahren von nicht katalogisierten Bauteilen erfordert zur Erlangung einer baurechtlichen Zulassung eine Brandprüfung.

Der Feuerwiderstand ist zusammen mit anderen Kriterien Teil der Brandrate eines Bauteils.

Um die allgemeine Tauglichkeit eines Bauteils sicherzustellen, muss beispielsweise eine Brandschutztür auch einer festgelegten Anzahl von Öffnungs- und Schließvorgängen (in der Regel 200.000 Zyklen) standhalten.

Funktionen, die ein Bauteil im Brandfall ggf. erfüllen muss:

- Tragfähigkeit

- Raumabschluss zwecks

    o Verhinderung der Brandausbreitung durch Wärmekonvektion und -strahlung

    o Verhinderung der Brandausbreitung durch Wärmeleitung (wärmeisolierende Wirkung)

    o Vermeidung von Rauchausbreitung

Begriffsbestimmung

Prinzipiell werden in ihrer „Entflammbarkeit" folgende Gruppen unterschieden:

- Feste Stoffe
- Flüssige und gasförmige Stoffe
- Bauteile / Sonderbauteile

Ausschließlich das Brandverhalten von **Bauteilen und Sonderbauteilen** wird durch die **Feuerwiderstandsdauer** gekennzeichnet !

Sie ist die Mindestdauer **in Minuten**, in der ein Bauteil die gestellten Anforderungen erfüllen muss:

- Feuerhemmend: F 30, F 60

- Feuerbeständig: F 90A, F 120, F 180
    Bauteile aus Naturstein (Sandstein, Kalkstein, Granit, Marmor, Basalt, Schiefer usw.) gelten **nicht** als feuerbeständig !

Diese Angaben beziehen sich nur auf Bauteile, da Sonderbauteile eine andere Einstufung haben. Ferner sind die Maßgaben mit 120 bzw. 180 Minuten i.d.R. eine versicherungstechnische Anforderung.

„Von Amtswegen" her wird meistens max. 90 Minuten Durchhaltevermögen gefordert.

Bauteile wiederum bestehen aus (Bau)Stoffen, die als Kategorie ihrer Feuergefährlichkeit keine Minutenangaben haben, sondern:

- Schwerentflammbar (bezieht sich nur auf feste Stoffe)
- Normalentflammbar
- Leichtentflammbar
- Explosionsgefährlich

Diese Angaben werden mittels Buchstaben

- A1, A2, B1, B2, B3 bei festen Stoffen
- A, A1, A2, A3, B bei flüssigen und gasförmigen Stoffen

als **Baustoffklasse** angegeben.

Die Begriffe im Einzelnen (gem. Prämienrichtlinie)

1. Feste Stoffe

Nichtbrennbare feste Stoffe	Können nicht zur Entflammung gebracht werden und verkohlen oder veraschen auch nicht. Beispiel: Sand, Lehm, Kies, Zement, Gips, Bims, Steine, Mörtel, Beton aus mineralischen Bestandteilen, Glas, Faserzement, Glas- und Mineralwolle ohne organische Zusätze, Stahl und andere Metalle in nicht fein zerteilter Form).

Brennbare feste Stoffe

Schwerentflammbar	Können nur schwer zur Entflammung gebracht werden und brennen mittels Stützfeuer langsam ab.
Normalentflammbar	Brennen auch ohne Stützfeuer weiter (z.B. Holz).
Leichtentflammbar	Brennen schnell und ohne Stützfeuer ab (z.B. Papier, Stroh, Heu).
Explosionsgefährliche feste Stoffe	Hierzu zählen Explosivstoffe und alle Stoffe in fein zerteilter Form (Stäube, Pulver, Mehle), die bei Zündung des Gemisches explosionsartig verbrennen.

2. Flüssige und gasförmige Stoffe

Nach der Verordnung über brennbare Flüssigkeiten (VbF) werden flüssige Stoffe wie folgt unterschieden:

Gefahrenklasse	Benennung	Flammpunkt
A	mit Wasser nicht mischbare Flüssigkeit	
A 1	Gefahrklasse 1 Leichtentflammbar	unter 21 °C
A 2	Gefahrklasse 2 Leichtentflammbar	21 °C - 55 °C
A 3	Gefahrklasse 3 Normalentflammbar	55 °C - 100 °C
B	mit Wasser mischbare Flüssigkeit Leichtentflammbar	unter 21 °C

Normalentflammbare flüssige Stoffe	Als normalentflammbar gelten Flüssigkeiten, Mischungen oder Lösungen der Gefahrenklasse A3 sowie die nicht unter die VbF fallenden brennbaren Flüssigkeiten (z.B. die meisten Heizöle).
Leichtentflammbare flüssige Stoffe	Hierzu zählen die Gefahrklassen A1, A2 und B (z.B. Alkohol, Äther, Benzin, Petroleum, Terpentin).
Explosionsgefährliche flüssige und gasförmige Stoffe	Hierunter fallen Explosivstoffe und Dämpfe von leichtentflammbaren Flüssigkeiten, Mischungen oder Lösungen sowie brennbare Gase, wenn sie in zündfähigen Konzentrationen vorkommen.

FWK	bauaufsichtliche Benennung	Bezeichnung
F 30	feuerhemmend	F 30 - B
	feuerhemmend und in den wesentlichen Teilen aus nicht brennbaren Baustoffen	F 30 - AB
	feuerhemmend und aus nicht brennbaren Baustoffen	F 30 - A
F 60	hochfeuerhemmend	F 60 - B
	in wesentlichen Teilen aus nicht brennbaren Baustoffen	F 60 - AB
	aus nicht brennbaren Baustoffen	F 60 A
F 90	feuerbeständig und in den wesentlichen Teilen aus nicht brennbaren Baustoffen	F 90 - AB
	feuerbeständig und aus nicht brennbaren Baustoffen	F 90 - A

**Folgende FWK sind keine bauaufsichtlichen Bezeichnungen mehr !
I.d.R. wird mit diesen Größenordnungen nur im Bereich der
Versicherungen gearbeitet.**

FWK	bauaufsichtliche Benennung	Bezeichnung
F 120	-	F 120 - B
	in wesentlichen Teilen aus nicht brennbaren Baustoffen	F 120 - AB
	aus nicht brennbaren Baustoffen	F 120 - A
F 180	-	F 180 - B
	in wesentlichen Teilen aus nicht brennbaren Baustoffen	F 180 - AB
	aus nicht brennbaren Baustoffen	F 180 - A

Neben den vorgenannten „Maßeinheiten" wie Dauer und Brennbarkeit, gibt es auch Bezeichnungen für das jeweilige Bauteil:

Bezeichnung	Bauteil	DIN 4102
F	Wände, Brandwände, Decken, Stützen	Teil 2
W	nichttragende Außenwände	Teil 3
L	Lüftungsleitungen	Teil 6
K	Absperrvorrichtungen Lüftungsleitungen	Teil 6
S	Kabelabschottungen	Teil 9
I	Installationsschächte, -kanäle	Teil 11
R	Rohrabschottungen	Teil 11
E	Funktionserhalt elektrischer Kabel	Teil 12
F	Verglasung (Strahlung verhindert)	Teil 13
G	Verglasung (Strahlung behindert)	Teil 13
T	Feuerschutzabschlüsse	Teil 5

Europäische Vereinheitlichung der FWK

Die EU macht auch vor dem Brandschutz nicht halt und so werden sich die altbekannten Normen und Begriffe wie folgt ändern: Die DIN 4102 wird ersetzt durch die DIN EN 13501.

> **Zukünftig wird man in der Lage sein, Aussagen über Brandverhalten, Rauchentwicklung und Abtropfverhalten zu treffen. Die neuen EU-Einstufungen werden also deutlich genauer.**

Bsp.:   Die Bezeichnung für eine **Brandwand wird nicht mehr F 90 sein, sondern REI-M 90.**

Die zeitliche Einheit 90 bleibt, was sich ändert sind die „Aussagen" REI-M statt F.

R	steht für	Résistance	Tragfähigkeit
E		Étanchéité	Raumabschluss
I		Isolation	Wärmedämmung
M		Mechanical	Widerstand gegen mechanische Beanspruchung

Charakteristische Eigenschaften werden wie folgt abgekürzt:

R   Tragfähigkeit (Résistance)
Bauteilfähigkeit, unter festgelegten mechanischen Einwirkungen ohne Verlust der Standsicherheit einer Brandbeanspruchung für eine Zeitdauer zu widerstehen.
Kriterien sind Verformung und Grenzwerte der Verformungsgeschwindigkeit für Biegung bzw. axiale Beanspruchung.

E   Raumabschluss (Étanchéité)
Bauteilfähigkeit, der Beanspruchung eines Feuers von einer Seite zu widerstehen, ohne Übertragung des Feuers zur abgekehrten Seite durch Flammen oder heiße Gase, die dort die Entzündung von Materialien verursachen.

I   Wärmedämmung (Isolation)
Bauteilfähigkeit, einer einseitigen Brandbeanspruchung ohne Übertragung von Feuer zu widerstehen, die Übertragung ist soweit zu begrenzen, dass weder die dem Feuer abgekehrte Seite noch Materialien in dessen Nähe entzündet und Personen in der Nähe geschützt werden.

Die wesentlichen Anforderungen und Kennbuchstaben zur ausschließlichen Klassifizierung aller Bauteile können durch folgende Eigenschaften erweitert und / oder optional ergänzt werden:

W	**Strahlungsdurchlässigkeit (Radiation)** Begrenzung der Strahlungsdurchlässigkeit. Ein Bauteil mit der Kennzeichnung I erfüllt auch W, ist optionaler Verhaltenspartner, z.B. REW 90 / REI 90.
M	**Widerstand gegen mechanische Beanspruchung (Mechanical)** Stoßbeanspruchung gemäß Prüfvorschrift darf nicht zum Verlust der Eigenschaften R, E und / oder I führen, dient zur Erweiterung der Verhaltensparameter, z.B. REI-M 60.
C	**Selbstschließende Eigenschaft (Closing)** Für Türen mit selbstschließender Eigenschaft, dient zur Erweiterung der Verhaltensparameter, z.B. EI 60 - C.
S	**Rauchdurchlässigkeit (Smoke)** Bauteile mit besonderer Begrenzung der Rauchdurchlässigkeit, Bauteile ohne FWK werden nur mit S klassifiziert, dient zur Erweiterung der Verhaltensparameter, z.B. REI 30 - S.
IncSlow	**Schwelbrand** Zur Angabe der Reaktion eines Produktes auf die Schwelbrandkurve, dient zur Erweiterung der Verhaltensparameter, z.B. EI 60 - IncSlow.
-sn	**annähernd natürlicher Brand** Wenn das Verhalten unter Beanspruchung eines annähernd natürlichen Brandes eine gesetzliche Forderung ist, dient zur Erweiterung der Verhaltensparameter, z.B. RE 60 - sn.

Spezielle Leistungsmerkmale besonderer Bauprodukte können durch eigene Symbole dargestellt werden:

G	**Rußwiderstand**
	Für Schornsteine und Schornsteinprodukte
K	**Schutzwirkung äußerer Bauprodukte**
	Schutzwirkung auf innenliegenden Baustoffe bei kurzzeitiger ETK-Einwirkung (Einheitstemperaturkurve).
P	**Aufrechterhaltung Energieversorgung**
	Gilt für ETK-Einwirkung
PH	**Aufrechterhaltung Energieversorgung**
	Gilt für andere Einwirkungen als ETK-Einwirkung
B	**Ableitung von Brandgasen**
	Bei Rauch-Wärmeabzugsgeräten mit natürlichem Auftrieb
F	**Funktionsfähigkeit RWA**
	Für maschinell betriebene Rauch-Wärmeabzugsgeräte
V	**Wärmebeständigkeit**
	Für Ventilatoren von Rauch-Wärmeabzugsgeräten
D	**Rauchschürzen**
	Funktionsfähigkeit von Rauchschürzen

Somit ergeben sich also folgende Änderungen bei den gängigen Maßeinheiten:

	tragende Bauteile		nicht tragende Innenwand
	ohne Raumabschluss	mit Raumabschluss	
feuerhemmend	neu: R 30 bisher: F 30	neu: REI 30 bisher: F 30	neu: EI 30 bisher: F 30
feuerbeständig	neu: R 90 bisher: F 90	neu: REI 90 bisher: F 90	neu: EI 90 bisher: F 90
Brandwand	neu: - bisher: -	neu: REI-M 90 bisher: F 90	neu: EI-M 90 bisher: -

Baustoffe erhalten zukünftig zusätzliche Klassifizierungen zu den Kriterien „Rauchentwicklung" und „Rauchmenge". Hierzu wurden 2 neue Maßeinheiten eingeführt:

- SMOGRA: smoke growth rate index
- TSP: Total smoke production

Klasse	Anforderung an Rauchentwicklung SMOGRA = Geschwindigkeit der Rauchentwicklung in m² / s^2 TSP = Freigesetzte Rauchmenge in 600 s in m²
S1	strengere Kriterien als an S2 gefordert SMOGRA < 30 m² / s^2 TSP < 50 m² in 600 s
S2	Rauchentwicklung ist beschränkt SMOGRA < 180 m² / s^2 TSP < 200 m² in 600 s
S3	keine Beschränkung zur Rauchentwicklung gefordert, weder S2 noch S1

Baustoffe erhalten insgesamt folgende neue Klassifizierungen:

Klasse neu	Klasse alt	Anforderung an Baustoffe
A1	A1	kein Beitrag zum Brandgeschehen
A2	A2	kein wesentlicher Beitrag zu Brandlast und Brandanstieg
B	B1	wie C (mit strengeren Forderungen)
C	B1	wie D (mit strengeren Forderungen) und zusätzlich bei Beanspruchung durch einzelnen brennenden Gegenstand eine begrenzte seitliche Flammenausbreitung
D	B2	wie E, Baustoffe können zusätzlich für längeren Zeitraum Angriff einer kleinen Flamme ohne wesentliche Flammenausbreitung und bei Beanspruchung durch einzelne brennende Gegenstände mit verzögerter Wärmefreisetzung standhalten
E	B2	können für kurze Zeit Angriff durch kleine Flammen ohne wesentliche Flammenausbreitung standhalten
F	B3	Brandverhalten nicht bestimmbar, nicht in Klassen A bis E klassifizierbar

Brandklassen

Feuer ist nicht gleich Feuer, deshalb unterteilt man es auch in verschiedenen Brandklassen.

> Als Brandklassen bezeichnet man eine Klassifizierung der Brände nach ihrem brennenden Stoff. **Diese Klassifikation ist vorwiegend notwendig, um die richtige Auswahl entsprechender Löschmittel zu treffen.**

Feuerlöscher

Nach der Europäischen Norm EN 2 erfolgt die Einteilung der brennbaren Stoffe in die Brandklassen A, B, C, D und F. Die EN 2 löste die nationalen Normen, wie DIN-Normen oder ÖNORM F 1003 ab.

Brandklasse	Brandstoff	Beispiele
A	feste, nicht schmelzende Stoffe	Holz, Papier, Textilien, Kohle, nicht schmelzende Kunststoffe
B	Flüssigkeiten, schmelzende feste Stoffe	Lösungsmittel, Öle, Wachse, schmelzende Kunststoffe
C	Gase	Propan, Butan, Acetylen, Erdgas, Methan, Wasserstoff
D	Metalle	Natrium, Magnesium, Aluminium
F	Speisefette und –öle	

Hintergrund zur Brandklasse E

Mittlerweile abgeschafft ist die Brandklasse E, die für Brände in elektrischen Niederspannungsanlagen (bis 1.000 Volt) vorgesehen war. Mit Einführung der europaweiten Norm EN2 wurde sie gestrichen, da alle Feuerlöscher in Niederspannungsanlagen eingesetzt werden können, sofern der auf dem Feuerlöscher aufgedruckte Sicherheitsabstand eingehalten wird.

Hintergrund zur Brandklasse F

Mit Erscheinen der DIN EN 2 (Brandklassen) im Januar 2005 ist neben den bisher bekannten Brandklassen A, B, C und D jetzt auch die Brandklasse F aufgenommen worden. Die Brandklasse F beinhaltet Fettbrände in Frittier- und Fettbackgeräten sowie bei anderen Kücheneinrichtungen.
Prinzipiell gehören Fette der Brandklasse B an, jedoch werden Fettbrände wegen ihrer besonderen Gefahren und Eigenheiten ab sofort einer gesonderten Brandklasse F zugerechnet.

Besonders problematisch sind Fettbrände deshalb, weil Löschversuche mit Wasser fast zwangsläufig zu einer Fettexplosion führen.

Löschversuche brennender Fette und Öle mit Pulver- oder CO^2-Löschern enden in vielen Fällen nicht erfolgreich, da nach Abnahme der Löschmittelkonzentration aufgrund fehlender Abkühlung schon nach kurzer Zeit eine Rückzündung des Brandgutes erfolgt; vom Löschmittelschaden durch das Pulver einmal ganz abgesehen.

Nach Untersuchungen sind Löschdecken zum Löschen von Fettbränden nicht geeignet. Es lässt sich feststellen, dass die Feuerlöschdecken (Wolle, Baumwolle, Glas-, Nomex- und Kevlargewebe) durch das hohe "Hitzepotenzial" durchbrennen.

Weiterhin kondensieren in den Decken die heißen Fettdämpfe und sorgen für eine Entzündung der Decken (Dochteffekt) und somit zwangsläufig auch für eine Brandausbreitung. Löschdecken sollten aber trotzdem wie bisher üblich in Küchen vorgehalten werden, da sie ausgezeichnet dazu geeignet sind, in Brand geratene Bekleidung abzulöschen.

Vorsicht vor Kondenswasser an benutzten Kochdeckeln, das abtropfende Wasser kann bereits zu einer Fettexplosion mit schweren Verletzungen und Schäden führen !

Eignung einzelner Feuerlöscher

Feuerlöscher	Brandklasse				
	A	B	C	D	F
Pulverlöscher mit ABC-Pulver	Ja	Ja	Ja	Nein	Nein
Pulverlöscher mit BC-Pulver	Nein	Ja	Ja	Nein	Nein
Pulverlöscher mit Metallbrand-Pulver	Nein	Nein	Nein	Ja	Nein
Kohlendioxidlöscher	Nein	Ja	Nein	Nein	Nein
Wasserlöscher (auch mit Zusatzmitteln)	Ja	Nein	Nein	Nein	Nein
Wasserlöscher mit Zusätzen, die in Verbindung mit Wasser auch Brände der Brandklasse B löschen	Ja	Ja	Nein	Nein	Nein
Schaumlöscher	Ja	Ja	Nein	Nein	Nein
Fettbrandlöscher	Nein	Nein	Nein	Nein	Ja

Anzahl der benötigten Feuerlöscher (gem. VDS-Richtlinie)

Grundfläche Bis ... Qm	Vorhandene Brandgefährdung		
	Gering	Mittel	Groß
50	6	12	18
100	9	18	27
200	12	24	36
300	15	30	45
400	18	36	54
500	21	42	64
600	24	48	72
700	27	54	81
800	30	60	90
900	33	66	99
1.000	36	72	108
Je weitere 250	6	12	18

Bauartklassen

Eine Bauartklasse (kurz BAK oder BKL) ist eine Einstufung eines Bauwerkes abhängig von dessen Bauweise (z. B. Betonbauweise, Holzbauweise, etc.).

- BAK 1:
  Massive Bauweise, harte Bedachung

- BAK 2:
  Meistens feuergefährlichere Bauweise, mit harter Bedachung. Oftmals fallen hierunter mit Stein ausgefachte Fachwerkhäuser, aber auch z. B. Fertighäuser in Holzbauweise, die an und für sich der Bauartklasse 3 angehören würden, jedoch feuerhemmend (F 30, F 60) ummantelt sind.

- BAK 3:
  Feuergefährliche Objekte mit harter Bedachung, wie z. B. Fertighäuser aus Holz oder Blockbohlenhäuser.

- BAK 4:
  wie BAK 1 oder BAK 2, weiche Bedachung (z.B. vollständige oder teilweise Eindeckung mit Holz, Ried, Schilf, Stroh u.ä.)

- BAK 5:
  wie BAK 3, weiche Bedachung (z.B. vollständige oder teilweise Eindeckung mit Holz, Ried, Schilf, Stroh u.ä.)

Bei Fertighäusern wird für gewöhnlich anstatt von Bauartklassen eher von Fertighausgruppen (FHG) gesprochen. Die Gruppeneinteilung ist jedoch vergleichbar mit der der Bauartklassen.

Beispiele:

BAK 1

Tragwerke:	Stahlbeton Skelett (F 90)
Dachtragwerke:	Binder und Pfetten, feuerbeständig aus Stahlbeton (F 90)
Geschossdecken:	Stahlbeton (F 90)
Nicht tragende Außenwände:	Mauerwerk mit Glasfenstern
Dachschalungen:	Platten aus Porenbeton
Bedachung:	beliebige Wärmedämmung und Dampfsperren sowie Bitumen-Dachabdichtung

BAK 2 aus nichtbrennbaren Baustoffen

Tragwerke:	ungeschützte Stahlrahmen (Stützen und Binder)
Dachtragwerke:	Pfetten aus ungeschützten Stahl
Geschossdecken:	Stahlverbunddecke (F 30), Kellerdecke aus Stahlbeton
Nicht tragende Außenwände:	Stahl-Sandwichelemente mit nicht brennbaren Wärmedämmungen
Dachschalungen:	Stahltrapezprofil
Bedachung:	Mineralfaser-Dämmung und Kunststoff-Dachbahnen

BAK 3 mit feuerhemmendem Tragwerk

Tragwerke:	Holzstützen (F 30)
Dachtragwerke:	Binder und Pfetten als Holzleimkonstruktion (F 30)
Geschossdecken:	Holzbalkendecke (F 30)
Nicht tragende Außenwände:	Stahlkonstruktion mit nichtbrennbarer Wärmedämmung
Dachschalungen:	Stahltrapezprofil
Bedachung:	Mineralfaser-Dämmung und Kunststoff-Dachbahnen

BAK 4

Tragwerke:	ungeschützte Stahlkonstruktion
Dachtragwerke:	Binder und Pfetten aus ungeschützten Stahl
Geschossdecken:	Stahlkassettendecke
Nicht tragende Außenwände:	Montagewand mit brennbarer Wärmedämmung
Dachschalungen:	Stahltrapezprofil
Bedachung:	brennbare Wärmedämmung und bituminöse Dachabdichtung

Komplex- und Brandabschnittstrennungen

Die Eintrittswahrscheinlichkeit eines Brandes in Deutschland liegt je nach Nutzung und Quelle im Bereich von 2 Bränden pro Mio. m² Nutzfläche und Jahr.

Dies bedeutet, dass bei einer Betriebsfläche von **10.000 m² statistisch gesehen alle 50 Jahre ein Brand entsteht !**

Dabei ist natürlich zu berücksichtigen, dass nicht aus jedem Feuer ein Brandereignis folgt.

Die Eintrittswahrscheinlichkeit eines Brandes ist von der der Größe der Fläche und der maximale Schaden von der Verteilung der Versicherungswerte innerhalb der Gebäude abhängig !

Komplexbildung, Brandwände, Brandabschnitte... worum geht es hier eigentlich ?

Wenn man dieses Thema im Sinne der Prämienrichtlinien betrachtet (und das ist in der Praxis der eigentliche Fall), geht es immer nur um die Aufteilung eines Risikos in Komplexe (entweder baulicher oder räumlicher Art) vorzunehmen.

Diese Komplexbildung dient dazu, dass der Versicherer um sein konkretes Risiko in „Euro und Cent" vor Ort Bescheid weiß. Eine korrekte Komplexbildung weißt dann die

- Gebäudewerte
- Inventar- und Vorräte
- Betriebsunterbrechung (ggf. Mehrkosten)
- sowie weitere Wertverteilungen wie z.B. Maschinen

aus.

Nun kann es ja sein, dass ein Komplex aus einem riesigen hallenartigen Gebäude besteht. Hier würden sich dann Brandabschnitte (entweder baulicher oder räumlicher Art) in der Tarifierung bemerkbar machen. Ordnungsgemäße Brandabschnitte verringern risikotechnisch gesehen die von einem Brand zerstörbare Fläche, ergo reduziert sich dadurch auch der zu erwartende Sach- und BU-Schaden.

Bei der Ermittlung der Feuerversicherungsprämie ist sowohl die Größe der einzelnen Brandabschnitte als auch das Vorhandensein von unterschiedlichen Komplexen von wesentlicher Bedeutung.

Laut den Prämienrichtlinien kann für Brandabschnitts- oder Komplexfläche folgende Nachlässe gegeben werden:

- bis 1.600 m²   15 %
- bis 3.200 m²   10 %
- bis 5.000 m²   5 %

Die „Fläche" errechnet sich aus der Grundfläche der Gebäude multipliziert mit der Anzahl der unter- und oberirdischen Geschossen sowie Läger im Freien.

Als Geschosse gelten hierbei auch Dachböden und Galerien, sofern sie zur Fabrikation oder Lagerung genutzt werden.

Sind in einem Komplex mehrere Brandabschnitte vorhanden, die aufgrund ihrer individuellen Fläche unterschiedliche Rabatte bekommen, so wird ein durchschnittlicher Rabatt ermittelt.

Bei Risiken aus dem „Buch 0" (Lager) mit Korrekturfaktoren sowie bei Silo- und Tankanlagen, Sonderlägern und Kühlhäusern mit Temperaturen unter 0 °C gelten die o.g. Nachlässe nicht.

Komplextrennung

Für PML-Schätzung und Beitragskalkulation wichtig !

Ein Komplex wird von einem oder mehreren Gebäuden, Gebäudeabschnitten oder Lägern im Freien gebildet, die untereinander keine, jedoch zu anderen Gebäuden, Gebäudeabschnitten, Lägern eine räumliche oder bauliche Trennung aufweisen.

Da aufgrund eines Feuers theoretisch eine Hausfassade zusammenbrechen bzw. umfallen kann und somit aus der Höhe nunmehr eine Länge liegend auf dem Boden wird, spielt die Gebäudehöhe in den nachfolgenden „Spielregeln" eine große Rolle.

Räumliche Komplextrennung liegt vor, wenn der Abstand

a) zwischen Gebäuden mit einer Gebäudehöhe von 5 m bis 20 m mindestens gleich der Höhe des höchsten Gebäudes ist,

b) zu Lägern brennbarer Stoffe im Freien mindestens 20 m beträgt,

c) zwischen sonstigen Gebäuden /Lägern mindestens 5 m eingehalten wird.

Mehr als 20 m Abstand werden in den Prämienrichtlinien jedoch nicht gefordert ! Nur bei besonderen Risikoverhältnissen z.B. besondere Brandlasten, Gebäudehöhen über 20 m oder erhöhte Explosionsgefahr, können individuell andere Mindestabstände für den brandlastfreien Streifen vereinbart werden !

Gemessen wird immer an der engsten Stelle !

Ferner dürfen diese „Freiflächen" nicht für geparkte Autos oder „mal kurz abgestellte" Waren genutzt werden.

Dauerhafte Freihaltung ist hier das A und O !

Nicht beeinfluss wird die Komplexbildung durch:

- Schornsteine
- kleine Schutzdächer aus nichtbrennbaren Baustoffen, die weder zu Betriebszwecken noch zur Lagerung dienen
- Verbindungsbrücken oder -gängen aus nichtbrennbaren Material, deren Öffnungen mindestens auf einer Seite mit einem feuerbeständigen Feuerschutzabschluss versehen sind.

Skizze zu a)

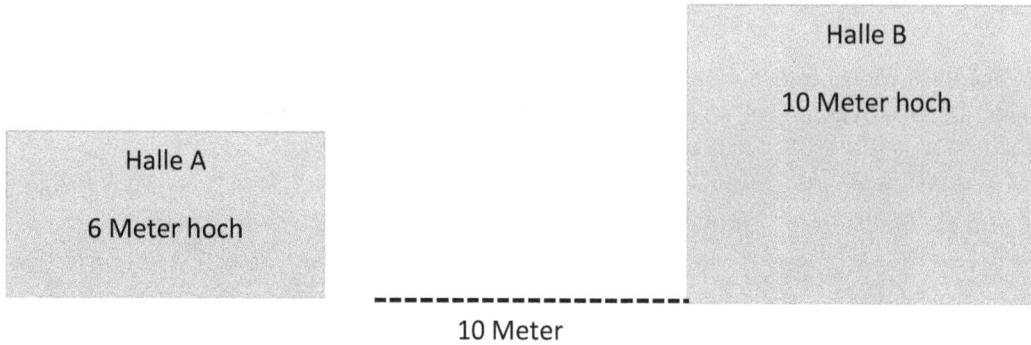

Skizze zu b)

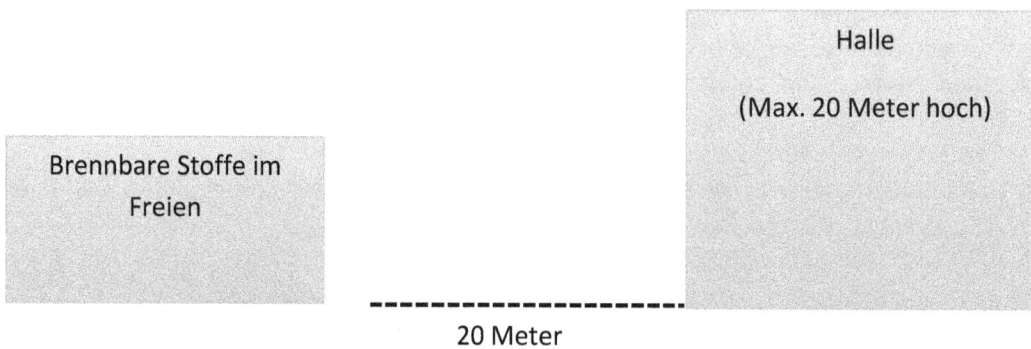

Hinweis:	Die o.g. Regelungen gelten nur, sofern keine brennbaren Objekte (z.B. Pkw) im Zwischenraum abgestellt oder gelagert werden.

Bauliche Komplextrennung liegt vor, wenn Gebäude oder Läger im Freien durch eine Komplextrennwand nach VdS abgetrennt sind.

Komplextrennwände sind bauliche Trennungen, die Gebäude oder Läger im Freien in Komplexe unterteilen oder abtrennen.

Sie müssen unversetzt (also in einer Linie) durch das gesamte Gebäude führen und dürfen keine eingreifenden Bauteile vorweisen. Eingreifende Bauteile können z.B. Stahlträger sein, die sich im Brandfall ausdehnen und somit die Wand in ihrer Funktion beschädigen.

In der Praxis nach wie vor ein Problem: Brandlasten am Gebäude.

Feuerbeständige Abtrennung

Räume innerhalb eines Brandabschnittes oder Komplexes gelten als feuerbeständig von anderen Gebäudebereichen abgetrennt, wenn

- deren Decken und Trennwände feuerbeständig sowie deren Öffnungen feuerbeständig geschützt ausgeführt sind

- und sie nicht größer als 10 % der jeweiligen Geschossgrundfläche des Gebäudes, in dem sich die Räume befinden.

Daher in diesem Zusammenhang hier noch einmal die Erläuterung der entsprechenden Einstufungen.

Prinzipiell werden in ihrer „Entflammbarkeit" folgende Gruppen unterschieden:

- Feste Stoffe
- Flüssige und gasförmige Stoffe
- Bauteile / Sonderbauteile

Ausschließlich das Brandverhalten von **Bauteilen und Sonderbauteilen** wird durch die **Feuerwiderstandsdauer** gekennzeichnet !

Sie ist die Mindestdauer **in Minuten**, in der ein Bauteil die gestellten Anforderungen erfüllen muss:

- Feuerhemmend: F 30, F 60

- Feuerbeständig: F 90A, F 120, F 180
  Bauteile aus Naturstein (Sandstein, Kalkstein, Granit, Marmor, Basalt, Schiefer usw.) gelten **nicht** als feuerbeständig !

Diese Angaben beziehen sich nur auf Bauteile, da Sonderbauteile eine andere Einstufung haben. Ferner sind die Maßgaben mit 120 bzw. 180 Minuten i.d.R. eine versicherungstechnische Anforderung.

„Von Amtswegen" her wird meistens max. 90 Minuten Durchhaltevermögen gefordert.

Bauteile wiederum bestehen aus (Bau)Stoffen, die als Kategorie ihrer Feuergefährlichkeit keine Minutenangaben haben, sondern:

- Schwerentflammbar (bezieht sich nur auf feste Stoffe)
- Normalentflammbar
- Leichtentflammbar
- Explosionsgefährlich

Diese Angaben werden mittels Buchstaben

- A1, A2, B1, B2, B3 bei festen Stoffen
- A, A1, A2, A3, B bei flüssigen und gasförmigen Stoffen

als **Baustoffklasse** angegeben.

Entsprechende Details sind unter „Feuerwiderstandsklassen" nachlesbar.

Anforderungsprofil an eine Komplextrennwand

Gemäß den Prämienrichtlinien sind folgende Kriterien von einer Komplextrennwand zu erwarten:

Feuerwiderstandsdauer: Komplextrennwände müssen eine Feuerwiderstandsdauer von mindestens 180 Minuten aufweisen.

Stoßbeanspruchung: Dreimalige Stoßbeanspruchung von 4.000 Nm. Stoßbeanspruchung deswegen, da im Brandfall z.B. ein Schwerlastregal gegen die Trennwand fallen könnte.

Konstruktion:

Material	Mindestdicke in cm
Mauerwerk	36,5
Stahlbeton	20,0
Bewehrtem Gasbeton *	
• Stehend angeordnete Wandplatte	30,0
• Liegend angeordnete Wandplatte	25,0

(* = mit Festigkeitsklasse mindestens G 4.4)

Bedachung: Bei feuerbeständiger (also mindestens F 90) Bedachung müssen die Komplextrennwände mindestens an die Bedachung anschließen. Ohne Feuerbeständigkeit sind die Trennwände mindestens 50 cm über das Dach (oder Shedspitze) hinaus zu führen.

Ist die Trennwand vor 01.01.1983 errichtet worden, gilt hier noch 30 cm !

Problem hierbei in der Praxis:

Laut VDS gilt als Bedachung die **Dacheindeckung und Dachabdichtung einschließlich etwaiger Dämmschichten sowie Lichtkuppeln oder auch andere Dachabschlüsse für Dachöffnungen**.

Selbst mit Einsatz einer Drohne könnte man bei einer Begehung lediglich die Dacheindeckung (z.B. Ziegel) sehen. Alle weiteren Schichten darunter (Dämmung etc.) sind in den meisten Fällen nur zu erraten. Selbst die Versicherungsnehmer wissen nicht immer, aus was alles das Dach besteht (z.B. Wechsel in der Geschäftsleitung oder gekauftes Objekt).

Wer also ganz sichergehen will, „besteht" auf eine über das Dach geführte Trennwand. Da ist man dann auf der sicheren Seite.

| Solaranlagen: | Natürlich macht eine Komplextrennwand nur dann Sinn, wenn sie nicht von anderen Baustoffen (weder brennbar oder nichtfeuerbeständig) überbrückt wird. Durch die in den letzten Jahren in Mode gekommenen Solar-Dachanlagen ist dies aber nicht immer der Fall.

Es kann durchaus sein, dass eine Solar-Anlage auf die gesamte Dachfläche verteilt und mittels Stromkabel untereinander verbunden wurde. Diese zum Teil unterarmdicken Kabel werden dann über die Trennwand verlegt und somit wird dann die Trennung aufgehoben. |
|---|---|
| Dachöffnungen: entfernt | Dachöffnungen müssen mindestens 7 m von den Trennwänden

angebracht sein. |
| Angrenzende Wände: ausgeführt, | Sind die angrenzenden Wände mindestens 5 m feuerbeständig

muss die Komplextrennwand nicht seitlich ebenfalls 50 cm hinausragen. |

Folgende Wände sind feuerbeständig (F 90), wenn sie ein Mindestmaß in der Ausführungsdicke aufweisen:

Tragende Wände, Außen- und Innenwände

• Mauerziegel, Kalksandstein	14,0 cm
• Beton- und Stahlbetonwände aus Normalbeton	17,0 cm
• Bewehrtem Gasbeton	22,5 cm
• Gasbeton-Blockstein, Hohlblockstein aus Leichtbeton	24,0 cm
• Vollsteine und Vollblöcke aus Leichtbeton	24,0 cm
• Hohlblocksteine aus Beton	24,0 cm

Nichttragende Wände, Außen- und Innenwände

• Wandbauplatten aus Gips (Rohdichte 0,6 kg/dm³)	8,0 cm
• Beton- und Stahlbetonwände aus Normalbeton	10,0 cm
• Gasbeton-Blockstein oder Bauplatten	10,0 cm
• Hohlblock oder Vollsteine bzw. Wandbauplatten aus Leichtbeton	10,0 cm
• Mauerziegel, Kalksandstein (nicht Langlochziegel)	11,5 cm
• Mauerziegel, Kalksandstein (Langlochziegel)	14,0 cm
• Hohlblocksteine aus Beton	24,0 cm

Für Decken, Dächer, Pfeiler, Stützen, Unterzüge und Balken gibt es in den Prämienrichtlinien weitere Mindestmaßangaben !

Winkelbeeinflussung

Sind Gebäude oder Gebäudeteile in einem Winkel von **unter** 120° zueinander angeordnet, so besteht eine erhöhte Gefahr der Brandausbreitung über Eck.

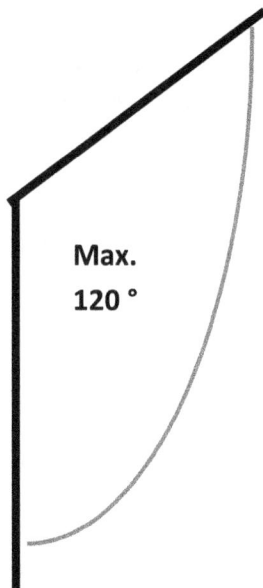

I.d.R. werden Gebäude im 90 ° Winkel angeordnet.

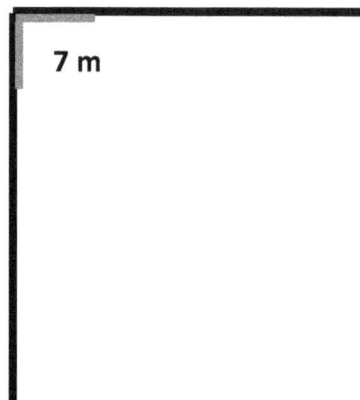

**Max.
120 °**

7 m

Daher gilt Folgendes:

- Der Abstand der Komplextrennwand von der inneren Ecke muss mindestens 7 m betragen

- oder eine der beiden Außenwände ist auf einer Länge von mindestens 7 m oder Teile beider Außenwände sind im inneren Winkel auf einer Länge von mindestens 7 m (horizontal-diagonal gemessen) feuerbeständig und aus nichtbrennbaren Baustoffen (F 90-A) auszubilden.

- Dieser Wandabschnitt darf keine oder nur feuerbeständig geschützte Öffnungen und keine Dachüberstände aus brennbaren Baustoffen haben.

- Brandwände und Komplextrennwände müssen unversetzt durch alle Geschosse führen.

- Brennbare Baustoffe dürfen die Brandwand nicht an den Außenwänden überbrücken.

Es ist **empfehlenswert**, bei Außenwänden mit brennbaren Baustoffen Brandwände

- mindestens 50 cm über die Außenwandebene fortzuführen.

Öffnungen innerhalb der Komplextrennwand

Sind Kabel, Rohre, Türen, Verglasungen usw. in einer Komplextrennwand unterzubringen, gilt es diese Öffnungen zu unterscheiden.

Es gibt

- Decken- und Wandöffnungen (Kabel, Rohre, Lüftungen, Verglasungen)
- sowie Feuerschutzabschlüsse (Türen, Tore, Klappen).

Es muss hierbei unterschieden werden, ob es sich um eine

- starre Konstruktion (z.B. Elektrokabel, Verglasung) handelt
- oder um ein Konstrukt, durch das (permanent) etwas transportiert wird (Luft, Granulate, Menschen, Gabelstapler).

Bei starren Konstruktionen sind lediglich die feuerbeständigen Abschottungen zu kontrollieren.

Bei z.B. Lüftungsleitungen und Türen sind entsprechende Absperrvorrichtungen vorzuhalten, die im Brandfall den Transport sofort stoppen. Es könnte ja sein, dass ein gerade transportiertes Granulat bereits brennt. Ohne eine Absperrvorrichtung würde sich das brennende Granulat weiter transportieren lassen. Genauso müssen sich Türen, Tore und Klappen schließen, damit die Komplexbildung nicht ausgehebelt wird. Dies kann z.B. mittels einer Feststellanlage geschehen.

Feststellanlagen / Feuerschutzabschlüsse

Feststellanlagen sind Vorrichtungen zum Offenhalten von Feuerschutzabschlüssen (also Türen, Tore, Klappen) und dienen dazu, im Brandfall das Schließen der Feuerschutzabschlüsse automatisch einzuleiten.

Diese Feuerschutzabschlüsse müssen mit einem Kennzeichnungsschild ausgestattet sein, dass folgende Angaben vorhält:

- Bauart
- Hersteller
- Zulassungsbehörde
- Zulassungsdatum
- Träger der Gütesicherung

Feuerschutzabschlüsse müssen außerhalb der Arbeitszeit geschlossen sein.

Da zumeist dies mittels elektronischen Magnetismus erfolgt, könnte eine Stromlosschaltung mittels Zeitschaltuhr z.B. helfen. Hat der Magnet keinen Strom mehr, fällt die Tür von alleine zu.

An diese Stromlosschaltung könnte man dann auch weitere Maschinen anknüpfen, die nicht außerhalb der Arbeitszeit mit Strom versorgt sein müssen. Kurzschlussschäden wegen Gewitter oder Tierbiss wäre somit ausgeschlossen. Es gibt nur einige wenige Geräte, die permanent „am Netz" hängen müssen. Dazu zählen z.B. größere Drucker, die alle paar Stunden ein Selbstreinigungsprogramm fahren, damit die Düsen nicht verkleben.

Anzahl der zulässigen Öffnungen

Die Prämienrichtlinien beinhalten bezogen auf die Wandfläche sogar eine maximierte Anzahl von feuerbeständig geschützten Öffnungen (Anmerkung: Ist auch nur eine Öffnung nicht feuerbeständig, verliert die gesamte Komplextrennwand ihre Funktion !).

Je Geschoss dürfen maximal 4 Öffnungen mit einem 10%igen Anteil an der Gesamtfläche vorhanden sein. Bei einer Wandfläche von z.B. 220 m² dürfen die 4 Öffnungen selber nur auf eine Gesamtfläche von 22 m² kommen.

Allgemein bauaufsichtlich zugelassene Abschottungen für Kabel- oder Rohrdurchführungen bleiben bei der Ermittlung der Anzahl von Öffnungen unberücksichtigt !

Hier hat die brandschutztechnische Trennung funktioniert.

Anforderungsprofil an eine Brandwandwand

Gemäß den Prämienrichtlinien sind folgende Kriterien von einer Brandwand zu erwarten:

Feuerwiderstandsdauer:	Komplextrennwände müssen eine Feuerwiderstandsdauer von mindestens 90 Minuten aufweisen.
Stoßbeanspruchung:	Dreimalige Stoßbeanspruchung von 3.000 Nm. Stoßbeanspruchung deswegen, da im Brandfall z.B. ein Schwerlastregal gegen die Trennwand fallen könnte.

Konstruktion:

Material	Mindestdicke in cm
Mauerwerk	24,0
Stahlbeton	
• Nichttragende, liegend oder stehend angeordnete Wandplatten	12,0
• Tragende Wandplatten oder Ortbeton	14,0
Bewehrtem Gasbeton *	
• Nichttragende, liegend oder stehend angeordnete Wandplatte	17,5
• Tragend, stehend angeordnete Wandplatte 20,0	

Im Gegensatz zur Komplextrennwand muss der Gasbeton keine besondere Festigkeitsklasse aufweisen.

Bedachung:	Bei feuerbeständiger (also mindestens F 90) Bedachung müssen die Komplextrennwände mindestens an die Bedachung anschließen. Ohne Feuerbeständigkeit sind die Trennwände mindestens 30 cm über das Dach (oder Shedspitze) hinaus zu führen.
Solaranlagen:	Natürlich macht eine Brandwand nur dann Sinn, wenn sie nicht von anderen Baustoffen (weder brennbar oder nichtfeuerbeständig) überbrückt wird. Durch die in den letzten Jahren in Mode gekommenen Solar-Dachanlagen ist dies aber nicht immer der Fall. Es kann durchaus sein, dass eine Solar-Anlage auf die gesamte Dachfläche verteilt und mittels Stromkabel untereinander verbunden wurde. Diese zum Teil unterarmdicken Kabel werden dann über die Trennwand verlegt und somit wird dann die Trennung aufgehoben.
Dachöffnungen:	Dachöffnungen müssen mindestens 5 m von den Trennwänden entfernt angebracht sein.

Winkelbeeinflussung

Sind Gebäude oder Gebäudeteile in einem Winkel von **unter** 120° zueinander angeordnet, so besteht eine erhöhte Gefahr der Brandausbreitung über Eck.

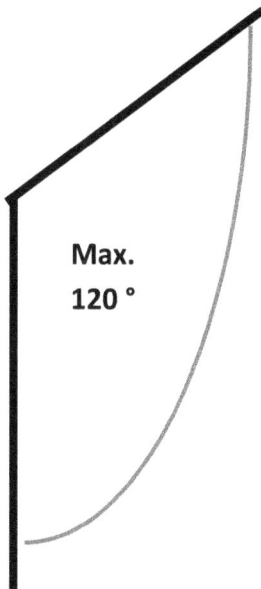

I.d.R. werden Gebäude im 90 ° Winkel angeordnet.

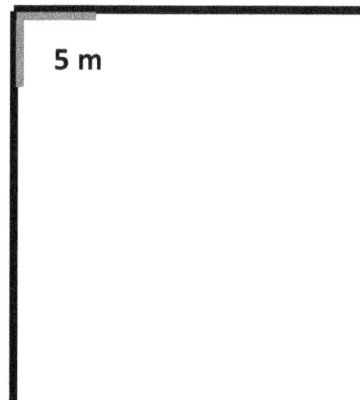

Max.
120 °

5 m

Daher gilt Folgendes:

- Stehen durch eine Brandwand getrennte Gebäude oder Gebäudeabschnitte im Winkel zueinander, so bleibt die bauliche Trennung nur bestehen, wenn innerhalb von 5 m die aneinanderstoßenden Wände feuerbeständig sind und keine oder nur feuerbeständig geschützte Öffnungen besitzen sowie keine herausragenden brennbare Teile haben.

- Brandwände und Komplextrennwände müssen unversetzt durch alle Geschosse führen.

- Brennbare Baustoffe dürfen die Brandwand nicht an den Außenwänden überbrücken.

Brandabschnitt

Ein Brandabschnitt wird von einem oder mehreren Gebäuden, Gebäudeabschnitten oder Lägern im Freien gebildet, die untereinander keine, jedoch zu anderen Gebäuden, Gebäudeabschnitten, Lägern eine räumliche oder bauliche Trennung aufweisen.

Räumlicher Brandabschnitt
liegt vor, wenn der Abstand zwischen Gebäuden oder Lagern nichtbrennbarer Stoffe im Freien mind. 5 m beträgt,

- zu Lägern brennbarer Stoffe im Freien mind. 20 m beträgt,

sofern keine brennbaren Objekte (z.B. Pkw) im Zwischenraum abgestellt oder gelagert werden.

Gebäudeverbindungen heben ggf. eine räumliche Brandabschnittstrennung nicht auf.

Baulicher Brandabschnitt
liegt vor, wenn Gebäude, Gebäudeabschnitte oder Läger durch eine Brandwand getrennt sind.

Komplextrennung

Ein Komplex wird von einem oder mehreren Gebäuden, Gebäudeabschnitten oder Lägern im Freien gebildet, die untereinander keine, jedoch zu anderen Gebäuden, Gebäudeabschnitten, Lägern eine räumliche oder bauliche Trennung aufweisen.

Räumliche Komplextrennung
liegt vor, wenn der Abstand
- zwischen Gebäuden mit einer Gebäudehöhe von 5 m bis 20 m mind. gleich der Höhe des höchsten Gebäudes ist,
- zu Lägern brennbarer Stoffe im Freien mind. 20 m beträgt,
- zwischen sonstigen Gebäuden / Lägern mind. 5 m eingehalten wird,
sofern keine brennbaren Objekte (z.B. Pkw) im Zwischenraum abgestellt oder gelagert werden.

Bei besonderen Risikoverhältnissen z.B. besondere Brandlasten, Gebäudehöhen über 20 m oder Explosionsgefahr, können erhöhte Mindestabstände für den brandlastfreien Streifen vereinbart werden !

Bauliche Komplextrennung
liegt vor, wenn Gebäude, Gebäudeabschnitte oder Läger durch eine Komplextrennwand nach VdS 2234 getrennt sind.

Für PML-Schätzung und Beitragskalkulation wichtig !!

Brandwand	**Komplextrennwand**
entsprechen vollständig F 90 - A nach DIN 4102.	**entsprechen vollständig F 180 - A** nach DIN 4102.
verhindern eine Brandausbreitung durch Flammeneinwirkung, Wärmeleitung, Wärmestrahlung und durch Brandgase für mind. 90 Min.	verhindern eine Brandausbreitung durch Flammeneinwirkung, Wärmeleitung, Wärmestrahlung, Brandgase und vermindert die Auswirkungen von Explosionen.
Standsicherheit: dreimalige Stoßbeanspruchung von 3.000 Nm	**Standsicherheit:** dreimalige Stoßbeanspruchung von 4.000 Nm
tragende Brandwände mind. 24 cm dick	tragende Komplextrennwände mind. 36,5 cm dick
nichttragende Brandwände mind. 12 cm dick	nichttragende Komplextrennwände mind. 18 cm dick
Überdachführung: > 0,30 m	**Überdachführung:** > 0,50 m
Winkelbeeinflussung: > 5 m	**Winkelbeeinflussung:** > 7 m
Besonders zu beachten ist: 1. der Anschluss der Brandwand an die Dachkonstruktion und an Außenwände. 2. die besondere Bedeutung für automatische Feuerlöschanlagen. Trennung von gesprinklerten und nicht gesprinklerten Bereichen muss gem. VDS durch eine Brandwand erfolgen.	**Besonders zu beachten ist:** 1. der Anschluss der Brandwand an die Dachkonstruktion und an Außenwände.

Ausfallziffern (PML / EML / MPL / MFL)

Die reine Angabe von Versicherungssummen für Gebäude und Inventar sowie Vorräte sagt nichts über den zu erwartenden Höchstschaden aus. Häufig verteilen sich diese Werte auf mehrere Gebäude oder Etagen, sodass nicht immer mit einem Totalschaden zu rechnen ist.

Nachfolgend also 4 Möglichkeiten, wie man den denkbaren Höchstschaden schätzen kann:

- PML = Probable Maximum Loss

- EML = Estimated Maximum Loss

- MPL = Maximum Possible Loss

- MFL = Maximum Foreseeable Loss

Für die tägliche Praxis ist die PML-Betrachtung wichtig.

Hierbei kann man es sich aber auch einfach machen: Wenn nur ein Komplex (räumlich oder baulich) vorhanden ist, beträgt das PML immer 100 %.

PML = Probable Maximum Loss

Worst-Case-Szenario ohne Berücksichtigung von schadenmindernden Maßnahmen.

PML ist das größte Schadenpotenzial, ausgehend von einem einzelnen Schadenereignis und dient zur Festlegung des wahrscheinlichen Höchstschadens eines versicherten Risikos.

Es wird unterstellt, dass zum Zeitpunkt des Schadeneintrittes die wichtigsten Schutzmaßnahmen und gefahrmindernde Maßnahmen weitgehend unwirksam bleiben.

Grundlage der Betrachtung ist das Ausbrennen des Feuers ohne äußeren Eingriff an den geometrischen Grenzen des betroffenen Objektes (räumlich / bauliche Komplextrennung) und / oder mangels weiterer Brandnahrung.

Die Komplexschadensumme (PML-Risiko) wird...

vermindert durch:
    a) außergewöhnliche horizontale Ausdehnung in Verbindung mit vielfachen baulichen Unterteilungen bei nicht brennbaren Dächern
    b) Fehlen nennenswerter Mengen brennbarer oder explosiver Stoffe
    c) Weitläufigkeit
    d) Sauberkeit und Ordnung

erhöht durch:
    a) Explosionsgefahr
    b) Oberirdische, nicht abgedeckte Tankanlagen mit brennbaren und auch nicht brennbaren Gasen wie H^2, NH^3, CO^2, O^2, N^2, Propan, Butan
    c) Tankvolumen von mehr als 5 m³ werden als Explosionsrisiko (Behälterzerknall) auch in konventionellen Betrieben berücksichtigt
    d) Folgeschäden durch korrosive Dämpfe oder Gase
    e) Gefährdung durch Nachbarschaft
    f) Verrauchung
    g) brennbare abtropfende Baustoffe

nicht beeinflusst:
    a) Feuerlöscheinrichtungen (Sprinkler) sowie Feuerwehren, die eine Anrückzeit von mehr als 10 Minuten haben und / oder nicht ständig verfügbar sind.
    b) Feuermeldeanlagen
    c) Organisatorischer Brandschutz (Bewachung)
    d) Zwischendecken eines Gebäudes
    e) Fälle gleichzeitiger Brandstiftung an mehreren Stellen im Komplex
    f) Katastrophenszenarien (Flugzeugabsturz) bzw. katastrophenähnliche Einwirkungen von außen (z.B. Flugzeugabsturz), deren Entstehung auf Umständen beruht, die weder mittelbar noch unmittelbar mit dem Risiko in Zusammenhang stehen

Bauliche Trennungen:
    Sollten bauliche Trennungen <u>dauerhaften</u> Schutz (auch bei Explosionen) bieten, können sie berücksichtigt werden.
    Nicht permanent gewährleistete räumliche Trennungen (z.B. tagsüber durch geparkte Autos) heben eine Komplexbildung auf. So wird aus dann aus 2 Gebäuden aufgrund der Parksituation dann 1 Risiko.

Warum ist die Aussage über den wahrscheinlichen Höchstschaden so wichtig ?

Es geht hierbei um die Betrachtung der Wertkonzentrationen, die gleichzeitig von einem Schadenereignis betroffen sein können.

Ferner bestimmt das PML auch das Zeichnungslimit des entsprechenden Versicherers.

PML wird entweder in Prozent oder als absoluter Betrag angegeben.

PML gibt in Kombination mit dem EML (Estimated Maximum Loss) Auskunft über die Qualität des Schutzgrades.

Die Ermittlung des PML erfolgt immer je Komplex und erfordert viel Erfahrung.

Beispiel: Auf dem Grundstück des VN befinden sich 3 Gebäude, die aufgrund ihrer räumlichen Distanz alle für sich ein Komplex darstellen.

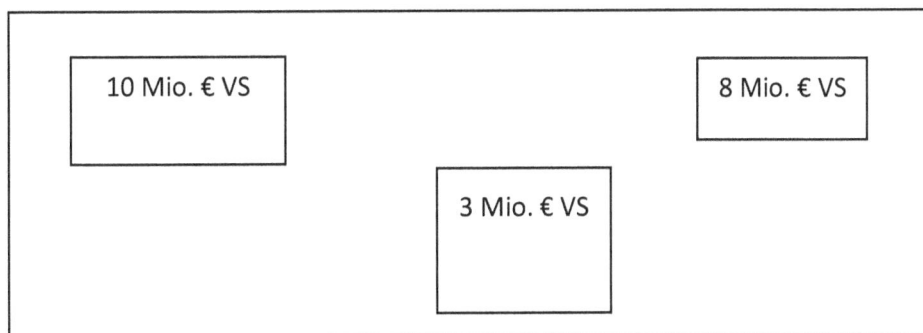

Lösung: PML beträgt hier 10 Mio. € bzw. 48 % (10 Mio. € von 21 Mio. €).

Beispiel: Auf dem Grundstück des VN befinden sich 3 Gebäude, wovon 2 durch eine Brandwand getrennt sind.

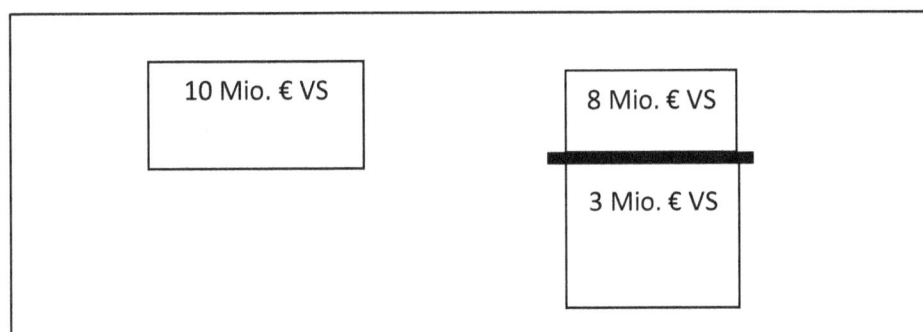

Lösung: Brandwände werden bei der PML-Betrachtung nicht berücksichtigt !
                PML beträgt hier also 11 Mio. € (8 Mio. € + 3 Mio. €) bzw. 52 % (11 Mio. € von 21 Mio. €).

Bei der Wertverteilung ist zu berücksichtigen:

-       Sind Vorräte nach der Stichtagsklausel versichert oder wurde eine Freizügigkeit vereinbart, ist bei der Wertverteilung von der vollen Versicherungssumme auszugehen !

Feuer BU-PML

Die für die Feuerversicherung aufgestellten Grundsätze gelten vom Prinzip her auch für die FBU.

Der PML kann hier insbesondere beeinflusst werden durch:

- Engpässe (Bottleneck-Maschinen, Prozess-Rechner = lange Wiederbeschaffungszeiten)
- Mietsachen
- Wechselwirkungsschäden
- Rückwirkungsschäden
- Saisonbedingte Produktionsschwankungen
- Saisonbetrieb
- Behördliche Wiederaufbaubeschränkungen
- Theoretische interne / externe Ausweichmöglichkeiten

Keinen Einfluss haben:

- Läger mit überdurchschnittlichen Vorratshaltungen
- Freie Kapazitäten

EML = Estimated Maximum Loss

Schadenumfang, der sich unter normalen Betriebs-, Benutzungs- und Schadenabwehrbedingungen des in Frage kommenden Gebäudes ereignen kann.

Im Gegensatz zur PML werden funktionstüchtige Brandmelde- und Sprinkleranlage, die Anrückzeit der (Berufs)Feuerwehr sowie die (gesicherte) Wasserversorgung berücksichtigt. Auch vorhandene Brand- und Komplextrennwände sowie Brandschutzabschlüsse werden positiv angerechnet.

EML wird i.d.R. von Rückversicherern eingesetzt und ist aufgrund der realistischen Betrachtungsweise sowie Anrechnung vorhandener Schutzmaßnahmen immer kleiner als PML oder MPL.

Dabei werden außergewöhnliche Umstände (Unfall oder unvorhergesehenes Ereignis), die das Risiko wesentlich verändern, NICHT in Betracht gezogen.

Berücksichtigt werden auch Umgebungsschäden sowie weitergehende Schäden durch Rauch, Löschwasser und Schadstoffkontamination.

Basis der Betrachtung ist in der Regel das PML-Szenario.

Im Unterschied zu den beeinflussenden Faktoren bei der PML-Betrachtung, werden bei der Einschätzung des EML-Risikos folgende Punkte berücksichtigt:

Verminderung durch:
a) Risikominderungsmaßnahmen, die zum Zeitpunkt der Betrachtung nachgewiesen und funktionstüchtig waren
b) Bei baulichen Trennungen ausreichende Sicherung über Dach sowie an den Seitenwänden und sichere Funktionsfähigkeit aller Feuerschutzabschlüsse
c) Bei räumlichen Trennungen ausreichende Abstände (ggf. auch geringere als gem. Prämienrichtlinie) unter Berücksichtigung hoher Strahlungstemperaturen und Gebäudekollaps sowie Sicherheit gegen Zustellen der räumlichen Abstände
d) Verfahrens- und anlagetechnische Sicherheitsvorkehrungen
e) Funktions- und Pflegezustand technischer Brandschutzinstallationen, insbesondere Raumschutz- / Objektschutzanlagen
f) Organisatorische und technische Sicherstellung der Brandfrüherkennung sowie Ausführung und Durchschaltung stationärer BMA
g) Sichergestellter Alarmablauf zwischen betrieblicher Alarmzentrale, Werkfeuerwehr, Betriebsfeuerwehr und öffentliche Feuerwehr (ÖFW)
h) Risikogerechte technische Ausstattung der zuständigen Feuerwehren
i) Wirksamkeit des abwehrenden Brandschutzes unter Berücksichtigung von Brandfrüherkennung, Alarmorganisation, Anrückzeiten und Ausrüstung
j) Verfügbarkeit der Löschwasserversorgung unter Berücksichtigung des anzunehmenden Brandszenarios nach Eintreffen der Feuerwehr

Erhöhung durch: analog PML

Nicht beeinflusst:
a) Fälle gleichzeitiger Brandstiftung an mehreren Stellen im Komplex
b) Katastrophenszenarien (Flugzeugabsturz)

Szenario: Es brennt, aber Schadenminderungsmaßnahmen greifen !

Diese doch recht übersichtlichen Punkte lassen auf den ersten Blick den Eindruck erscheinen, dass hier keine sonderlich hohen Kriterien zu erfüllen sind, doch das Gegenteil ist hier der Fall !

Eine EML-Betrachtung erfolgt nur dann, wenn folgende Mindestsicherungsmaßnahmen vorhanden sind:

- Bauliche Trennungen sind ausreichend über Dach und Außenwände geführt

- Funktionsfähige Feuerschutzabschlüsse

- Räumliche Trennungen mit ausreichendem Abstand unter Berücksichtigung von Strahlungstemperaturen und Gebäudekollaps sowie Sicherheitsmaßnahmen gegen Zustellen von Zwischenräumen

- Funktionsfähige verfahrens- und anlagetechnische Sicherheitsvorkehrungen

- Organisatorische und technische Sicherstellung der Brandfrüherkennung, Ausführung und Durchschaltung stationärer Brandmeldeanlagen

- Wirksamkeit des abwehrenden Brandschutzes unter Berücksichtigung von Brandfrüherkennung, Alarmorganisation, Anrückzeit, und Ausrüstung
  - Sichergestellter Alarmablauf zwischen Alarmzentrale, Werkfeuerwehr, Betriebsfeuerwehr, öffentliche Feuerwehr
  - Risikogerechte Ausstattung der jeweiligen Feuerwehr
  - Verfügbarkeit der Löschwasserversorgung

Fazit

PML: Schadenereignis tritt ein und Risikominderungsmaßnahmen greifen nicht

EML: Normalschadenereignis unter weitgehender Berücksichtigung vorhandener Risikominderungsmaßnahmen

---

MPL = Maximum Possible Loss

Höchstschaden, der sich ereignen kann, wenn die ungünstigsten Umstände in ungewöhnlicher Weise zusammentreffen.

Szenario: Ein Brand oder eine Explosion kann nur durch unüberwindbare Hindernisse oder fehlende brennbare Substanz angehalten werden kann. Als unüberwindbares Hindernis gilt jeder Zwischenraum zwischen Gebäuden und jedes sonstige Hindernis, das die Ausbreitung des Brandes oder die Wirkung der Druckwelle einer Explosion unmöglich macht.

In der Praxis bei uns in Deutschland eher unüblich. MPL ist mehr ein Instrument von internationalen Versicherern, die es dann statt der PML-Betrachtung zur Beurteilung heranziehen.

Bei Naturgefahren bedarf es zudem eine Kumul-Betrachtung.

MFL = Maximum Foreseeable Loss

Worst-Case-Szenario im Bereich der Chemie / Petrochemie mit Berücksichtigung der VCE (Vapour-Cloud-Explosion).

Gebäude

Gebäudehöhen

Die Landesbauordnungen unterscheiden Gebäude wie folgt:

- bis 7 m	= Gebäude geringer Höhe

=> Anleiterbarkeit mit Steckleitern ist bis 7 m Fußbodenhöhe oder 8 m Brüstungshöhe möglich

- bis 13 m = Gebäude mittlerer Höhe

=> Bei Gebäuden ab 7 m Höhe Oberkante Fußboden (OKF) müssen notwendige Brandwände bzw. erlaubte hochfeuerhemmende, mechanisch geprüfte Wände 0,3 m über das Dach geführt werden. Bei Gebäudetrennungen mit weicher Dachung fordern einige Bauordnungen sogar 0,5 m.

=> Drehleitern sind auf 22 m Fußbodenhöhe begrenzt.

- sonstige Gebäude => Eine Überdachführung von 0,5 m gilt für Brandwände und Wände zur Trennung von Brandbekämpfungsabschnitten bei Industriebauten nach Muster-Industriebaurichtlinie und für Komplextrennwände.
Aus Sicherheitsgründen gibt es bereits Empfehlungen von 0,8 m.

=> Im Hochhausbau sind bis 60 m Fußbodenhöhe mindestens 1 Sicherheitstreppenraum und über diese Höhe hinaus mit 2 notwendigen Sicherheitstreppenräumen vorzusehen.

Kein Unterschied erfolgt hingegen bei:

- der Personenanzahl, die sich voraussichtlich in den Gebäuden aufhalten wird

- der Zahl der Nutzungseinheiten sowie die Grundflächen der Gebäude

Gebäude mit Denkmalschutz

Die Absicherung von Gebäuden mit Denkmalschutz ist genau zu prüfen.

„Den" Denkmalschutz gibt es nämlich nicht, da denkmalgeschützte Häuser in drei Kategorien unterteilt werden:

Kategorie A (oder 1)	Hier handelt es sich um Gebäude ohne besondere Bauausführung und ohne besondere Handwerkstechnik. Vorteil für den Versicherer: Es finden sich Baustoffe und Bautechniken, die noch heute vorhanden sind und somit ist nicht mit erhöhten Kosten bei einem möglichen Wiederaufbau zu rechnen.
Kategorie B (oder 2)	Hier sind durchaus besondere Bauausführungen und Handwerkstechniken vorzufinden, aber noch im überschaubaren Maße. Das Bauwerk lässt sich nach einem Schadensfall zum größten Teil mit heute üblichen Baustoffen und Techniken wieder aufbauen. Die Mehrkosten belaufen sich laut GDV im Durchschnitt auf ca. 30 %.
Kategorie C (oder 3)	Analog B, allerdings mit einem großem zu erwartenden zusätzlichen Mehraufwand beim Wiederaufbau.

Garagenverordnung der Bundesländer

Häufige Frage in der Praxis: Hat der Feuerversicherer etwas dagegen, wenn der Lkw in der Halle geparkt wird ?

Versicherer orientieren sich hierbei an die Gesetzeslage. Wenn die für diesen Risikoort geltende Garagenverordnung nichts gegen das Einstellen von Fahrzeugen hat, dann geht das Unterstellen i.d.R. in Ordnung.

Die **Garagenverordnungen** (*GarVO, GaVO* oder *GaStellV*) der Bundesländer enthalten Vorschriften für den Bau und den Betrieb von Garagen und Stellplätzen.

Im Einzelnen ist dort unter anderem Folgendes geregelt:

- die Mindestbreite und der Mindestkurvenradius von Zu- und Abfahrten;

- die maximale Steigung und die Mindestbreite von Rampen;

- die Mindestlänge und -breite von Stellplätzen, die Mindestbreite von Fahrgassen sowie der Mindestanteil von Frauenparkplätzen;

- die Mindesthöhe;

- die **Brandschutzeigenschaften von Wänden, Decken, Dächern und Stützen.**

Baustoffe und ihr Verhalten im Brandfall

Von einem Brandgeschehen sind neben dem Gebäudeinhalt auch die verwendeten Baustoffe betroffen.

Brennbare Baustoffe können in unterschiedlichem Maß bei der Brandentstehung und zur Brandausbreitung beitragen.

Unter Brandeinwirkungen kann das Zusammenwirken der Baukonstruktion auch bei Bauteilen aus nichtbrennbaren Baustoffen gefährdet sein, weil sich alle Baustoffe mit der steigenden Temperatur mehr oder weniger ausdehnen und ihre mechanische Eigenschaft (z.B. Festigkeit) verändern.

Dadurch kann dann die Tragfähigkeit der aus ihnen hergestellten Bauteile beeinträchtigt werden. Ein typisches Beispiel ist hierfür die Stahlkonstruktion (siehe nachfolgenden Punkt).

Das Brandverhalten wird nicht nur von der Art des Stoffes beeinflusst, sondern kann insbesondere auch von:

- der Gestalt
- der Oberfläche
- der Masse (z.B. als Staub vorliegend)
- dem Verbund mit anderen Stoffen (z.B. Oberflächenbeschichtungen und angrenzende Baustoffe)
- den Verbindungsmittel (z.B. Klebstoffe)
- der Verarbeitungstechnik (z.B. mit brennbaren Gasen aufgeschäumtes Kunststoff)
- und dem Alterungsverhalten (z.B. bei Holz fehlende Feuchtigkeit)

abhängen.

Bis zu einem gewissen Punkt lässt sich das Brandverhalten durch die Verwendung von sog. Flammschutzmitteln positiv beeinflussen.

Im Falle eines Vollbrandes beteiligen sich diese Baustoffe mit ihrem vollen Heizwert am Brandgeschehen.

Zum besseren Verständnis:

a) Bauteil: Ein Bauteil besteht aus Baustoffen und dient zur Erstellung von Bauwerken oder Maschinen. Bauteile können geprüft sein und verfügen dann über ein „Ü"-Zeichen.

Bauteil ./. Sonderbauteil

Nach DIN 4102-2 gelten

- Decken
- Wände
- Stützen
- Unterzüge
- Treppen
- Verglasungen der Feuerwiderstandsklasse (FWK) F
- usw.

als Bauteil.

Als Sonderbauteile werden wiederum Bauteile mit einer brandschutztechnischen Sonderfunktion eingestuft. Hierzu gehören z.B.

- Brandwände
- Komplextrennwände
- Nichttragende Außenwände
- Feuerschutzabschlüsse
- Fahrschachttüren
- Verglasungen der FWK G
- Lüftungsleitungen
- Bedachungen
- Kabel- und Rohrabschottungen
- Installationskanäle und –schächte
- Elektrische Kabelanlagen mit Funktionserhalt im Brandfall.

b) Baustoff: Aus einem oder mehreren Baustoffen (Stahl, Beton, Sand, Glas, Holz, Gips, Stein etc.) kann ein Bauteil gefertigt werden.
Ferner lassen sich Wand- und Deckenbekleidung, Fußbodenbeläge, Verbundwerkstoffe, Dämmschichten und Beschichtungen dazu zählen.

c) Bauwerk: Ein Bauwerk besteht aus Bauteilen, die wiederum aus Baustoffen.

Geregelte ./. Nicht geregelte Bauprodukte

Geregelte Bauprodukte sind mit den bewährten und gebräuchlichen Baustoffen, Bauteilen und Sonderbauteilen vergleichbar.

Sie entsprechen der sog. Bauregelliste A Teil 1 bzw. der sog. Bauregelliste B Teil 1 im Rahmen von europäischen technischen Spezifikationen.

Die Verwendbarkeit dieser Bauprodukte gilt somit als nachgewiesen.

Diese Produkte sind an der Kennzeichnung mit einem „Ü" zu erkennen.

Für nicht geregelte Bauprodukte muss ein Verwendbarkeitsnachweis geführt werden, weil sie von den technischen Regeln in Teil 1 der Bauregelliste A abweichen oder weil es einfach für sie keine allgemein anerkannte Regel der Technik gibt.

Nicht geregelte Bauprodukte sind in der sog. Liste C zusammengefasst.

Exkurs: Londoner Hochhausbrand & Wärmedämmung

Nach dem Feuer im / am Grenfell-Tower in London (24 Etagen) mit mehreren Todesopfern wird wieder über brennbare Wärmedämmung diskutiert.

Zum Zeitpunkt des Brandausbruchs war die Fassade gerade mal ein Jahr alt.

Brandursache war ein defekter Kühlschrank, der zu einem Zimmerbrand wurde und dann die Fassade entzündet hat. Da Wärmedämmung nicht platt auf die alte Außenwand angebracht wird, sondern mit einer Art Ständerwerk, entstand ein Kamin- oder auch Docht-Effekt.

Hauswand   Dämmung   Verlattung

Problem: Bereits vor fünf Jahren hatte ein Test im Rahmen einer NDR Dokumentation nachgewiesen, dass Dämmstoffe aus dem aus Erdöl hergestellten Polystyrol besonders brandanfällig sind.

Laut NDR wurde dieses Material in Deutschland am häufigsten zur energetischen Gebäudesanierung eingesetzt und dabei mit öffentlichen Milliardensummen gefördert. Und das, obwohl mittlerweile von Experten angezweifelt wird, dass das Material wirklich eine entscheidende Energieeinsparung bewirkt, ökologisch zweifelhaft ist und eine erhöhte Brandgefahr aufweist. In der Simulation eines Wohnungsbrandes stand die mit Polystyrol gedämmte Fassade innerhalb von acht Minuten lichterloh in Flammen.

Gemäß der Musterhochhausrichtlinie gilt in Deutschland ein Verbot von brennbaren Materialien bei allen Häusern über 22 Metern Höhe. Allerdings gibt es daran auch Kritik, weil im Umkehrschluss bei niedrigeren Gebäuden entflammbare Stoffe zum Einsatz kommen dürfen.

Und es geht schnell: In Hamburg sprang der Brand einer Mülltonne im November 2013 in einem Spalt zwischen zwei Häusern auf die ebenfalls damals jüngst erstellte Fassadendämmung über und konnte sich bis zum Dach ausbreiten.

Nach § 2 der hamburgischen Bauordnung sind Hochhäuser Gebäude mit einer Höhe von mehr als 22 Metern (des Fußbodens des obersten Geschosses über der Geländeoberfläche). Für sie gilt die bundesweite **Musterhochhausrichtlinie**. Danach müssen alle tragenden und aussteifenden Bauteile eines Hochhauses (wie z.B. Wände, Stützen, Decken) feuerbeständig ausgebildet sein und Außenwände in all ihren Teilen aus nichtbrennbaren Baustoffen bestehen.

Reaktion der Politik

Die Bauministerkonferenz hat beschlossen, dass Neubauten zukünftig mit zusätzlichen Brandriegeln in der Fassade versehen werden, die den Kamineffekt und das rasante Abbrennen einer Fassade verhindern sollen.

In Hamburg dürfen zudem zukünftig nur noch Häuser bis sieben Meter Höhe mit normal entflammbare Dämmstoffe verwendet werden. Bei Gebäuden ab sieben Metern Höhe müssen die Oberflächen von Außenwänden einschließlich der Dämmstoffe und Unterkonstruktionen schwer entflammbar sein.

Baustoffe im Detail

Stahl

- Kritische Temperaturen für Stahl liegen bei 350 °C für Spannstahl und 500 °C für Betonstahl.

- Als Mittelwert kann 500 °C angesetzt werden. Die Fließgrenze und die Zugfestigkeit betragen dann nur noch ca. 50 % bis 60 % im Vergleich zu einer Temperatur von 20 °C.

- Ist somit ein Material, das ohne zusätzlichen Schutz nicht für bemessene Konstruktionen verwendet werden kann. Es hat somit F 0 als Einstufung !

- Stahl ist zu dem für die Feuerwehr ein nicht einzuschätzendes Gefahrenpotenzial im Brandfall, da es sein statisches Versagen nicht ankündigt, wie z.B. bei Beton das Abplatzen von Betonteilen. Dieses Material wird auf einmal weich und verliert dann sämtliche Tragfähigkeit.

Ein Innenangriff wird bei einer reinen Stahlkonstruktion im Zweifel durch die Feuerwehr nicht mehr vorgenommen. Diese Objekte werden kontrolliert Abbrennen gelassen. Ein Totalschaden ist damit wahrscheinlich.

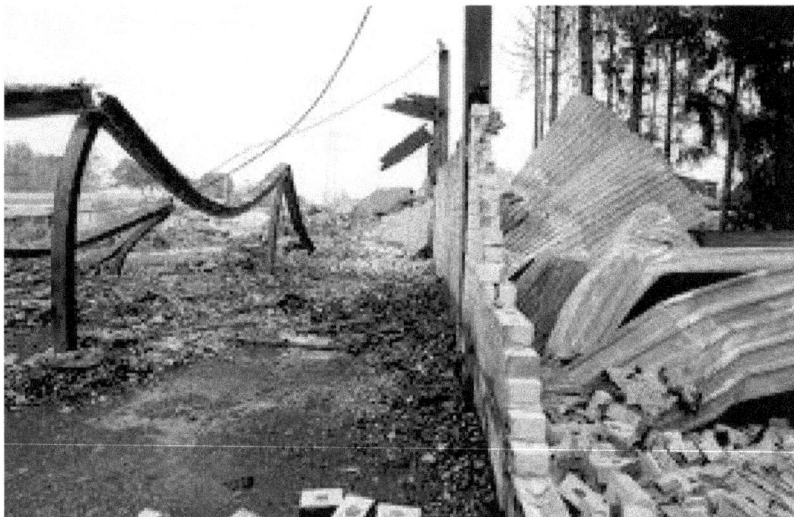

Durch Hitze verformte Stahlträger (Korkenzieher-Effekt) und deren Kraft, sogar gemauerte Zwischenwände einstürzen zu lassen.

Beton

- Mit steigender Temperatur nimmt die Verformung zu und die Druckfestigkeit ab. Kritische Temperaturen sind 600 °C bis 700 °C.

- Für die typische Temperaturbeanspruchung durch den Normbrand, d.h. in 90 Minuten bis zu 1.000 °C, ist es notwendig, den Verbund von Stahl und Beton durch eine ausreichende Betonüberdeckung so zu sichern, dass im Bemessungszeitraum die kritische Stahltemperatur von der Grenzfläche Beton/Stahl möglichst ferngehalten wird.

- Aus der Sicht des bautechnischen Brandschutzes übernimmt bei Stahlbeton- und Spannbetonbauteilen der Beton die Schutzfunktion für alle Stahlteile und ist somit zunächst das bestimmende Element für das beanspruchte Bauteil.

- Leichtbetone weisen aus dieser Sicht - bedingt durch ihre niedrige Wärmeleitfähigkeit - günstige thermische Eigenschaften auf.

- Betone, bei denen Anteile der mineralischen Zuschläge durch Kunststoffe ersetzt werden, sind aus dieser Sicht vertretbar und weisen relativ gute Eigenschaften auf.

- Betone, bei denen das Bindemittel alleine aus Kunststoff besteht, sind für bemessene Konstruktionen unbrauchbar und nicht erlaubt.

- Beton kündigt sein statisches Versagen durch das Abplatzen von Betonteilen an und wird somit für die Feuerwehr „kalkulierbar".

> **Ein Innenangriff wird bei einem Beton / Stahlbeton-Tragwerk eher durchgeführt, als bei einer reinen Stahlkonstruktion.**

Mauerwerk

- Die Hochtemperatureigenschaften von Mauerwerk sind denen von Beton ähnlich.

- Probleme können bei Verwendung von hochdämmendem Ziegelmaterial mit geringer Dichte und stark filigraner Struktur im Ziegelquerschnitt unter Brandbeanspruchung durch flächenhafte Abplatzungserscheinungen auftreten.

- Der Verlust an Querschnitt kann erheblichen Einfluss auf Standsicherheit und Raumabschluss des Bauteils haben.

- Bei Brandwänden ist die Putzschicht zunächst ohne Bedeutung, hier liegt der Schwerpunkt auf Materialdichte und Wandabmessungen.

Gips

- Aus bautechnischer Brandschutzsicht weist Gips erstaunliche Eigenschaften auf, die den Einsatz in diesem Bereich durchaus rechtfertigen.

- Die Bedeutung von Gipsbauteilen für Brandschutzkonstruktionen begründet sich weniger auf dessen temperaturabhängigen Eigenschaften, als vielmehr auf die Verhaltensweise des Baustoffes aufgrund seiner chemischen Zusammensetzung.

In einer typischen Dicke von 12,5 mm und einer Gesamtfläche von 1 m² sind ca. 2.5 kg Wasser chemisch eingebunden !

Wenn dieses Wasser unter Temperaturbeanspruchung eines Brandes aus dem Gips entweicht, wird für diesen Prozess eine beträchtliche Wärmemenge (!) benötigt, die aus dem Brandraum entnommen wird.

Es wird damit sowohl das Bauteil geschützt, als auch der Energieinhalt des Brandraumes verringert.

- Die als GKF-Platten (Gipskarton-Feuerschutzplatten) bezeichneten Bauteile sind überwiegend für bemessene Konstruktionen im Einsatz.

- Die unbewehrte GKB-Platten (Gipskarton-Bauplatte) werden hingegen fast nur noch in nicht bemessene Konstruktionen eingesetzt.

Holz

Als brennbarer Stoff kann Holz keine Hochtemperatureigenschaften wie etwa Beton oder Stahl aufweisen.

- Es ist aber notwendig, das Abbrandverhalten von Holz zu kennen, um aus der Kenntnis dieser Eigenschaften ggf. Rückschlüsse auf den Einsatz von Holz auch in bemessene Konstruktionen ziehen zu können.

- Die Holzfestigkeit wird von der Dichte, der Struktur und dem Feuchtegehalt des Materials bestimmt.

- Feuchtes Holz ist sehr elastisch und damit weniger fest, mit abnehmender Feuchtigkeit wird die Festigkeit größer, ein Vorgang, der im Brandfall von Bedeutung ist.

- Holz als brennbarer Baustoff wird sich, bei hinreichender Erwärmung, entzünden und ohne äußere Zündquelle weiter brennen.

- Bei diesem chemischen Vorgang kommt es ab einer Temperatur von 60 °C zu einer Braunfärbung mit zunehmender Verdampfung des freien Wassers.

- Ab einer Temperatur von 100 °C wird die Zellulose abgebaut, das freie Wasser wird intensiv verdampfen und brennbares Holzgas entsteht.

- Nachfolgend setzt die Verkohlung mit Glutfeuer ein. Diese Holzkohleschicht schützt das darunterliegende Holz, was wiederum das weitere Abbrandverhalten günstig beeinflusst. Daher bleibt der Nagel bei dem unten beigefügten Foto auch im verkohlten Holz stecken. Im Kern ist das restliche Holz noch fest.

- Es ist nicht möglich, eine einzige Entzündungstemperatur festzulegen, weil die Zeitdauer der Erwärmung eine entscheidende Rolle spielt.

- Eine spontane Entzündung findet bei 300 °C statt.

- Dagegen kann es bis zur Entzündung Stunden dauern, wenn das Holz nur 100 °C ausgesetzt wird.

Holz kündigt sein statisches Versagen durch Knackgeräusche und (falls das Bauteil vollständig sichtbar ist) Verringerung des Querschnitts / der Dicke an.

Kunststoffe

Die Qualmbildung stellt im Brandfall die höchste Stufe der Bedrohung dar.

- Eine Erwärmung führt bereits zwischen 200 °C und 300 °C - also noch unter der Zündtemperatur - zur Zersetzung von Kunststoffen und zur Bildung von Zerfallsprodukten wie Kohlenstoffoxide, Salzsäure, Cyanide usw., die für den Menschen im höchstem Maße gefährlich sind.

- Mehr Details zum Abbrandverhalten und Brandfolgeprodukte bitte dem Kapitel „Underwriting / Kunststoffe" entnehmen.

Aluminium

- Alu kann für bemessene Konstruktionen nicht eingesetzt werden.

- Die Ursache liegt in seinem niedrigen Schmelzpunkt begründet. **Alu schmilzt** bereits bei 600 °C.

- Dies würde bedeuten, dass Alu-Konstruktion max. 8 Minuten einem Brand standhalten würden.

- Brandrauch mit einer max. Temperatur von 200 °C hingegen schadet Alu nicht, d.h. bemessene Rauchschutztüren (keine Feuerschutztüren) aus diesem Material sind für das Abhalten von kaltem Rauch geeignet und zugelassen.

Bedachung

Definition laut VDS:
Als Bedachung gilt **Dacheindeckung und Dachabdichtung einschließlich etwaiger Dämmschichten sowie Lichtkuppeln oder auch andere Dachabschlüsse für Dachöffnungen**.

Harte Bedachung

Bei Dächern werden Forderungen zunächst nur an den äußeren Abschluss der Dachkonstruktion, die Bedachung als auszuführende „harte Bedachung" gestellt, d.h. Schutz gegen Brandbeanspruchung von außen, gegen Flugfeuer und Strahlungswärme.

Dies bedeutet wiederum, dass eine Bedachung keine Feuerwiderstandsfähigkeit erreichen kann.

„Harte Bedachung" liegt vor, wenn die Dacheindeckung gem. DIN 4102-7 gegen Flugfeuer und strahlende Wärme ausreichend widerstandsfähig ist.

Dies ist dann der Fall, wenn natürliche oder künstliche Steine (Ziegel aus Beton etc.) genutzt werden. Bei Stahlblech- oder sonstigen Eindeckungen mit Metall sollte die Oberseite nicht brennbar sein und die darunterliegende Dämmung mindestens als schwer entflammbar gelten.

„Widerstandsfähigkeit gegen Flugfeuer und strahlende Wärme" fordert die Musterbauordnung (MBO) in § 32 für Bedachungen. Diese sogenannte „harte Bedachung" kann entweder nach DIN 4102-7 oder nach TS 1187 (technische Spezifikation) in Verbindung mit der DIN EN 13501-5 nachgewiesen werden.

Der Nachweis nach **DIN 4102 Teil 7** erfolgt mit einer entsprechenden Brandprüfung. Die Norm beschreibt das Prüfverfahren und wie die Ergebnisse der Prüfung zu bewerten sind.

Für den Brandtest wird ein kompletter Flachdachaufbau mit allen Schichten hergestellt und bei einer anerkannten Prüfstelle mit Feuer von oben belastet. Hierfür wird ein mit Holzwolle gefüllter Brandkorb an drei unterschiedlichen Positionen auf der Dachabdichtung positioniert und entzündet. Die Prüfung wird bei 15° Dachneigung durchgeführt und gilt dann für alle Dachneigungen von 0° bis 20°.

Sollen steilere Dachneigungen nachgewiesen werden, ist die bestandene Prüfung zusätzlich bei 45° Dachneigung durchzuführen und zu bestehen. Bei bestandener Prüfung stellt die zuständige Prüfanstalt ein Prüfzeugnis aus. Das allgemein bauaufsichtliche Prüfzeugnis (abP) dient in Deutschland als Nachweis der "harten Bedachung".

TS 1187 in Verbindung mit DIN EN 13501-5

Im Zuge der Harmonisierung der Normen in Europa wurde die Brandprüfung der „harten Bedachung" in der Norm TS 1187 neu beschrieben. Die Ergebnisse der Brandprüfung werden aber nach der DIN EN 13501, Teil 5 bewertet.

In diesen Normen sind derzeit 4 verschiedene Prüfverfahren und Klassifizierungen genannt.

Das Verfahren 1 hat seinen Ursprung in Deutschland und vergibt bei bestandener Prüfung die Klassifizierung $B_{ROOF}(t1)$ nach DIN EN 13501-5.

Die Brandprüfung und die Bewertung der Ergebnisse nach $B_{ROOF}(t1)$ sind nur fast identisch mit den Anforderungen der DIN 4102-7 und daher derzeit prämienrichtlinienmäßig nicht erfasst. Diese Fälle besser mit dem Versicherer abstimmen.

Darum kann als Nachweisverfahren für die „harte Bedachung" derzeit noch die DIN 4102-7 oder die TS 1187 in Verbindung mit der DIN EN 13501-5 angewendet werden. Das Ziel für die Zukunft ist aber, nur noch ein Prüfverfahren zu verwenden, weswegen heute i. d. R. schon nach dem europäischen Verfahren geprüft wird.

Bei bestandener Brandprüfung stellt die zuständige Prüfanstalt einen Klassifizierungsbericht aus, der in vielen Ländern der EU anerkannt wird. Zusätzlich kann speziell für Deutschland weiterhin ein allgemein bauaufsichtliches Prüfzeugnis (abP) ausgestellt werden. Ein allgemein bauaufsichtliches Prüfzeugnis bietet die Möglichkeit, zum Beispiel aus einzelnen Prüfungen Gruppen zu bilden oder Vereinfachungsregeln anzuwenden. Das erleichtert den Umgang mit der Vielzahl n unterschiedlichen Prüfaufbauten.

Eine große Anzahl an z.B. Bauder-Flachdach-Systemaufbauten hat die Prüfung der „harten Bedachung" bestanden. Somit sind verschiedenste Kombinationen von Kunststoff- oder Bitumenabdichtungen und unterschiedlichen Dämmstoffen und Dampfsperren zulässig.

Auf den Dächern kann richtig viel Technik vorhanden sein.
Ein Blick auf das Dach, zur Not per Drohne, ist daher hilfreich.

Begrünte Dächer

Es wird unterschieden nach „intensiver" und „extensiver" Begrünung.

Als **„intensive" Dachbegrünung** wird Bepflanzung auf dicker Substratschicht mit Bewässerung und Pflege (z.B. Dachgarten mit Gehölzen und Bäumen) ausgelegt.

Derartige Dacheindeckungen mit künstlicher Bewässerung und Pflege gelten als „harte Dachung".

Es handelt sich hierbei um die typischen begehbaren Dachlandschaften d.h. um Dächer mit **Intensivbegrünung**, wobei eine große Pflanzenvielfalt möglich ist, da eine Substratdicke bis 0,6 m zugelassen ist.

Im Gegensatz hierzu stehen begrünte Dächer mit **Extensivbegrünung** und natürlicher Bewässerung sowie höchsten einmaliger Pflege im Jahr (meistens mit niedriger Bepflanzung). Daher gelten diese Dächer nur dann als harte Dachung, wenn die Substratdicke zwischen 60 und 180 mm beträgt.

Ferner darf das Substrat nur 20 % organischen Anteil enthalten. Bei größeren Dachflächen sollten mindestens alle 40 m Brandabschnitte (Kiesstreifen) gebildet werden. Ferner sind Dachöffnungen und Dachränder mit einem 0,5 m breiten Kiesstreifen zu versehen.
Da Gründächer als Wasserspeicher wirken, besteht eine erhöhte Brandgefahr nur in größeren Trockenperioden. Die Brandentstehungsgefahr ist daher gering.

Exkurs: Shedspitze

Shedspitzen sind der höchste Punkt von Sheddächern.

Diese veraltete Form der Hallendachkonstruktionen sieht man heute nicht mehr so häufig.

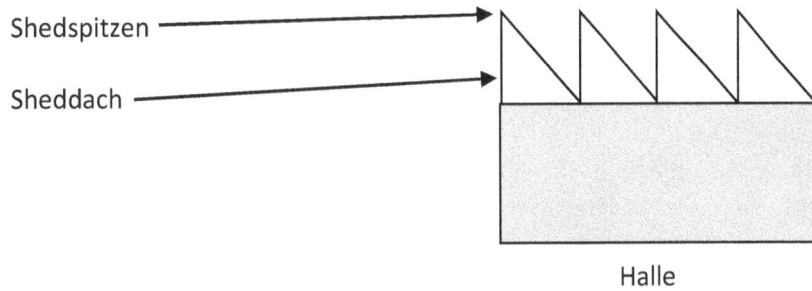

Halle

Eine Shedspitze von innen

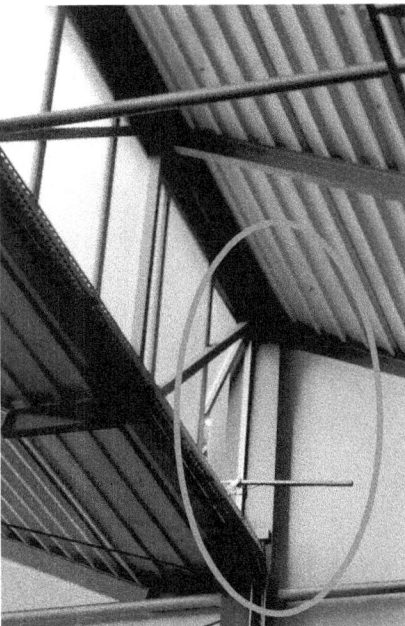

Ein Rauchwärmeabzug in einer Shedspitze

Elektrische Leitungen

Der Funktionserhalt von Verteilereinrichtungen ist durch geeignete Baustoffwahl und die Art der Unterbringung an Bauteilen und in Räumen zu gewährleisten.

Ein Funktionserhalt von 90 Minuten (Feuerwiderstandsklasse E 90) wird gefordert für:

- Wasserdruckerhöhungsanlagen zur Löschwasserversorgung

- Maschinelle Rauchabzüge

- Rauchschutzdruckanlagen in Treppenräumen von Hochhäusern, innen liegende Treppenräume in Gebäuden mit mehr als 5 Vollgeschossen, Verkaufsstätten sowie Gebäude mit großen Publikumsverkehr

- Feuerwehraufzüge und Bettenaufzüge in Krankenhäusern (ausgenommen sind Leitungen, die sich innerhalb der Fahrschächte oder Triebwerksräumen befinden)

Ein Funktionserhalt von 30 Minuten (Feuerwiderstandsklasse E 30) wird gefordert für:

- Sicherheitsbeleuchtungsanlagen, nicht für Leitungen innerhalb eines Brandabschnittes in einem Geschoss oder nur innerhalb eines Treppenraumes

- Personenaufzüge mit Evakuierungsschaltung, ausgenommen sind Leitungen innerhalb des Fahrschachtes oder des Triebwerksraumes

- Brandmeldeanlagen und Übertragungseinrichtungen, dabei nicht für Leitungen in Räumen, die durch automatische Brandmelder kontrolliert werden sowie Leitungen in Räumen ohne automatischen Melder, wenn durch einen Kurzschluss oder eine Leitungsunterbrechung aufgrund Brandeinwirkung in diesen Räumen trotzdem alle an diese Leitungen angeschlossenen Melder funktionstüchtig bleiben

- Im Brandfall notwendige Alarmierungsanlagen und Anlagen zur Übermittlung von Anweisungen, außer Leitungen in Räumen, in denen Lautsprecher, Hupen o.ä. an dieser Leitung angeschlossen sind

- Natürliche Rauchabzugsanlagen, außer bei Anlagen, die bei Unterbrechung der Stromversorgung selbsttätig öffnen und außer bei Leitungsanlagen in Räumen, die durch automatische Brandmelder überwacht werden und die bei Rauchmeldung selbsttätig öffnen

- Maschinelle Rauchabzugsanlagen und Rauchschutzdruckanlagen in den Fällen, in denen keine E 90 gefordert wird

Verglasung

Die Entwicklung führte zu **2 funktional durchaus unterschiedlichen Gruppen von Verglasungen.**

Die sog. **F-Verglasung** erfüllt Forderungen bezüglich Raumabschluss und Ausbreitung von Rauch und Feuer.

Zusätzlich verhindern sie den Durchtritt von Strahlungswärme.

Folgerichtig verlieren diese Verglasungen im Brandfall ihre Transparenz.

Diese Verglasung funktioniert im Brandfall wie eine Wand und erfüllen damit das Temperaturkriterium - im Mittel nicht mehr als 140 Kelvin Temperaturerhöhung (= ca. 133 °C) und punktuell höchstens 180 Kelvin (= ca. 94 °C) auf den feuerabgekehrten Seiten.

Die F-Verglasungen können an beliebigen Stellen in Wänden eingebaut werden.

Im Gegensatz dazu behindern die sog. G-Verglasungen den Durchtritt von Strahlungswärme nur geringfügig, wodurch auf der feuerabgekehrten Seite zwangsläufig thermische Beeinflussungen auftreten und brennbare Stoffe entzündet werden können.

Sie erfüllen demnach die Forderungen nach Raumabschluss und Ausbreitung von Feuer und Rauch.

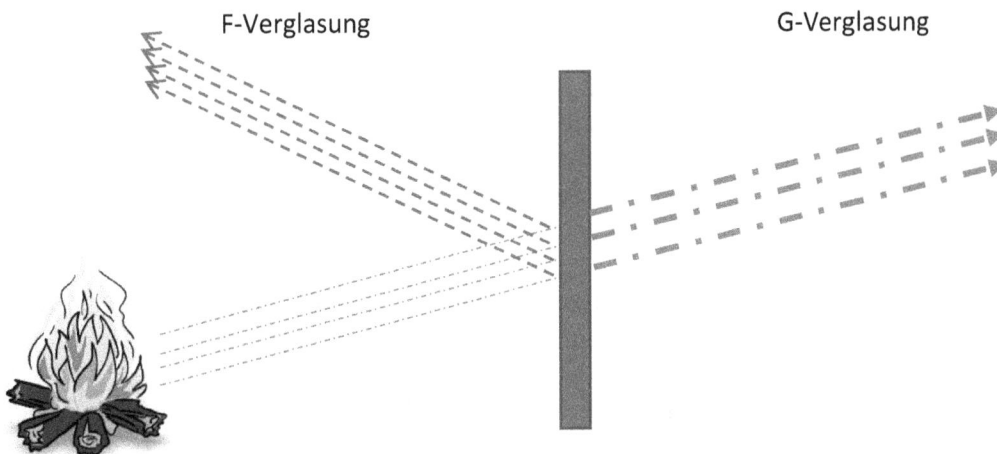

F-Verglasung   G-Verglasung

Bei einer F-Verglasung bleibt die Strahlungshitze auf einer Seite der Scheibe und dringt nicht durch.

Bei einer G-Verglasung tritt die Strahlungswärme durch.

Achtung: G-Verglasungen sollten nicht in der Nähe von brennbaren Materialien eingebaut werden. In **notwendigen Fluren können daher diese Verglasungen in Lichtbänden eingesetzt werden, die mindestens 1,8 m über dem Fußboden** angeordnet sind.

G-Verglasungen können in keine Feuerschutztüren eingebaut werden.

Im Zuge der europäischen Brandschutznormen wird sich die Bezeichnung wie folgt ändern:

a)   aus **F-Verglasung wird EI-Verglasung**
b)   aus **G-Verglasung wird E-Verglasung**

Rettungswege

Für den Brandfall muss durch eine sinnvolle und übersichtliche Rettungsweganordnung abgesichert werden, dass Menschen sicher und schnell ins Freie gelangen können und gleichzeitig die entsprechenden Wege auch als Zugänge für Löschkräfte nutzbar sind.

Vom Gesetz her besteht daher der Grundsatz, dass jede Nutzungseinheit mit Aufenthaltsräumen über 2 voneinander unabhängige Rettungswege verfügen muss.

Der sogenannte **erste Rettungsweg** muss ermöglichen, dass Menschen das Gebäude aus eigener Kraft verlassen können.

Der **zweite Rettungsweg** kann dazu auch die Möglichkeiten der Feuerwehr benutzen.

Steigleitern, Drehleitern und Rettungskörbe der Feuerwehr stellen solche Möglichkeiten dar, die allerdings nur bis zu bestimmten Gebäudehöhen nutzbar sind.

Ein zweiter Rettungsweg ist dann nicht erforderlich, wenn sichergestellt ist, dass Feuer und Rauch den ersten Rettungsweg nicht unbrauchbar machen können.

Der erste Rettungsweg ist dann ein sogenannter Sicherheitstreppenraum mit deutlich verschärften Anforderungen.

Diese Möglichkeit betrifft vor allem den Hochhausbau bis 60 m mit wahlweise einem und über diese Höhe hinaus mit 2 notwendigen Sicherheitstreppenräumen.

Wird der 2 Rettungsweg mit Geräten der Feuerwehr gewährleistet, so sind Anfahrtswege und Aufstellflächen für die Feuerwehrfahrzeuge zu sichern.

Bei Gebäuden mit Brüstungshöhe über 8 m müssen vor den Gebäuden in einem Abstand von mindestens 3 m und maximal 9 m Aufstellflächen für die Feuerwehr vorhanden sein.

Bei über 18 m darf der Abstand maximal 6 m betragen.

Für das Erreichen von Aufstellflächen bei **rückwärtigen Gebäuden** mit Brüstungshöhe

- unter 8 m beträgt die Breite mindestens 1,25 m und die lichte Höhe 2 m.

- über 8 m sind Durchfahrten von mindestens 3 m Breite und einer lichten Durchfahrtshöhe von mehr als 3,5 m zu sichern.

Die **Normtragfähigkeit** beträgt 12 to., sodass auch noch Fahrzeuge bis 14 to und Hubrettungsfahrzeuge bis 16 to. eingesetzt werden können.

Sollte die Zufahrt über spezielle Wege erforderlich sein, da sich **neben dem Weg z.B. eine Tiefgarage** befindet und die Garagendecke diese Last nicht tragen kann, ist dies gesondert zu **Kennzeichen.**

Im Winter mit entsprechenden Stangen, die auch bei Schneefall gut sichtbar sein sollten.

Bei Gebäuden mit einer Entfernung von **mehr 50 m zu öffentlichen Verkehrsflächen** können mehrere Zufahrten verlangt werden.

Gerade durch den organisatorischen Brandschutz lassen sich mit relativ geringen Mitteln bzw. geringen Aufwand Brände verhindern.

Betrieblicher und organisatorischer Brandschutz

Betrieblicher und organisatorischer Brandschutz beinhaltet folgende Punkte:

- Sicherheitsphilosophie eines Unternehmens

- Übergeordnete Maßnahmen:

    - Flucht- und Rettungswegpläne
    - Brandschutzordnung
    - Alarmpläne
    - Notfallpläne

- Maßnahmen im Betrieb:

    - Durchsetzung eines Rauchverbots
    - Positionierung von Batterieladegeräten
    - Kontrolle von Brandschutz-Toren/Türen
    - Sauberkeit und Ordnung
    - Schweißtechnische Arbeiten
    - Revision elektrischer Licht- und Kraftanlagen
    - Prüfung ortsveränderlicher Elektrogeräte nach BGV A2

Im Grunde genommen geht es hier also um die Vermeidung / Reduzierung von Brandlast.

Eine Brandlast stellt die Summe der Wärmeenergie dar, die bei der Verbrennung aller brennbaren Stoffe in einem Gebäudebereich einschließlich der Bekleidung von Wänden, Decken und Fußböden sowie aller brennbaren Gebäudeinhalte wie z.B. Arbeitsmittel frei werden könnte.

In der Praxis wird die Betrachtung der vorliegenden Brandlast ergänzt um

- das Brandverhalten der Stoffe
- die Gefahren von möglichen Zersetzungsprodukten im Brandfall
- sowie um die Explosionsgefahren.

Brandschutzbeauftragter

Zur Wahrnehmung der umfangreichen Brandschutzaufgaben soll ein Brandschutzbeauftragter benannt werden. Er soll durch Ausbildung und Erfahrung qualifiziert sein, Gefahren zu erkennen, zu beurteilen und dafür zu sorgen, dass sie beseitigt und Schäden möglichst geringgehalten werden.

Ein Brandschutzbeauftragter kann auch aufgrund besonderer baulicher Anlagen (z.B. Krankenhäuser) vorgeschrieben sein.

So verpflichtet z.B. die Industriebaurichtlinie den Betreiber bei einer Summe der Geschossflächen von mindestens 5.000 m², einen Brandschutzbeauftragten zu bestellen und dessen Aufgaben schriftlich festzulegen.

Brandschutzordnung und –pläne

Zur Regelung des betrieblichen Brandschutzes und des Verhaltens im Brandfall soll grundsätzlich eine Brandschutzordnung aufgestellt werden, die auf den betreffenden Betrieb zugeschnitten ist und mit der zuständigen Feuerwehr abgestimmt werden soll.

Um im Brandfall eine schnelle Alarmierung der Einsatzkräfte und anderer wichtiger Stellen sicherzustellen, sollte im Einvernehmen mit der zuständigen Feuerwehr ein Alarmplan erstellt werden.

Dieser Plan sollte folgende Angaben enthalten:

- Art des Alarmierungsmittels (Sirene ?)
- Welche Alarmzeichen
- Wer ist der zuständige Personenkreis für die Anordnung des Räumungsalarms
- Wer erwartet die Feuerwehr und versorgt sie mit Schlüsseln und Übersichtsplänen (ggf. Feuerlaufkarten)
- Wer steht dem Einsatzleiter der Feuerwehr im weiteren Einsatzverlauf zur Beratung über betriebsspezifische Anlagen und Verfahren zur Verfügung

In Brandschutzplänen sollen zudem betriebliche Gefahrenschwerpunkte und die für den Brandschutz vorhandenen Sicherheitseinrichtungen aufgezeigt werden. Werden diese Brandschutzpläne als Feuerwehreinsatzpläne verwendet, sollen sie der DIN 14095 entsprechen.

Eine regelmäßige Aktualisierung muss ebenfalls gewährleistet sein.

Regelmäßige Unterweisung des Personals

Alle Betriebsangehörigen sind in angemessenen Zeitabständen über die ihre Arbeitsplätze betreffenden Brandgefahren und Schutzmaßnahmen zu unterweisen, z.B. über das Rauchverbot. Jede Unterweisung ist schriftlich zu dokumentieren.
Auch Mitarbeiter von Fremdfirmen, die auf dem Werk- bzw. Betriebsgelände tätig sind, sind einzuweisen und zu überwachen.

Der häufige oder sogar verstärke Einsatz von Leiharbeiten (Zeitarbeitern) kann sich daher je nach Schwere des Risikos als negatives Merkmal auswirken. Die Erfahrung zeigt, dass dieses nur kurz für den Kunden arbeitende Personal häufig nicht in die „Spielregeln" des Brandschutzes eingeweiht wurde und es dann zu den entsprechenden Brandschäden kam. Auch nimmt nachweislich die Häufigkeit von Arbeitsunfällen zu, da z.B. die Bedienung bestimmter Geräte oder das Lesen von Warnhinweisen nicht möglich war.

Feuerwehrlaufkarten

Was sind Feuerwehrlaufkarten?
Feuerwehrlaufkarten dienen der Feuerwehr bei der Alarmierung durch die Brandmeldeanlage zum raschen Auffinden der ausgelösten Brandmelder.

Wo lagern Feuerwehrlaufkarten?
Feuerwehrlaufkarten sind in einem verschlossenen Behältnis bei der Brandmeldeanlage zu lagern. Die Schließung ist regional unterschiedlich.

Wer erstellt Feuerwehrlaufkarten?
Feuerwehrlaufkarten sind normalerweise im Auftragsumfang des Errichters der Brandmeldeanlage enthalten. Viele Errichterfirmen beauftragen eine Fachfirma und nutzen deren „Know-how", da bei der Erstellung viele regionale Sonderwünsche zu berücksichtigen sind.

Wer nimmt Feuerwehrlaufkarten?
Feuerwehrlaufkarten werden bei der Abnahme der Brandmeldeanlage durch den Gutachter und / oder durch den zuständigen Abnahmebeamten der Feuerwehr abgenommen.

Welche Normen gibt es für Feuerwehrlaufkarten?
Die Normen für Feuerwehrlaufkarten sind regional unterschiedlich und werden in der Regel von den Gemeinden oder Städten als „Technische Anschlussbedingungen für Brandmeldeanlagen" herausgegeben.

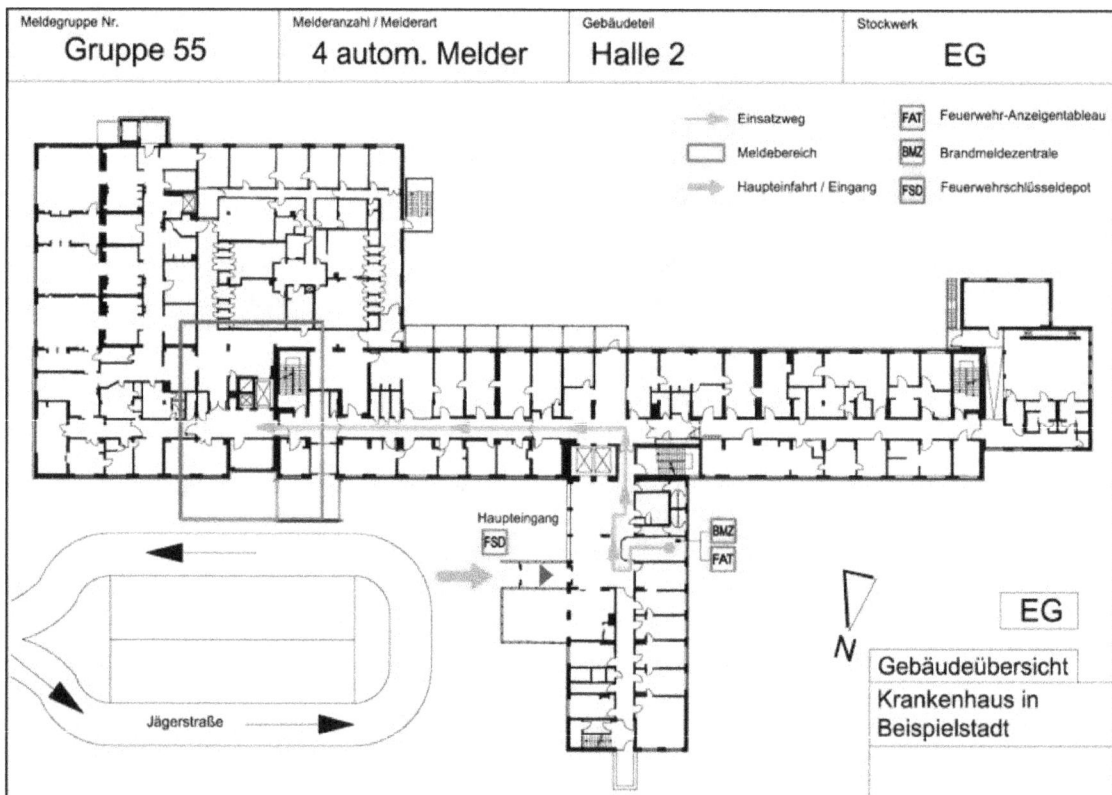

Neubau- und Umbaumaßnahmen

Bei der Planung und Ausführung von Neubau- und Umbaumaßnahmen sowie von Nutzungsänderungen ist in der Regel stets zu prüfen, wie sie sich auf die bereits festgelegten Brandschutzmaßnahmen auswirken.

Es ist deshalb sinnvoll, nicht nur die zuständige Feuerwehr, sondern auch den Versicherer frühzeitig hinzuziehen oder sich von Sachverständigen beraten zu lassen.

Der Brandschutz ist auch während der entsprechenden Bauarbeiten aufrecht zu erhalten !

Wichtig: Auf möglichen Bestandsschutz achten !

Der sog. „passive Bestandsschutz" für einmal errichtete Bauwerke verhindert, dass eine rechtmäßig errichtete bauliche Anlage rechtswidrig wird, auch wenn das öffentliche Recht sich später ändert und die bestehende Anlage nunmehr dem geänderten Recht widerspricht.

Das rechtmäßig bestehende Gebäude bzw. die rechtmäßig ausgeübte Grundstücksnutzung wird hinsichtlich der bisherigen Funktion, Nutzung und baulichen Beschaffenheit vor nachträglichem Anpassungs- oder Beseitigungsverlangen der Aufsichtsbehörden geschützt, Anpassungsverlangen sind nur unter besonderen Voraussetzungen zulässig.

Zu beachten ist, dass der Bestandsschutz sich nicht alleine auf das errichtete Bauwerk bezieht, sondern auch auf dessen Nutzung. Ändert sich die Nutzung, entfällt der Bestandsschutz.

Beispiel: In einem Bürogebäude werden die Räume im Erdgeschoss an 2 Zahnärzte vermietet. Da das Gebäude als reines Bürogebäude bewilligt wurde, ändert sich nun die Nutzung und das Gebäude wird betrachtet wie ein Neubau.

Somit werden Themen wie Brandschutz etc. neu bewertet und ggf. werden aufwendige Umbauarbeiten nötig. Dies sollte man einem Versicherungsnehmer (wenn man davon früh genug erfährt) im Vorfeld mit auf den Weg geben.

Aber es gibt noch weitere Möglichkeiten für den Entfall des Bestandsschutzes.

So kann bei Beseitigung eines Bauwerkes der Bestandsschutz für das neue Bauwerk entfallen, auch wenn der Neubau in Art, Form, Größe und Nutzen 100 % identisch ist.

Hierbei müssen aber nicht immer ganze Häuser abgerissen und neu errichtet werden.

Auch Teile von einem Ganzen können ein Bauwerk sein und dann die Gesamtheit einer Sache infrage stellen.

Beispiel: Ein Fußballverein hat seinen Ascheplatz gegen Rollrasen ausgetauscht. Somit hat der Fußballplatz seinen Bestandsschutz verloren und wurde von den Anwohnern einer Neubausiedlung „weg geklagt".

Der Abriss eines Bauwerkes muss auch nicht immer geplant sein. Theoretisch würde ein Brandschaden oder höhere Gewalt (also Sturm, Hochwasser etc.) ebenfalls für den Entfall eines Bestandsschutzes ausreichen. Ob die jeweilige Behörde diese „Karte" spielt, ist natürlich fraglich. Aber anhand des Fußballvereins (diesen Fall hat es wirklich gegeben) kann man sehen, dass auch missmutige Anwohner für Ärger sorgen können.

Für die Absicherung eines gewerblichen Risikos sind hier die Positionen „Mehrkosten für behördliche Wiederaufbaubeschränkungen" sowie die Bemessung der Haftzeit in der BU zu betrachten. Je unerwünschter der Betrieb ist, desto länger wird die BU dauern.

Da der Begriff der „Nutzungsänderung" im Baurecht nicht genau definiert ist, gibt es leider viel Klärungsbedarf im Einzelfall.

Beispiele, bei denen theoretisch eine Nutzungsänderung vorliegen könnte:

- Zusammenfassung eines Möbelmarktes und eines Einzelhandelsgroßbetriebes mit Vollsortiment zu einem Betrieb unter einheitlicher Leitung
- Aufstellung zusätzlicher Spielgeräte in einem baurechtlich als Gaststätte genehmigten Betrieb
- Errichtung einer Mobilfunkanlage mit einem 9,5 hohen Trägermast auf einem Sparkassengebäude
- Benutzung einer „Jagdhütte" zu einem längeren Erholungsurlaub, ohne die Jagd auszuüben (der Charakter geht verloren, das Objekt wäre jetzt mehr ein Wohnhaus / Ferienhaus)
- Veränderungen der gewerblichen Betriebsart, z.B. Einrichtung einer Schreinerei in einer bisherigen Klempnerwerkstatt
- Umwandlung einer ehemaligen Dorfgaststätte mit Tanzsaal in eine Diskothek

Der Entfall des Bestandsschutzes hat Auswirkung auf:

- Brandschutz
- Wärme- und Schallschutz
- Stellplatzpflicht
- Abstandsflächen

Die neuen Anforderungen führen oftmals zur Notwendigkeit ganz erheblicher Investitionen, nicht selten können die Anforderungen tatsächlich überhaupt nicht hergestellt werden.

Feuergefährliche Arbeiten und Rauchverbot

Außerhalb des Werkstattbereiches sind Feuerarbeiten im Zuge der Reparatur-, Montage- und Demontagearbeiten, wie z.B. Schweißen, Trennschleifen, Löten und Brennschneiden sowie Dacharbeiten mit Flamme, eine häufige Brandursache.

Sind solche Arbeiten unvermeidlich, muss hierfür eine schriftliche Genehmigung durch den Betriebsleiter oder seinen Beauftragten erteilt werden (Erlaubnisschein für feuergefährliche Arbeiten).
Damit wird das durchführende Personal (eigenes und fremdes) verpflichtet, alle erforderlichen Vorsichtsmaßnahmen zu ergreifen und zu beachten.

Auch das Rauchen gehört zu den häufigen Ursachen für Brand- und Explosionsschäden, daher sollte Rauchen und der Gebrauch von Feuer und offenem Licht ist in feuer- und explosionsgefährdeten Räumen und Bereichen zu verbieten. Das Verbot ist deutlich und dauerhaft zu Kennzeichen.

Schutz betriebswichtiger Anlagen

Betriebswichtige Anlagen, z.B. Mess-, Steuer- und Regelanlagen sowie Einrichtungen der Energie- und Notstromversorgung, sollten wie IT-Zentren von anderen Betriebsbereichen abgetrennt in feuerbeständigen Räumen untergebracht und mit einer Brandmeldeanlage überwacht werden.

Die Einrichtung von sog. Clouds (Daten-Wolken) gehört mittlerweile ebenfalls zu den Standards eines gut organisieren Betriebes. Die Unternehmensdaten werden in Echtzeit auf die Wolke transportiert und so gegen lokale Risiken am Betriebsort gesichert.

Brandschutzmanagement-Regelkreis

Das Primärziel des organisatorischen Brandschutzes ist eine feuerbedingte Betriebsstörung zu vermeiden sowie eine Reduzierung der Eintrittswahrscheinlichkeit eines Brandes zu erreichen.

Allerdings sind die Maßnahmen nur dann wirkungsvoll, wenn sie im betrieblichen Alltag regelmäßig befolgt und kontrolliert werden.

Eine effektive Möglichkeit ist dabei die Erstellung eines sogenannten Brandschutzmanagement-Regelkreises.

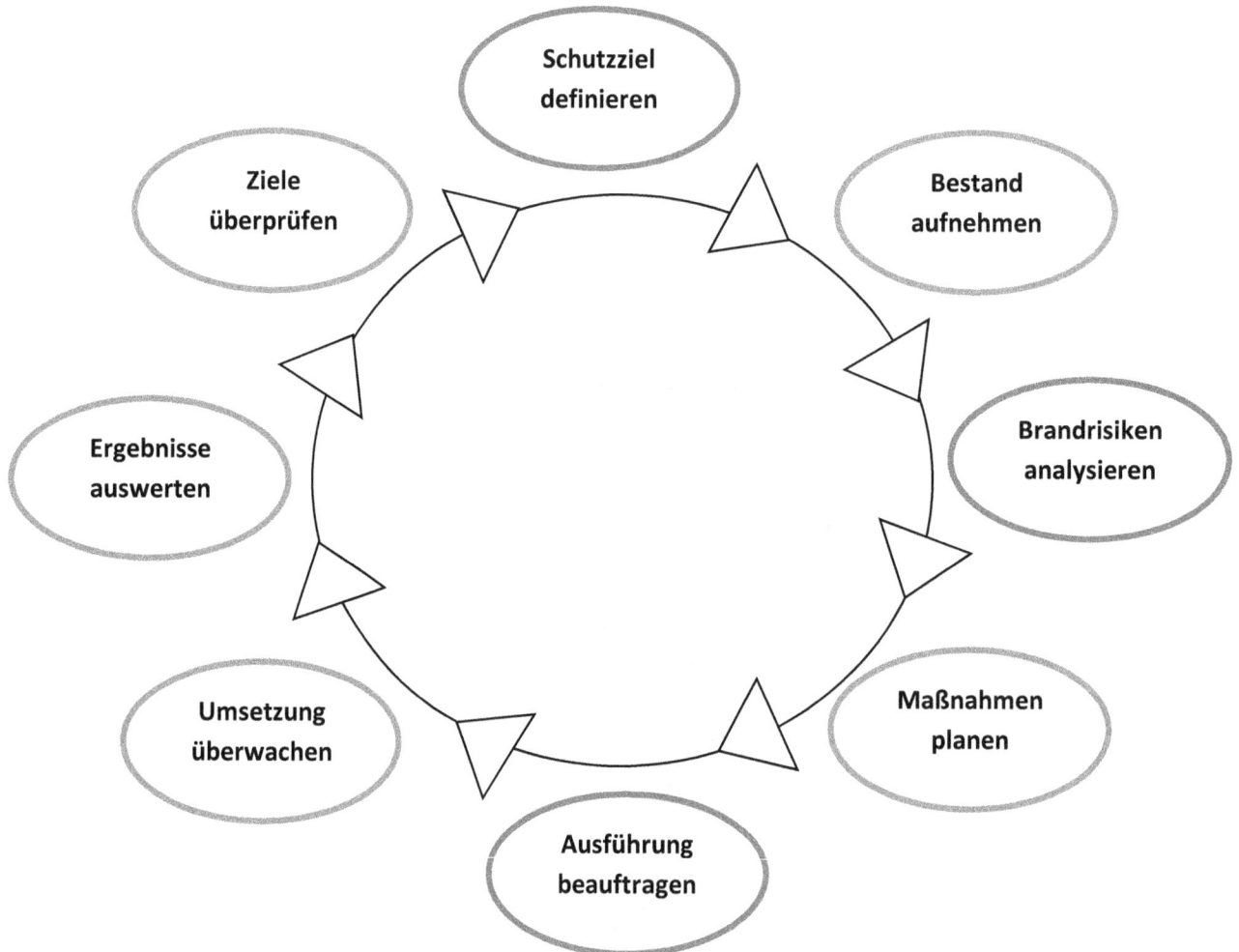

Häufige Schadensursachen

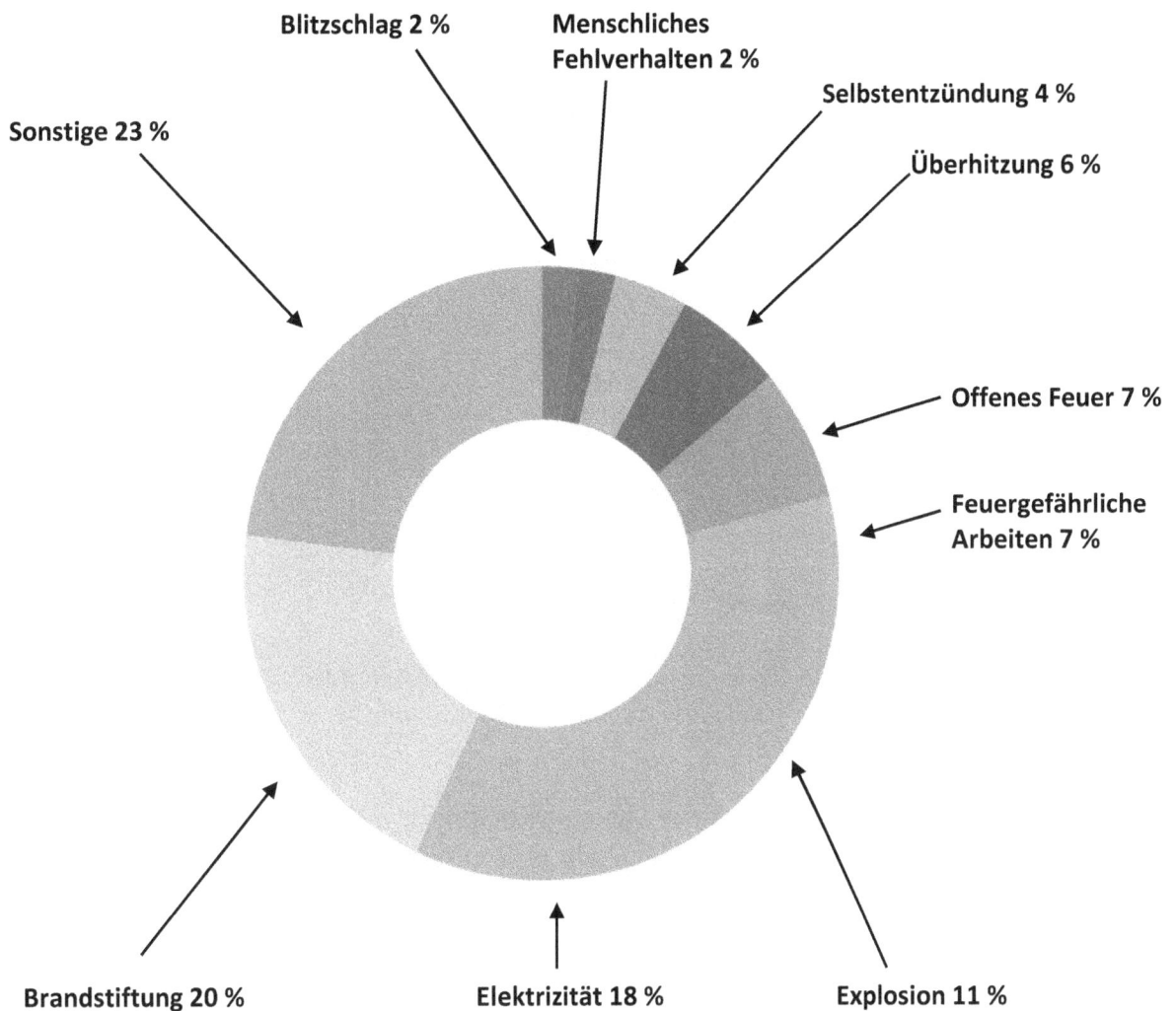

Blitzschlag 2 %

Menschliches
Fehlverhalten 2 %

Selbstentzündung 4 %

Überhitzung 6 %

Sonstige 23 %

Offenes Feuer 7 %

Feuergefährliche
Arbeiten 7 %

Brandstiftung 20 %

Elektrizität 18 %

Explosion 11 %

Das „Risiko" kann wie folgt berechnet werden:

Risiko = Eintrittswahrscheinlichkeit x Schadenausmaß

$$R = P \times C$$

Die Eintrittswahrscheinlichkeit ist dabei abhängig von den Faktoren:
- Anlagensicherheit
- Brandschutz
- Schadenverhütung

Bei der Betrachtung des Schadenausmaßes werden bewertet:
- Brandbekämpfung
- Krisenmanagement
- Schadenbegrenzung

Schutz vor Brandstiftung

Insbesondere nachfolgende Maßnahmen haben sich in der Praxis bewährt, die je nach der Gefährdung mehrfach kombiniert werden können:

- Ständige Überwachung der Einfahrten zum Werks- und Betriebsgelände, z.B. durch Pförtner, Kameras mit Aufschaltung auf den Monitor in einer ständig besetzten Stelle

- Zugangskontrollen der Mitarbeiter, Besucher, Fremdfirmen und Lieferanten

- Einfriedung des Betriebsgeländes mit einer Höhe von 2 m und Übersteigsicherung

- Verwendung einbruchhemmender Verglasung oder Vergitterung der Fenster an der Straßenfront

- Be- und Ausleuchtung des Werks- und Betriebsgeländes

- Überwachung mithilfe von zuverlässigen Einbruchmeldeanlagen, z.B. VdS-anerkannte Anlagen mit der Alarmierung einer ständig besetzten Stelle, wie Pförtner, Bewachungsunternehmen

- Überwachung von Fenstern und Türen in Gebäudeaußenwänden, insbesondere bei feuergefährdeten Gebäuden und bei Gebäuden mit Rechenzentren, Entwicklung- und Forschungsbüros, Lägern

- Innenüberwachung mittels Bewegungsmelder in den feuergefährdeten Räumen, zentralen Durchgängen, Rechenzentren, Entwicklungs- und Forschungsräumen, Lägern

- Freilandüberwachung, Zaunmelder

- Lagerung brennbarer Materialien im Freien mit einem Mindestabstand von
  - 10 m zum Außenzaun
  - 5 m zu Gebäuden

- Anordnung der Abfallsammelstelle mit einem Mindestabstand von 10 m zu Gebäuden

Ergänzend hierzu können auch Brandschutzmaßnahmen, wie z.B. Begrenzung der Brandabschnittsgröße und Installation automatischer Brandmelde- und Feuerlöschanlagen sowie Sauberkeit und Ordnung, bei einem Brand durch Brandstiftung das Schadensausmaß begrenzen.

Batterieladegeräte

Ein klassisches Beispiel für organisatorischen Brandschutz sind Batterieladegeräte !

Elektromobilität wird immer häufiger von den Käufern wahrgenommen und auch genutzt. Haben wir an dieser Stelle bzw. zu diesem Thema bisher immer über die klassischen Gabelstapler usw. gesprochen, so müssen wir nunmehr bei einer Begehung auch auf Ladestationen für eBikes und Pkw als Elektrofahrzeuge achten !

Zahlreiche Millionenschäden in der Vergangenheit lassen sich auf Mängel an und um diese Ladegeräte zuordnen.

Ursache laut Ermittler: Batterieladegeräte von

- Handys, Tablets, Laptops
- Flurförderfahrzeugen (Gabelstapler, Hubförderer)
- Reinigungsgeräten (Kehrmaschinen)
- Fahrzeugen zur Personenbeförderung (eBikes, Pkw)

Problem Nr. 1: Brandlasten in der Umgebung der Ladegeräte (Zündquelle)

Batterieladeanlagen werden im Allgemeinen mit niedrigen Gleichspannungen betrieben.

Bei Fehlern wie z.B. Windungs- und Körperschlüssen können hohe Ströme auftreten, welche hohe Temperaturen nach sich ziehen. Der Beginn einer Entzündung entsteht meist an den brennbaren Isolierungen.

Bei der Ladung von Nassbatterien entsteht Wasserstoff (H^2) und Sauerstoff (O^2). Folge kann die Bildung eines explosionsfähigen Wasserstoff/Sauerstoff-Gemisches (auch aus der Luft) sein.

Bei Zündung (heiße Oberfläche, Zündfunke etc.) erfolgt dann eine Explosion bzw. eine Verpuffung, welche einen Brand nach sich ziehen kann.

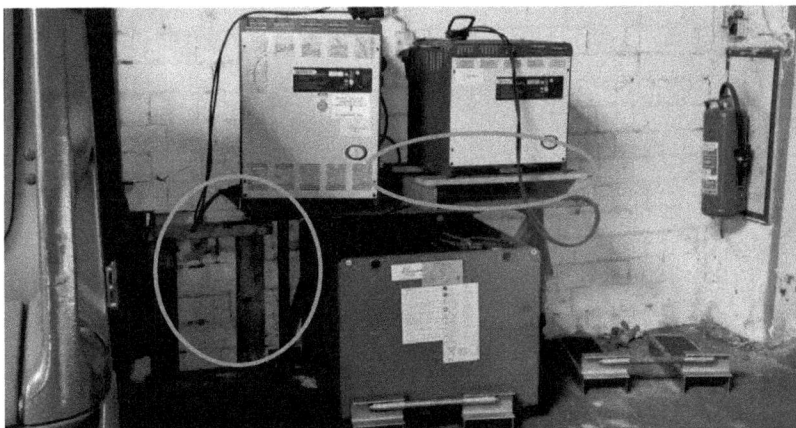

Ein Bild aus der Praxis: Die Ladegeräte stehen entweder in der Nähe von brennbaren Paletten oder sogar auf einer Palette. Leider muss an dieser Stelle gesagt werden, dass so schon der Idealfall (also ohne weiteren Müll auf den Ladegeräten) aussieht.

Problem Nr. 2: Laden der Geräte außerhalb personell besetzter Zeiten

Somit ist eine Brandentdeckung erst spät und zufällig bzw. durch eine automatische BMA möglich.

Die hierfür anzuwendenden Regelwerke lauten: DIN VDE 0100, DIN VDE 0510, VdS 2259

Räume für Batterieladegeräte gelten nach VDE 0100 als

- „elektrische Betriebsstätten" bzw. als

- „abgeschlossene elektrische Betriebsstätten"

In Folge von elektrochemischen Reaktionen können im Ruhezustand aus den Akkus heraus aggressive Säurenebel (Schwefelsäure) ausgasen, die dann unbemerkt an elektronischen Bauteilen zu Schäden führen können.

Säure hat sich auf ein Gussteil niedergelassen.

Problem Nr. 3: Brände durch Herstellerfehler

Oktober 2016: Das Samsung S7 fängt an zu brennen, da es bei der Herstellung des Akkus zu Fehlern gekommen ist.

Januar 2013: Sämtliche Boing-787-Dreamliner wurden zeitweise aus dem Verkehr gezogen, da das jeweilige Akku-Pack bei Benutzung zu extremer Rauchentwicklung geneigt hat.

Sicherlich extreme Beispiele, die aber die brisante Anforderung der Käufer an die neue Technik (immer leichter und dennoch leistungsfähiger) sehr gut verdeutlichen.

Das Samsung S7 war z.B. 7,9 mm dünn und 169 Gramm leicht und konnte dennoch mit den deutlich größeren und Kiloschweren Laptops mithalten.

Die Akkuherstellung erfordert extreme Präzision !

Als Akkus in mobilen Geräten werden heute nahezu ausschließlich solche mit Lithium-Ionen-Technik verwendet. Keine andere serienreife Technik kann ähnlich viel Energie speichern, hält viele Ladezyklen durch und lässt sich vergleichsweise platzsparend und leicht herstellen.

Lithium ist der leichteste der auf der Erde vorhandenen festen Stoffe - aber sehr reaktionsfreudig. Es kommt daher nur in Salzen gebunden vor. Für Akkus wird Lithium nicht in ursprünglicher Form verwendet, sondern oxidiert, andernfalls wären die Batterien nicht wieder aufladbar.

Bei der Produktion der Akkus ist deshalb Präzision gefragt. Je dünner die Schichten sind, aus denen er besteht, und je dichter das Lithiumoxid aufgebracht wird, desto mehr Energie kann die Zelle speichern und auch wieder abgeben.

Elektronik in den Handys sorgt zwar dafür, dass die Energiespeicher weder zu stark entladen noch überladen werden. Die extrem flache Bauweise kann aber die Energiespeicher auch anderweitig anfälliger machen. Schon geringe Verunreinigungen bei der Produktion, etwa durch metallhaltigen Staub, können einen Kurzschluss und damit einen Brand auslösen.

Und was tut man, wenn der Handy-Akku zu brennen beginnt?

Bloß nicht versuchen, etwas zu retten, rät die Münchner Feuerwehr. Stattdessen: Das Handy in einen Kochtopf stecken, nach draußen bringen und dort abbrennen lassen. Stoppen lässt sich der Brand nicht.

Problem Nr. 4: Batterien – Brandgefahr durch Selbstentzündung

Äußerlich seit Jahrzehnten unverändert, hat die Batterie eine enorme Entwicklung genommen.

Die Speicherkapazitäten sind immens, ebenso aber auch die Brandgefahr !

Bei den heutigen Fertigungsstandards kann man davon ausgehen, dass Batterien bei ordnungsgemäßem Umgang und sachgerechter Handhabung als vergleichsweise sicher anzusehen sind.

Kommt es aber aufgrund von technischen Defekten oder unsachgemäßer Handhabung zu einer unkontrollierten und beschleunigten Abgabe der chemisch gespeicherten Ladung, erfolgt dies in aller Regel als thermische Energie was unweigerlich zum Brand führt.

Vorrangiges Problem: Brandgefahr durch Selbstentzündung

Allgemeine Sicherheitsregeln

- Batterien dürfen nicht über den normalen Hausmüll entsorgt werden
- Unverpackte Batterien nicht lose herumliegen lassen
- Batterien dürfen nicht durcheinandergeworfen oder aufeinandergestapelt werden, da ein Kurzschluss entstehen kann
- Nicht unmittelbar und dauerhaft hohen Temperaturen oder Wärmequellen aussetzen
- Separierte Lagerung – Mischlagerung vermeiden
- Nicht vollständig entladene Batterien in den Originalverpackungen belassen
- Gebrauchte Lithium-Batterien durch Abkleben der beiden Batteriepole absichern

Zählt zu den Hauptbrandursachen: technische Defekte.
Bei einer sog. Leuchtstoffröhre sind die sog. „Starter" unabhängig
von dem eigentlichen Leuchtmittel. Ist das Leuchtmittel defekt,
bemerkt der Starter das nicht und versucht permanent
die Lampe anzubekommen.
Dabei kann der Starter überhitzen und anfangen zu brennen.
Erschwerend kommt die Brandlast (sog. Europaletten) unter der
Lampe hinzu.
Besser wäre, hier mit Sicherheitsstartern oder LED zu arbeiten.

Revision elektrischer Anlagen

In vielen Gebäuden sind technische Einrichtungen installiert, die sowohl im Normalbetrieb als auch bei einem Störfall zuverlässig funktionieren müssen, um dem vom Gesetzgeber geforderten Sicherheitsstandard gerecht zu werden.

Viele dieser Anlagen sind laut geltendem Baurecht regelmäßig zu prüfen. Zu den betroffenen Anlagen gehören:

- Brandmelde- und Alarmierungsanlagen
- Elektrische Anlagen
- Selbsttätige Feuerlöschanlagen
- Nichtselbsttätige Feuerlöschanlagen
- Rauch- und Wärmeabzugsanlagen
- Sicherheitsstromversorgungs- und Sicherheitsbeleuchtungsanlagen
- Klima- und Lüftungsanlagen
- CO-Warnanlagen

Es müssen aber nicht immer hochkomplexe Anlagen sein, die zu einem Schaden führen. Ein Schwachpunkt sind häufig die „handelsüblichen" elektrischen Geräte wie PC, Kühlschränke oder Kaffeemaschinen in den Betrieben.

Laut VDS sind etwa 30 % der durch die Sachversicherer registrierten Brände auf Mängel in elektrischen Anlagen zurückzuführen.

Diese Brände könnten mit hoher Wahrscheinlichkeit vermieden werden, wenn die elektrischen Anlagen mangelfrei sind.

Dazu müssen sie jedoch fachgerecht

- geplant
- montiert
- und einer regelmäßigen, fachgerechten Instandhaltung
- sowie Prüfung

unterzogen werden.

Elektrogeräte / Mitgebrachte Geräte der Mitarbeiter

Sowohl die von der Firma angeschafften als auch die von den Mitarbeitern mitgebrachten Geräte (Radio, Kühlschrank, Kaffeemaschine, Mikrowelle) können aufgrund technischer Defekte für einen Brand sorgen.

Grundsätzlich kann nämlich davon ausgegangen werden, dass die Mitarbeiter alte und ausgediente Altgeräte mit in die Firma bringen.

Gerade bei Kühlschränken lohnt sich auch mal ein Blick hinein !

Häufig befinden sich in den Kühlschränken kleine Gefrierfächer, die mangels regelmäßigen Abtauen eine dicke Eisschicht vorhalten.

Diese Eisschicht bedeckt dann auch den Temperaturfühler, der wiederum falsche Signale (im Eisfach ist es angeblich zu warm) an die Kühlung des Kühlschrankes sendet.

Die Kühlung fährt daraufhin die Leistung immer höher und kann sich dabei überhitzen.

Hier sollte daher ebenfalls der organisatorische Brandschutz greifen und dazu führen, dass eine Bestandsliste über sämtliche (!) Geräte erstellt wird.

Alternativ kann natürlich auch das Aufstellen und Betreiben von privaten Geräten untersagt werden.

Zumindest für die betrieblichen Anlagen sollte regelmäßig eine Revision der elektrischen Anlagen durchgeführt werden.

Der genaue Rhythmus ist je nach Betriebsart, Gesamtversicherungssumme, Art und Alter der elektrischen Geräte mit dem jeweiligen Versicherer individuell abzustimmen.

Für diese Kontrollarbeit, die formell „Revision von elektrischen Licht- und Kraftanlagen" heißt, gibt es eine Klausel, die i.d.R. wie folgt verfasst wird:

Klausel 3602 Elektrische Anlagen (unverbindliche Musterklauseln):

1. Der Versicherungsnehmer hat die elektrischen Anlagen jährlich, und zwar möglichst innerhalb der ersten drei Monate eines jeden Versicherungsjahres, auf seine Kosten durch einen von der Zertifizierungsstelle der VdS Schadenverhütung GmbH oder einen gleichermaßen qualifizierten Sachverständigen prüfen und sich ein Zeugnis darüber ausstellen zu lassen. In dem Zeugnis muss eine Frist gesetzt sein, innerhalb der die Mängel zu beseitigen und Abweichungen von den anerkannten Regeln der Elektrotechnik (insbesondere von den einschlägigen VDE-Bestimmungen) sowie den dem Vertrag zugrunde liegenden Sicherheitsvorschriften abzustellen sind.

2. Der Versicherungsnehmer hat dem Versicherer das Zeugnis unverzüglich zu übersenden, die Mängel fristgemäß zu beseitigen und dies dem Versicherer anzuzeigen.

3. Werden elektrische Anlagen alljährlich im Auftrag einer Behörde durch Ingenieure geprüft, so ist durch deren Prüfung auch den Bestimmungen von Nr. 1 und Nr. 2 genügt.

Hält sich das Risiko im Rahmen, kann mit dem jeweiligen Versicherer auch über folgende Klausel verhandelt werden:

Klausel 3603 Prüfung von elektrischen Anlagen (unverbindliche Musterklauseln):

Abweichend von der Vereinbarung "Elektrische Anlagen" verzichtet der Versicherer, falls bei einer Prüfung gemäß Nr. 1 dieser Vereinbarung keine erheblichen Mängel festgestellt werden, auf die nächstfällige Prüfung.

Hinweis: In dieser Klausel wird auf die „nächstfällige" Prüfung verwiesen.
Dies bedeutet lediglich, dass die nächste Prüfung einmal ausgesetzt werden darf.
Es bedeutet nicht, dass sämtliche nachfolgenden Prüfungen entfallen dürfen !

Wird also z.B. ein Betrieb alle 2 Jahre geprüft und der besitzende Versicherer stimmt im Jahr 2012 entsprechend zu, darf die nächste Prüfung in 2016 statt in 2014 erfolgen.

In welchem Rhythmus es dann nach der Prüfung in 2016 weiter geht, entscheidet sich erst nach der erfolgten Prüfung.

Die Nichteinhaltung dieser Klauseln kann im Schadensfall gem. §7 AFB zu einer Leistungskürzung oder gar Leistungsfreiheit des Versicherers führen.

Zudem bestehen je nach Tätigkeitsfeld des Versicherungsnehmers ggf. auch behördliche, polizeiliche oder sogar gesetzliche Vorschriften, die diese Prüfung fordern.

Beispiel: Um den Anforderungen an den Personenschutz nachzukommen, sehen die Unfallverhütungsvorschriften (UVV) der Berufsgenossenschaften regelmäßige Prüfungen der elektrischen Anlagen (nur in Anlagen mit Nennspannungen bis 1000 V AC bzw. 1500 V DC und grundsätzlich nur im freigeschalteten Zustand) und Betriebsmittel vor. Somit hat der Unternehmer dafür zu sorgen, dass die elektrischen Anlagen und Betriebsmittel nach elektrotechnischen Regeln errichtet, betrieben, instandgehalten und geprüft werden. Rechtliche Prüfgrundlage ist hierbei die DGUV Vorschrift 3 (früher: BGV A3).

Im §2 der DGUV heißt es erläuternd dazu:

Elektrische Betriebsmittel im Sinne dieser Unfallverhütungsvorschrift sind alle Gegenstände, die als Ganzes oder in einzelnen Teilen dem Anwenden elektrischer Energie (z.B. Gegenstände zum Erzeugen, Fortleiten, Verteilen, Speichern, Messen, Umsetzen und Verbrauchen) oder dem Übertragen, Verteilen und Verarbeiten von Informationen (z. B. Gegenstände der Fernmelde- und Informationstechnik) dienen. Den elektrischen Betriebsmitteln werden gleichgesetzt Schutz- und Hilfsmittel, soweit an diese Anforderungen hinsichtlich der elektrischen Sicherheit gestellt werden. Elektrische Anlagen werden durch Zusammenschluss elektrischer Betriebsmittel gebildet.

Thermografie von Elektroanlagen

Oftmals lassen sich elektrischen Anlagen aus betrieblichen Gründen nicht abschalten. Notwendige Maßnahmen zur Instandhaltung sind daher nur eingeschränkt möglich. Um dennoch potenzielle Brandgefährdungen frühzeitig erkennen zu können, sind als effektive Ersatzmaßnahme thermografische Untersuchungen gut geeignet.

Was ist Thermografie ?

Da wo Strom fließt, ist auch Wärme. Bei Störung ist diese Wärme höher. Mittels einer speziellen Kamera kann diese Wärme bildlich (s. oben rechts) dargestellt werden. Extreme Wärmeunterschiede würde man also quasi an einem relativ bunten Bild ausmachen können.

Thermografie ist also eine bildgebende und berührungslose Messmöglichkeit.

Nachteil:

- Die sichere Auswertung von den unterschiedlichen Farben.
  Denn nicht jede Farbabweichung deutet auf einen vorhandenen Schaden hin ! Manchmal sind in einem Gerät nur unterschiedliche Bauteile, die an sich einfach schon mit anderen „Wärmegraden" arbeiten.
  Eine Thermografie sollte daher nur von einem geschulten Profi (z.B. Anerkennung durch VDS) durchgeführt werden.

- Die Kamera „Jagd nur auf Sicht".
  Damit die Thermografie vernünftig durchgeführt werden kann, muss der zu bewertende Bereich sichtbar sein. Manchmal muss nur eine Tür / Klappe geöffnet werden, aber manchmal auch ganze Gehäuse. Das ist natürlich recht aufwendig.

Vorteil:

- Kann im laufenden Betrieb durchgeführt, da berührungslos !

Tipp: Eine Thermografie bietet sich bei neu errichteten, umgebauten oder aufwendig reparierten Anlagen an, um z.B. mögliche Montagefehler vorzubeugen !

Schweißerlaubnisschein

Nicht erst nach dem Großbrand am Flughafen Düsseldorf sind zwar Schweißerlaubnisscheine in der Praxis vorzufinden, aber immer noch zu selten.

Lässt sich die Brand- oder Explosionsgefahr aus betriebstechnischen und baulichen Gründen nicht restlos beseitigen, so dürfen Schweiß- und Brennschneidarbeiten nur mit schriftlicher Genehmigung (Schweißerlaubnisschein) des Betriebsleiters oder dessen Beauftragten und nur unter Aufsicht durchgeführt werden. In der Genehmigung sind die anzuwendenden Sicherheitsmaßnahmen schriftlich festzulegen.

Die Aufsicht darf dabei nur geeigneten Personen übertragen werden, denen die mit den Schweiß- und Schneidearbeiten verbundenen Brand- und Explosionsgefahren bekannt sind.

Die zeitliche Dauer der Arbeiten ist vorher festzulegen. Der Aufsichtführende hat den Empfang der Genehmigung mit den anzuwendenden Sicherheitsmaßnahmen schriftlich zu bestätigen.

Bei dem Schweißerlaubnisschein handelt es sich also um ein i.d.R. zweiseitiges Formular, auf dem die Vorsichtsmaßnahmen vermerkt sind. Dazu zählt z.B. auch, dass eine im Betrieb eingesetzte Fremdfirma eine Notrufnummer (bei Telefonanlagen kann es für Fremde schon mal schwierig sein nach „draußen" zu telefonieren) auf dem Formular vorfindet.

Gleichwohl sind auch Kontrollpunkte vermerkt, die eine namentlich auf dem Formular benannte Aufsichtsperson nachhalten muss. Die entsprechenden Uhrzeiten sind auf dem Schein dann mit Unterschrift zu vermerken.

Interessanterweise ist der Schweißerlaubnisschein keine Erfindung von der Versicherungswirtschaft, sondern ist aus einer Unfallverhütungsvorschrift entstanden. Die Feuerversicherungen haben lediglich dankbar die Existenz von diesem Schein in ihre Regularien aufgenommen.

Warum ist Schweißen so gefährlich ?

Dazu muss als Erstes gesagt werden, dass es nicht nur um Schweißarbeiten geht, sondern genauer um „Schweißen, Schneiden und verwandte Verfahren". Also um feuergefährliche Arbeiten, bei denen heiße Funken (sog. Funkenflug) durch die Halle fliegen können oder sogenannte Sekundärwärme (das zu bearbeitende Rohr wird heiß) entstehen kann.

wie O Schweißen, Schneiden und verwandte Verfahren (Schweißerlaubnis)

O Trennschleifen   O Löten   O Auftauen   O Heißklebearbeiten

O sonstiges: _____

laufende Nummer: _____

Arbeitsort / -stelle   _____

Brand- / explosionsgefährdeter Bereich:

Räumliche Ausdehnung um die Arbeitsstelle: Radius von   _____ m

Höhe von   _____ m

Tiefe von   _____ m   **Ausgeführt von:**
[Namen]

Arbeitsauftrag   _____

Arbeitsverfahren   _____   _____

3   Sicherheitsmaßnahmen bei Brandgefahr

3a   Beseitigung der   O Entfernen beweglicher brennbarer Stoffe
Brandgefahr   und Gegenstände - ggf. auch Staubablagerungen   _____

O Entfernen von Wand- und Deckenverkleidungen,
soweit sie brennbare Stoffe abdecken oder
verdecken oder selbst brennbar sind.   _____

O Abdecken ortsfester brennbarer Stoffe und
Gegenstände (z.B. Holzbalken, -wände,
- fußböden, -gegenstände, Kunststoffteile)
mit geeigneten Mitteln und ggf. deren Anfeuchten.   _____

O Abdichten von Öffnungen (z.B. Fugen, Ritzen,
Mauerdurchbrüchen, Rohröffnungen, Rinnen,
Kamine, Schächte, zu benachbarten Bereichen
mittels Lehm, Gips, Mörtel, feuchte Erde usw.)   _____

O   _____   _____

3b   Bereitstellen von   Feuerlöscher mit   O Wasser   O Pulver   O CO^2
Löschmitteln   O   _____

O Löschdecken

O angeschlossener Wasserschlauch

O wassergefüllte Eimer

O benachrichtigen der Feuerwehr
O   _____   _____

3c   Brandposten   O während der feuergefährlichen Arbeiten   _____

3d   Brandwache   O nach Abschluss der feuergefährlichen
Arbeiten:
Dauer: _____ Stunde / n   _____

142

Erlaubnisschein für feuergefährliche Arbeiten
Seite 2 / 2

laufende Nummer: _____

Ausgeführt von:
[Namen]

Arbeitsauftrag
(z.B. Träger abtrennen) _____

Arbeitsverfahren _____ _____

4   Sicherheitsmaßnahmen bei Explosionsgefahr

O sind notwendig   O sind nicht notwendig

4a   Beseitigung der Explosionsgefahr

O Entfernen sämtlicher explosionsfähiger Stoffe und Gegenstände - auch Staubablagerungen und Behälter mit gefährlichem Inhalt und dessen Reste.

O Explosionsgefahr in Rohrleitungen beseitigen _____

O Abdichten von ortsfesten Behältern, Apparaten oder Rohrleitungen, die brennbare Flüssigkeiten, Gase oder Stäube enthalten oder enthalten haben, ggf. in Verbindung mit lufttechnischen Maßnahmen. _____

O Durchführen lüftungstechnischer Maßnahmen nach EX-RL in Verbindung mit messtechnischer Überwachung _____

O Aufstellen von Gaswarngeräten für:

_____
O _____ _____

4b   Überwachung

O Überwachung der Sicherheitsmaßnahmen auf Wirksamkeit _____

4c   Aufhebung der Sicherheitsmaßnahmen

nach Abschluss der feuergefährlichen Arbeiten

Dauer: _____ Stunde / n _____

5   Alarmierung

Standort des nächstgelegenen
- Brandmelders: _____
- Telefons: _____
Feuerwehr-Ruf: O 112   O _____

6   Auftraggeber

Die Maßnahmen nach 3 und 4 tragen den durch die örtlichen Verhältnisse entstehenden Gefahren Rechnung:

Datum   Unterschrift des Betriebsleiters oder dessen Beauftragten (§8 Abs. 2 ArbSchG)

7   Auftragnehmer / Ausführende Firma

Die Arbeiten nach 2 dürfen erst begonnen werden, wenn die Sicherheitsmaßnahmen nach 3a-3c und / oder 4a, 4b durchgeführt sind:

Datum   Unterschrift / Kenntnisnahme des Ausführenden nach 2

Unterschrift Unternehmer oder seines Beauftragten

143

Exkurs: Orientierungswert zur Bestimmung durch Funkenflug gefährdeter Bereiche

Was ist ein sogenannter Funke ? Ein Funke entsteht i.d.R. bei Schleif-, Trenn- oder Schweißarbeiten und ist ein durch diese mechanische Einwirkung erhitztes (metallisches) Partikel; quasi ein kleines heißes Stück Metall oder Stein.

Somit hat es eine Masse, also auch ein Gewicht, ein bestimmtes Flug- und ein Aufschlagverhalten auf dem Boden.

In der Praxis bedeutet dies, dass man vor Ort ein entsprechendes räumliches Vorstellungsvermögen an den Tag legen muss. Um den durch Funkenflug gefährdeten Bereich abschätzen zu können, muss man dreidimensional denken.

Der Funkenflug ist erst einmal abhängig von

- der Arbeitshöhe

- dem Arbeitsverfahren

- der Masse des bearbeiteten Gegenstandes.

Als Arbeitsverfahren kommen in Frage

- Löten mit Flamme

- Schweißen (i.d.R. manuelles Gas- und Lichtbogenschweißen)

- Thermisches Trennen inkl. Schleifarbeiten

Der durch Funkenflug gefährdete Bereich definiert sich dann durch

- die Gesamtreichweite (Flugbahn) sowie

- aus dem Zündvermögen von diesem heißen Metall- oder Schlacketeilchen.

Die Gesamtreichweite wiederum berücksichtigt

- die Reichweite aufgrund des „Flugvermögens" von dem Funken

- mögliche Ablenkungen des „Flugkörpers" aus ihrer Flugbahn durch Hindernisse in der Umgebung, z. B. Gerüste oder Geländer

- sowie das Aufschlagverhalten des Teilchens durch „weiterspringen" am Boden.

Wie gesagt, man muss ein **dreidimensionales Vorstellungsvermögen** haben.

Beispiel: **Trennarbeiten in 3 m Arbeitshöhe**

Oben

Hinten

Links

Rechts

Vorne

Unten

Arbeitsverfahren	Reichweiten		
	Horizontal	vertikal nach oben	nach unten
Löten mit Flamme	bis zu 2 m	bis zu 2 m	bis zu 10 m
Schweißen	bis zu 7,5 m	bis zu 4 m	bis zu 20 m
Trennen/Schleifen	bis zu 10 m	bis zu 4 m	bis zu 20 m

Bei einer Arbeitshöhe über 3 m ist als Richtwert anzunehmen, dass sich **mit jedem Meter zusätzlicher Arbeitshöhe der Bereich in der Horizontalen um etwa 0,5 m** vergrößert !

Bei Brennschneid- und Lötarbeiten ist aufgrund des gerichteten Auswurfes von Partikeln mit einer Halbierung der Reichweite entgegengesetzt der Hauptauswurfrichtung zu rechnen.

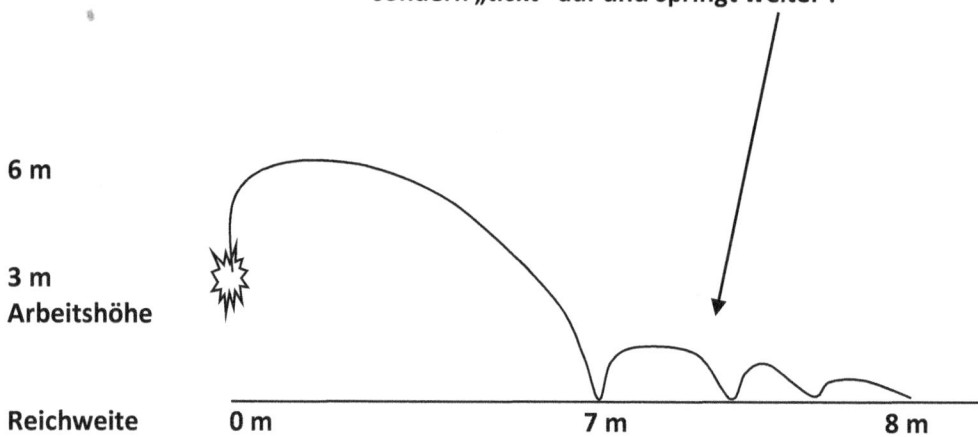

Weiterer wichtiger Punkt: **Ein Funke fällt nicht wie ein Stein vom Himmel und bleibt liegen, sondern „tickt" auf und springt weiter !**

6 m

3 m
Arbeitshöhe

Reichweite   **0 m**   **7 m**   **8 m**

Außer durch heiße Metall- oder Schlacketeilchen kann darüber hinaus durch eine **indirekte Einwirkung** eine Brandentstehung verursacht werden, z. B. durch:

- Wärmeleitung über die unmittelbar zu bearbeitenden oder nahe gelegenen Bauteile in und durch Wände, Böden oder Decken in Nachbarbereiche hinein

- Sekundärflammen bei Arbeiten mit Brenngas-, Sauerstoffgemischen an Rohrleitungen an entlegenen Öffnungen dieser Leitungen

Daher sollte unbedingt die Etage (egal ob Gebäude Etage oder Arbeitsbühne), auf der die Arbeiten ausgeführt werden, auf mögliche Luftschächte, -schlitze, Gulli´s etc. geprüft und abgedeckt werden.

Sollte ein Funke diese Entweichungsmöglichkeiten treffen, entsteht ein Brand an einer schwer erreichbaren Stelle.

Aber wie gesagt, dreidimensional denken !

Der Funke kann nicht nur nach unten entschwinden, sondern auch nach oben oder zur Seite.

Befinden sich z.B. in der Nähe der Arbeitsstelle Absaugkanäle in der Decke oder seitlich ein Förderband ?

Anlagentechnischer Brandschutz

Bei der Bewertung der anlagentechnischen Brandschutzmaßnahmen wird in der Regel die Einhaltung der Standardmaßnahmen ohne gesonderte Prüfung vorausgesetzt.

Als Standardmaßnahmen gelten z.B.:

- Einhaltung der Sicherheitsvorschriften
- Bereitstellung von Feuerlöschern in ausreichender Anzahl entsprechend der Brandgefahr und Größe des Betriebes
- Sichergestellte Löschwasserversorgung, z.B. mithilfe von Hydranten
- Vorhandensein einer öffentlichen Feuerwehr

Brandentdeckung und Brandmeldung

Je früher ein Brand entdeckt und gemeldet wird, desto wirkungsvoller kann er bekämpft werden und so geringer fallen erfahrungsgemäß die Schäden aus.

Brände können entweder

- automatisch über Brandmeldeanlagen
- den Branderkennungsteil von Feuerlöschanlagen
- oder durch das anwesende Betriebspersonal

entdeckt werden.

Eine schnelle und bewährte Möglichkeit der Brandmeldung bieten automatische Brandmeldeanlagen.

Sie bestehen aus

- automatischen Brandmeldern, z.B. optischen Rauchmeldern, Ionisationsrauchmeldern, Wärme-Differenzialmeldern, Wärme-Maximalmeldern, Flammenmeldern
- Handfeuermeldern
- der Brandmeldezentrale mit einer Auswerteeinrichtung
- der Übertragungseinrichtung (auch Hauptfeuermelder genannt)

Außer der Alarmierung der Feuerwehr können Brandmeldeanlagen mit weiteren Funktionen dienen, so können z.B. Feuerschutzabschlüsse geschlossen und Klimaanlagen abgeschaltet werden.

Mit den automatischen Brandmeldeanlagen sind nicht zu verwechseln:

- Ansteuereinrichtungen für Feststellanlagen von Feuerschutzabschlüssen, weil diese Anlagen im allgemeinen nur Brandmelder oberhalb der Tür bzw. im Türbereich und keine weiteren Melder im übrigen Raum besitzen
- Einbruchmeldeanlagen
- Gaswarnanlagen

Brandmeldeanlagen können in bestimmten Betriebsbereichen relativ anfällig für Falschalarme sein. Typische Umgebungseinflüsse können

- Fahrzeugabgase (Gabelstapler)
- Dämpfe
- betriebsbedingter Rauch
- Staubaufwirbelungen
- Verschmutzung

sein.

Für kritische Bereiche, in denen mit einem Falschalarm zu rechnen ist, müssen besondere Techniken angewandt werden.

Dazu gehören z.B. Zweigruppen- oder Zweimelderabhängigkeit.

Dabei werden Brandmeldungen aus den kritischen Bereichen die Feuerwehr nur dann alarmieren, wenn zwei verschiedene Meldegruppen oder zwei verschiedene Brandmeldeanlagen gleichzeitig angesprochen haben.

Eine Brandmeldeanlage sollte jedoch immer den gesamten Komplex überwachen.

Eine Brandmeldung kann auch durch Wachpersonal (Pförtner) erfolgen. Hierzu sollten jedoch unregelmäßige Rundgänge erfolgen, die maximal 2 bis 4 Stunden auseinanderliegen dürfen.

Notwendig ist hierbei, dass der entsprechende Rundgang alle wichtigen und brandgefährlichen Punkte im Betrieb (sowohl innen als auch Außen) berücksichtigt.

Eine Bewachung kann eine automatische Brandmeldeanlage nicht ersetzen.

Rauchansaugsysteme, die Branderkennung in Problembereichen

Ein **Rauchansaugsystem** (RAS) oder auch **Ansaugrauchmelder** (ARM) ist ein Brandmeldesystem für die „verdeckten" feuergefährlichen Bereiche wie

- Abgehangene Decken
- Arbeitsräume mit betriebsbedingter Staubentstehung
- Aufzugsschächte
- Hochregallager
- Hohe Betriebshallen
- Kabelkanäle
- Kühlräume
- Rechenzentren
- Schaltanlagen
- Traforäume

So ein System kann eine Anordnung von mehreren Punktrauchmeldern ersetzen. Die Anforderungen sind in der Norm DIN EN 54-20 definiert und unterteilt diese in drei Klassen.

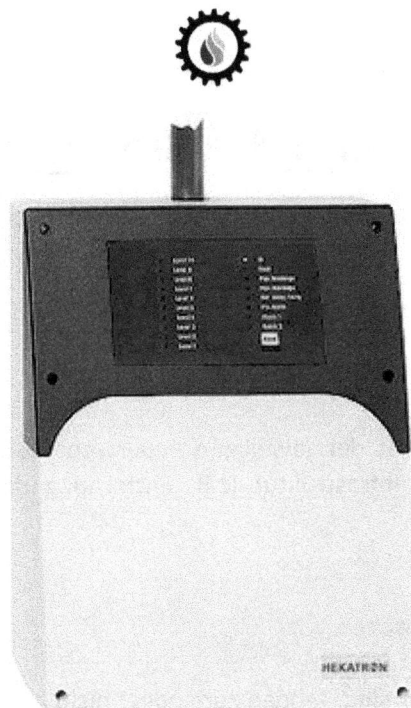
Detektionseinheit eines Ansaugrauchmelders

Ein RAS besteht aus einem einfachen Rohrsystem und einer Auswerteeinheit. In das Rohrsystem werden Ansaugöffnungen eingebracht und mit Ansaugreduzierungsfolien wird ein definierter Durchmesser erreicht. Zwischen Rohrsystem und Detektionseinheit können je nach Anforderung Luftfilter und Kondensat-Abscheider installiert werden.

Ein in die Auswerteeinheit integrierter Lüfter saugt kontinuierlich Luft über das Rohrsystem aus dem Überwachungsbereich an. Jede Ansaugöffnung kann dabei als ein punktförmiger Rauchmelder betrachtet werden.

Die Luftproben werden der Detektionseinheit zugeführt und dort mithilfe von eingebauten Brandmeldern oder Sensoren auf Rauchpartikel untersucht. Als Detektoren kommen in der Regel besonders hochempfindliche optische Rauchmelder zum Einsatz, um die Verdünnung des Rauchs durch die aus rauchfreien Räumen angesaugte Luft auszugleichen.

Die Empfindlichkeit einer Messkammer wird in Lichttrübung (Dämpfung) pro Meter angegeben (Eine Lichttrübung von 0,005 bis 20 % ist dabei keine Seltenheit). Diese Systeme können optimal an die Umgebungsbedingungen angepasst werden.
Je nach Hersteller der Auswerteeinheit kann ein Rohrsystem von bis zu 360 Metern Gesamtlänge angeschlossen werden. Dies entspricht einer überwachbaren Fläche von bis zu 2.160 m², abhängig von Raumfläche und -höhe.

Wird das Rohrsystem in einer Zwischendecke installiert, sind für die Raumüberwachung nur wenige Zentimeter große, flache Deckendurchführungen sichtbar, die eigentlichen Ansaugöffnungen haben dabei nur eine Größe von wenigen Millimetern.

Bei Rauchansaugsystemen ist zu beachten, dass pro Auswerteeinheit nur eine Brandmeldung generiert wird. Die Zuordnung eines speziellen Bereiches des überwachten Raumes, z.B. zu einem bestimmten Schaltschrank, ist systembedingt nicht möglich. Es besteht jedoch die produktspezifische Möglichkeit, dass nach der ersten Alarmerkennung ein Freiblasen des Detektionsrohres erfolgt.

Anschließend saugt das RAS erneut an und ermittelt die Zeit, bis Rauch wieder an dem Sensor gemessen wird. Mit dieser Methode lassen sich in begrenzter Anzahl Ansaugstellen einzeln detektieren und auswerten.

Die Wartung von RAS-Systemen ist simpel. Es müssen lediglich die Detektionseinheiten geprüft werden. Das Rohrsystem wird mittels Ventil von der Auswerteeinheit getrennt und mittels Druckluft ausgeblasen.

Abwehrender Brandschutz

Der abwehrende Brandschutz zur Brandbekämpfung und zum Abwenden von Gefahren für Menschen und Sachwerte soll jeweils durch die örtliche Feuerwehr sichergestellt werden und stellt im Rahmen eines ganzheitlichen Brandschutzkonzeptes die letzte Verteidigungslinie gegen Brände dar.

Allerdings ist die Leistungsfähigkeit der jeweiligen Feuerwehr aufgrund ihrer Personalstärke und Ausrüstung sowie der örtlichen Infrastruktur (z.B. Entfernung des Schutzobjektes zur nächsten Feuerwehr) nicht unbegrenzt.

Abwenden von Gefahren für Menschen

Bevor nicht alle Personen gerettet sind, fangen zumindest nicht alle Feuerwehreinheiten vor Ort an zu löschen. Je länger also die Rettung dauert, umso teurer wird es so gesehen für den Versicherer.

Zeit ist also Geld.

Bei Betrieben mit vielen Personen und / oder weitläufigen Räumlichkeiten ist daher eine genaue Anwesenheitsliste nötig, damit relativ schnell klar wird, ob alle Personen das Gebäude verlassen haben.

Man stelle sich vor, dass der eigentliche Löschangriff nicht erfolgt, weil man einen Mitarbeiter sucht, der an diesem Tag krank ist oder früher nach Hause gehen durfte.

Im Gastronomie- und Hotelbereich wird (bei gut organisierten Betrieben) eine sog. Brandschutzliste (der Name ist allerdings hierfür nicht fest vorgegeben) geführt.

Kurz vor Betriebs- bzw. Schichtbeginn trägt sich jeder Mitarbeiter in diese Liste ein, die einen festen Platz in der jeweiligen Abteilung hat.

Im Brandfall greifen dann hoffnungsfroh alle „Rädchen" ineinander. Die dafür vorgesehenen Mitarbeiter evakuieren die Gäste und bringen sie zum Sammelplatz und ein weiterer sorgt für die Evakuierung der Mitarbeiter und bringt auch die Brandschutzliste mit.

Symbol für einen „Sammelplatz"

Öffentliche Feuerwehren

Nach dem Feuerschutzgesetz der Bundesländer, z.B. das Gesetz über den Feuerschutz und die Hilfeleistungen (FSHG) in Nordrhein-Westfalen, sind alle Gemeinden verpflichtet, leistungsfähige Feuerwehren zu unterhalten, die den örtlichen Verhältnissen entsprechen, um Schadenfeuer zu bekämpfen, sowie bei Unglücksfällen und bei solchen öffentlichen Notständen Hilfe zu leisten, die durch Naturereignisse, Explosionen oder ähnliche Vorkommnisse verursacht werden.

Das Vorhandensein einer öffentlichen Feuerwehr mit der gesetzlich vorgeschriebenen Mindestausstattung wird deshalb bei der Risikobeurteilung in der Regel ohne gesonderte Prüfung als Standardmaßnahme vorausgesetzt.

Öffentliche Feuerwehren können je nach ihrer Leistungsfähigkeit auf Antrag der Gemeinden vom GDV in Feuerwehrklassen (FK) eingeteilt werden.

Dabei werden folgende Punkte erfasst und bewertet:

- Anzahl und Qualifikation der Einsatzkräfte
- Verfügbare Ausrüstung (z.B. Feuerwehrfahrzeuge, Atemschutzgeräte)
- Zuverlässigkeit des Brandmelde- sowie Alarmsystems
- Löschwasserversorgung
- Löschmittelversorgung

Die FK stellen allerdings nur eine unverbindliche Grundlage dar, den abwehrenden Brandschutz bei der individuellen Risikobewertung im Rahmen der gewerblichen Feuerrisiken zu berücksichtigen.

Nichtöffentliche Feuerwehren

Hierzu zählen insbesondere die Werk- und Betriebsfeuerwehren.

Die Gesetzgebung der Bundesländer definiert diese Begriffe nicht einheitlich.

Die Versicherer verwenden daher überwiegend Begriffe, die in DIN 14 011-9 definiert sind.

Demnach ist die

- Werkfeuerwehr eine behördlich anerkannte Feuerwehr mit haupt- und / oder nebenberuflichen Einsatzkräften
- Betriebsfeuerwehr eine behördlich nicht anerkannte Feuerwehr mit haupt- und / oder nebenberuflichen Einsatzkräften

Nichtöffentliche Feuerwehren können ebenfalls je nach ihrer Leistungsfähigkeit auf Antrag der Gemeinden vom GDV in Feuerwehrklassen (FK) eingeteilt werden.

Dabei werden folgende Punkte erfasst und bewertet:

- Anzahl und Qualifikation der Einsatzkräfte
- Verfügbare Ausrüstung (z.B. Feuerwehrfahrzeuge, Atemschutzgeräte)
- Zuverlässigkeit des Brandmelde- sowie Alarmsystems
- Hilfsfrist
- Alarm- und Einsatzorganisation
- Betriebsspezifische Faktoren wie z.B. Verwendung von radioaktiven Gefahrstoffen oder Lagerung / Verwendung von anderen Gefahrstoffen

Löschbehinderung durch radioaktive Isotope

Radioaktive Isotope können in Ionisationsrauchmeldern, in medizinischen Geräten, in der Landwirtschaft (Herstellung von Dünger) sowie in der Kunststoffindustrie (Veredlung von Kunststoffen) vorkommen.

Je nach dem möglichen Ausmaß der Gefährdung werden zur Vorbereitung des Feuerwehreinsatzes die Bereiche gem. § 37 Strahlenschutzverordnung (StrlSchV) in Gefahrengruppen eingeteilt:

Gefahrengruppe I: Die Feuerwehr kann ohne besonderen Schutz vor radioaktiven Gefahren tätig werden.

Gefahrengruppe II: Die Feuerwehr kann nur mit einer Strahlenschutz-Sonderausrüstung und unter Strahlenschutzüberwachung tätig werden.

Gefahrengruppe III: Analog Stufe II, zusätzlich Hinzuziehung eines Sachverständigen.

Die radioaktiven Stoffe sind in der Strahlenschutzverordnung aufgeführt. Eine Kennzeichnung dieser Räume, Bereiche oder Maschinen ist immer erforderlich. Ob und wo sie eingesetzt werden, ist der Betriebsgenehmigung zu entnehmen bzw. beim Strahlungsbeauftragten zu erfragen.

Explosion

„**Explosion**"... ein viel bemühter Begriff. Bei genauer Betrachtung lassen sich aber feine Unterschiede feststellen:

Explosion: „Plötzliche Zerfalls- oder Oxidationsreaktion, die eine Temperatur- oder Druckerhöhung oder beides gleichzeitig bewirkt".

Behälterzerknall: Das nicht auf einer chemischen Reaktion beruhende Zerreißen eines Behälters durch Überdruck wird nicht als Explosion, sondern als Behälterzerknall bezeichnet.

Fettexplosion / Dampfexplosion: Auch die „Fettexplosion" oder die „Dampfexplosion" (z.B. in Gießereien oder Stahlwerken) ist keine Explosion im o.g. Sinn, sondern beruht auf der rapide ablaufenden („explosionsartigen") Verdampfung von Wasser in einer Flüssigkeit mit deutlich höherem Siedepunkt.

Detonation: Plötzliche Zerfalls- oder Oxidationsreaktion, die mit Überschallgeschwindigkeit abläuft und mit einer Stoßwelle gekoppelt ist.

Deflagration: Plötzliche Zerfalls- oder Oxidationsreaktion, die sich durch frei werdende Reaktionswärme fortpflanzt und im Unterschied zur Detonation unterhalb der Schallgeschwindigkeit abläuft.

Exkurs: **Sonderfall Vapour Cloud Explosion (VCE) / Gaswolkenexplosionen**

Vapour Cloud Explosion sind die Explosionen mit den meist größten Schadenausmaßen und monetären Schadenhöhen. Hierzu kommt es, wenn größere Mengen in der Regel druckverflüssigter Gase austreten, verdampfen, eine Dampfwolke bilden und sich entzünden.
Die Schadenauswirkungen lassen sich annähernd durch Berechnungen und Computersimulationen bestimmen, indem die Druckauswirkungen berechnet werden. In der petrochemischen Industrie werden so vielfach die Höchstschadenschätzungen vorgenommen.

Explosionsdruck

Explosionen im technischen Sinne sind schnell verlaufene Brandereignisse von brennbaren Gasen oder Stäuben mit einer Flammfortschreitungsgeschwindigkeit zwischen 100 und 1.000 m / s.

Unter einer Verpuffung wird eine Deflagration mit geringer Flammengeschwindigkeit und geringem Druckanstieg (< 1 bar) verstanden.

Zum Vergleich:
Eine Staubexplosion spielt sich zwischen 8 - 12 bar und eine Gasexplosion sogar zwischen 20 und 25 bar ab.

Was heißt das in der Praxis ?

Nehmen wir an, eine Explosion vollzieht sich mit 10 bar. Das sind 100 to. pro m². Bei einer Explosion in einem Gebäude würde demnach auf eine normale Zimmertür (ca. 2 m²) somit 200 to. zum Explosionszeitpunkt einwirken.

Das entspricht in etwa 133 übereinandergestapelte VW Golf 7.

Weitere Beispielwerte

Max. Bar / Stoff	to. pro m²
11,5 Aluminiumstaub / grob	115 to.
11,5 Aluminiumstaub /mittel oder fein	115 to.
10,0 Pigmentstaub	100 to.
9,0 PE-Staub	90 to.
8,5 Mehlstaub	85 to.
7,8 Puderzucker	78 to.
7,4 Methan	74 to.
7,4 Propan	74 to.
7,1 Wasserstoff	71 to.

Explosionsfähige Atmosphäre

Eine explosionsfähige Atmosphäre ist ein Gemisch von Gasen, Nebeln, Dämpfen, Stäuben mit Luft einschließlich üblicher Beimengungen unter atmosphärischen Bedingungen (z.B. Feuchtigkeit).

Folglich lassen sich Explosionen unterteilen in:

- Explosionen brennbarer Gase / Dämpfe und Staubexplosionen

- Brennbare Gase / Dämpfe

Wesentlich für die Beurteilung der Explosionsfähigkeit des jeweiligen Stoffes ist das Verhältnis Brennstoff zu Luft.

Nur in einem bestimmten Verhältnis von Luft und brennbarem Stoff kann es zu einer Explosion kommen.

Die Grenzen dieses Bereiches werden als **Untere bzw. Obere Explosionsgrenze** bezeichnet.

Diese Explosionsgrenzen wurden für eine Vielzahl von Gasen experimentell ermittelt und erlauben somit eine Beurteilung der Explosionsfähigkeit sowie Explosionsschutzmaßnahmen.

Untere und Obere Explosionsgrenze (UEG / OEG): Untere und Obere Explosionsgrenze sind die niedrigste bzw. höchste Konzentration brennbarer Stoffe in der Luft, bei der sich eine Flamme nach erfolgter Zündung nicht mehr selbstständig ausbreiten kann.

Unterer und Oberer Explosionspunkt (UEP / OEP): Unterer und Oberer Explosionspunkt sind die niedrigste bzw. höchste Temperatur einer brennbaren Flüssigkeit, bei der die Konzentration des homogenen und im Dampfraum gesättigten Dampf/Luft-Gemisches der UEG bzw. der OEG entspricht.

Zündquelle

Definition: „Zündquelle ist eine Energiequelle, die brennbaren Stoffen oder Stoffgemischen Zündenergie zuführen kann"

Arten von Zündquellen

In den Explosionsschutz-Regeln (ExRL) sind 13 Zündquellen beschrieben:

- Heiße Oberflächen   Bsp.: Heizkesselwandung, Abgasrohr

- Flammen und heiße Gase   Bsp.: Brennschneider, autogenes Schweißgerät

- Mechanisch erzeugte Funken   Bsp.: Schleiffunken, anschlagendes Ventilatoren-Rad

- Elektrische Anlagen   Bsp.: elektrisches Messgerät, Schaltanlage, „Wackelkontakt"

- Elektrische Ausgleichsströme   Bsp.: Erdschluss bei Fehlern in elektrischen Anlagen

- Statische Elektrizität   Bsp.: Büschelentladung

- Blitzschlag   Bsp.: Blitzschlag

- Elektromagnetische Wellen   Bsp.: Sendeanlagen   (Hochfrequenz)

- Elektromagnetische Wellen   Bsp.: Laserstrahlung   (optisch)

- Ionisierende Strahlen   Bsp.: UV-Strahlen

- Ultraschall   Bsp.: piezokeramische Wandler

- Adiabatische Kompression   Bsp.: Gasverdichter

- Chemische Reaktion   Bsp.: exotherme Zersetzung

Mindestzündenergie

Für eine Reihe von Gasen, Dämpfen und Stäuben wurden die Energiemengen, die zur Entzündung unter genormten Bedingungen notwendig sind, experimentell ermittelt.

Diese Energiemengen werden als Mindestzündenergie (MZE) bezeichnet.

Da Flüssigkeiten und Feststoffe erst durch die Aufwendung von relativ hoher Energie in die gasförmige Phase überführt werden muss, werden hierfür keine Mindestzündenergien ermittelt.

Die Mindestzündenergie (MZE) ist die unter vorgeschriebenen Versuchsbedingungen ermittelte, kleinste, in einem Kondensator gespeicherte elektrische Energie, die bei einer Entladung ausreicht, das zündwilligste Gemisch einer explosionsfähigen Atmosphäre zu entzünden.

Die MZE brennbarer Stäube ist um 2-3 Zehnerpotenzen höher als die MZE für Gase und Dämpfe.

Die MZE nimmt mit steigender Temperatur und abnehmender Partikelgröße ab.

Zündtemperatur (Gase + Dampf/Luft-Gemische)

Die Zündtemperatur ist die niedrigste Temperatur einer erhitzten Wand, bei der das zündwilligste Gemisch bei dem vorgeschriebenen Prüfverfahren gerade noch zündet.

Das heißt, bei Erwärmung über diese Temperatur hinaus, zündet das Gemisch von selbst ohne Zuführung einer weiteren Zündquelle.

Anhand der Zündtemperatur werden Gase und Dämpfe in Temperaturklassen eingeteilt und Grenztemperaturen für die Oberflächen von Arbeitsmitteln festgelegt, damit die Entzündung durch zu heiße Oberflächen verhindert wird.

Temperaturklasse	Zündtemperatur	Maximal zulässige Oberflächentemperatur	Beispielsubstanz
T1	> 450 °C	450 °C	Ammoniak, Methan, Wasserstoff
T2	> 300 – 450 °C	300 °C	Acetylen, Ölsäure, n-Propanol
T3	> 200 – 300 °C	200 °C	Benzine, n-Pentane, Cyclohexan
T4	> 135 – 200 °C	135 °C	Diethylether, Trichlorsilan
T5	> 100 – 135 °C	100 °C	Phosphorwasserstoff
T6	> 85 – 100 °C	85 °C	Schwefelkohlenstoff

Mindestzündtemperatur (Stäube)

Die Energie eines elektrischen Funkens, der unter definierten Randbedingungen das kritische (zündwilligste) Staub/Luft-Gemisch noch entzündet.

Glimmtemperatur (Stäube)

Die Glimmtemperatur ist die niedrigste Temperatur einer erhitzten freiliegenden Oberfläche, auf der eine 5 mm dicke Schicht eines abgelagerten Stoffes zur Entzündung kommt. Die Glimmtemperatur dient der Beurteilung der Zündgefahren flacher Staubschichten an heißen Oberflächen.

Anwendung in der Praxis:

Wichtige Kennzahlen finden sich in den Sicherheitsdatenblättern, die zu fast allen Stoffen und Stoffzubereitungen existieren. Diese liegen dem Verwender vor oder können beim Hersteller angefordert werden.

Selbstentzündung

Neben der Zündung durch äußere Zündquellen existiert das Phänomen der Selbstentzündung. Hierbei wird die Zündenergie nicht von außen übertragen, sondern bildet sich im Brennstoff selbst.

Es werden drei Arten der Selbstentzündung unterschieden:

Biologisch induzierte Selbstentzündung	Durch die bei der massenhaften Vermehrung von Mikroorganismen (Pilze oder Bakterien) freigesetzten Stoffwechselwärme kommt es zu einer Aufheizung von in Haufen gelagertem organischem Material (z.B. Heu, Sägespäne, Kompost) und anschließender thermischer Aufspaltung.
Chemisch induzierte Selbstentzündung	Oxidative Polymerisations- oder Abbaureaktionen chemisch ungesättigter Stoffe, insbesondere ungesättigter Pflanzenöle. Pyrophorität: Bei Kontakt des pyrophoren Stoffes (z.B. Phosphor) mit Luftsauerstoff kommt es zu einer spontanen Entzündung.
Physikalische induzierte Selbstentzündung	Durch frei werdende Wärme bei Adsorptionsprozessen (wie z.B. bei der Adsorption von Stoffen auf der Oberfläche von Aktivkohle) kann es zur Erhitzung und Entzündung des Stoffes kommen.

Absorption (lat. „(auf)saugen") bedeutet, dass die Stoffe **in das Innere** eines Festkörpers oder einer Flüssigkeit eindringen.

Als **Adsorption** (lat. „(an)saugen") bezeichnet man die Anreicherung von Stoffen aus Gasen oder Flüssigkeiten **an der Oberfläche** eines Festkörpers.

Siedepunkt (Flüssigkeiten)

Der Siedepunkt ist die Temperatur, bei der ein Stoff vom flüssigen in den dampfförmigen Zustand übergeht. Ab diesem Punkt bildet sich über der Flüssigkeit unter atmosphärischen Bedingungen ein Dampf/Luft-Gemisch.

Flammpunkt (brennbare Flüssigkeiten)

Der Flammpunkt ist die niedrigste Temperatur, bei der sich unter definierten Bedingungen aus der zur prüfenden Flüssigkeit Dämpfe in solcher Menge entwickeln, dass sich ein durch Fremdzündung entflammbares Dampf / Luftgemisch bilden kann.

Bei brennbaren Flüssigkeiten brennt nicht die Flüssigkeit selbst, sondern der Dampf über der Flüssigkeit !

Brennbarer Dampf ./. Brennbare Gase

Als brennbaren Dampf bezeichnet man das Gemisch aus Luft und Dampf oberhalb eines Stoffes, der bei normaler Raumtemperatur flüssig ist.

Brennbare Gase dagegen sind bei den gleichen Bedingungen nur gasförmig anzutreffen.

Brennbare Flüssigkeiten sind umso gefährlicher, je geringer die Temperatur ist, bei der sie brennbare Dämpfe entwickeln.

Gemäß der technischen Regeln für brennbare Flüssigkeiten (TRbF) wurden folgende Kategorien eingerichtet:

Gefahrenklasse	Flammpunkt	EU-Gefahrstoffrecht	
A I	< 21 °C	< 0 °C =	„hoch entzündlich"
		< 21 °C =	„leicht entzündlich"
A II	21 °C - 55 °C		„entzündlich"
A III	> 55 °C		-nicht geregelt-
B (wasserlöslich)	< 21 °C	< 0 °C =	„hoch entzündlich"
		< 21 °C =	„leicht entzündlich"

Brennpunkt (brennbare Flüssigkeiten)

Der Brennpunkt ist die niedrigste Temperatur einer brennbaren Flüssigkeit, bei der nach Entzündung der überlagerten Dämpfe die Flamme nicht erlischt, sondern auf die Flüssigkeitsoberfläche übergreift und weiter brennt.

Flammpunkt ./. Brennpunkt

Beim Brennpunkt brennt die Flüssigkeit weiter, beim Flammpunkt erlischt die Flamme nach Verbrennung der gebildeten Dämpfe wieder. Der Brennpunkt liegt ca. 40 - 50 °C über dem Flammpunkt.

Explosionsschutz

Explosionsschutz (i.d.R. nur „ExSchutz" oder „EX" genannt) unterteilt sich wie folgt:

Primärer EX: Vermeiden einer explosionsfähigen Atmosphäre

       Gehört zum **vorbeugenden** Explosionsschutz z.B. durch organisatorischen oder anlagentechnischen Brandschutz

Sekundärer EX: Vermeiden wirksamer Zündquellen

       Gehört zum **vorbeugenden** Explosionsschutz z.B. durch organisatorischen oder anlagentechnischen Brandschutz

Tertiärer EX: Begrenzung der EX-Auswirkungen

       Gehört zum **konstruktiven** Explosionsschutz (wenn also betriebsbedingt mit explosionsartigen Druckanstieg gerechnet werden muss) z.B. durch Installation von Explosionsklappen (hier auf einem Getreidesilo).

Explosionsschutzzonen

Zone 0: Bereich, in dem explosionsfähige Atmosphäre als Mischung brennbarer Stoffe in Form von Gas, Dampf oder Nebel mit Luft ständig oder langzeitig oder häufig vorhanden ist.

Zone 1: Bereich, in dem damit zu rechnen ist, dass explosionsfähige Atmosphäre als Mischung brennbarer Stoffe in Form von Gas, Dampf oder Nebel mit Luft bei Normalbetrieb gelegentlich auftritt.

Zone 2: Bereich, in dem bei Normalbetrieb nicht damit zu rechnen ist, dass explosionsfähige Atmosphäre als Mischung brennbarer Stoffe in Form von Gas, Dampf oder Nebel mit Luft auftritt, wenn sie aber dennoch auftritt, dann nur kurzfristig.

Zone 20: Bereich, in dem explosionsfähige Atmosphäre in Form einer Wolke brennbaren Staubes in Luft ständig oder langzeitig oder häufig vorhanden ist.

Zone 21: Bereich, in dem damit zu rechnen ist, dass explosionsfähige Atmosphäre in Form einer Wolke brennbaren Staubes in Luft bei Normalbetrieb gelegentlich auftritt.

Zone 22: Bereich, in dem bei Normalbetrieb nicht damit zu rechnen ist, dass explosionsfähige Atmosphäre in Form einer Wolke brennbaren Staubes in Luft auftritt, wenn sie aber dennoch auftritt, dann nur kurzzeitig.

Um eine Explosion zu verhindern, ist es wichtig die **5 Bestandteile** zu kennen, die für eine Explosion benötigt werden:

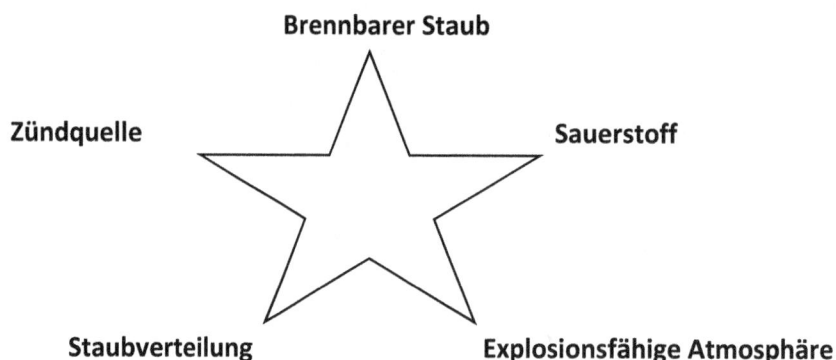

Brennbarer Staub

Zündquelle

Sauerstoff

Staubverteilung

Explosionsfähige Atmosphäre

Hinweis: Es explodiert also nur etwas, wenn es auch brennt !
Wesentlicher Unterschied ist jedoch, dass der brennbare Stoff in feiner Verteilung (Staub) vorliegen muss.

Bsp.: Im Alltag können schnell die explosionsfähigen Stäube in einem metallverarbeitenden Betrieb übersehen werden, wenn man sich nur auf die „nicht brennbaren Stahlträger" konzentriert, die Spanabsaugung aber außer Acht lässt.

Staubexplosion

Als Staub wird ein Gemisch sehr kleiner Teilchen mit Größen von ca. 100 - 500 µm verstanden.

Grundsätzlich sind alle Stäube organischen Materials (Kohlenstoff vorhanden, somit „C-haltig") brennbar und explosionsfähig (z.B. Holz, Mehl, Stärke, Kohle, Kunststoffe).

Auch Metallstäube mit hoher Affinität zum Sauerstoff (insb. Leichtmetalle wie Al, Mg, Ti) sind brennbar und explosionsfähig.

Die Explosionsfähigkeit hängt wesentlich von der Teilchengröße ab, die durch den Medianwert (mittlerer Durchmesser) beschrieben wird.

Je kleiner die Staubteilchen, desto heftiger die zu erwartende Reaktion, da die Oberfläche des Staubteilchens sich exponentiell zum Durchmesser verhält.

Je größer die Oberfläche, desto größer die Reaktionsfläche zum Luftsauerstoff.

Auch für Stäube existieren obere und untere Explosionsgrenzen. Die UEG für viele Stäube liegt zwischen 15 - 60 g/m³, die Obere zwischen 2 - 6 kg/m³.

Es ist allerdings zu beachten, dass Stäube im aufgewirbelten Zustand wegen der großen Bandbreite zwischen UEG und OEG in der Regel als zündfähiges Gemisch vorliegen.

Staubexplosion

Häufige Zündquellen

30 % mechanische Funken
11,5 % unbekannt
9 % Glimmnester
9 % Reibung
9 % statische Elektrizität
8 % Feuer
6,5 % heiße Oberflächen
6 % Selbstentzündung
5 % Schweißen
3,5 % elektrische Betriebsmittel
2,5 % Sonstiges

Häufige Orte der Explosion

44,1 % Metall / Entstaubung
34,7 % Holzbetrieb / Silo
26,9 % Futtermittel / Förderanlage
25 % Papier / Mahlanlage
22,2 % Kohle / Silo
15,4 % Kunststoff / Mischanlage

-Mehrfachnennungen möglich-

oder anders:
41,1 % in Entstaubungsanlagen
20,9 % in Förderanlagen
19,4 % in Silos
18,6 % in Mahlanlagen

Häufige Staubarten

34 % Holz
24 % Getreide
14 % Kunststoff
10 % Kohle / Torf
10 % Metalle
2 % Papier

Exkurs: Versicherungsschutz bei Bombenfund ?

Mal angenommen:

Die Firma XY expandiert und errichtet auf der „grünen Wiese" eine zusätzliche Produktionsstätte.

Bei den Bauarbeiten wird eine Bombe aus dem 2. Weltkrieg gefunden.

Der Firmeninhaber ruft Sie nun an und erkundigt sich nach seinem Versicherungsschutz, denn der bisherige Hauptbetrieb liegt nur wenige Meter neben der Fundstelle.

Es besteht für die Betriebsstätte Versicherungsschutz nach den AFB und darin heißt es:

§ 2 Ausschlüsse Krieg, Innere Unruhen und Kernenergie

1. Ausschluss Krieg

Die Versicherung erstreckt sich ohne Rücksicht auf mitwirkende Ursachen nicht auf Schäden durch Krieg, kriegsähnliche Ereignisse, Bürgerkrieg, Revolution, Rebellion oder Aufstand.

Da die Bombe im 2. Weltkrieg abgeworfen wurde, könnte man dies als Spätfolge einstufen und gemäß dem o.g. Passus den Versicherungsschutz versagen ?

Nein !

Bereits 1949 wurde eine entsprechende Empfehlung durch den Verband der Sachversicherer herausgegeben, dass entsprechende Schäden durch die Sachversicherungen zu leisten sind und der o.g. Ausschluss nicht greift.

Diese Empfehlung gilt heute immer noch !

Ordnung und Sauberkeit ?

Kapitel 2
Underwriting

Handel und Läger

Lagertypen

Regallager: Waren werden in ortsfesten Regalen oder in beweglichen Gestellen gelagert.

Klassischer Lagertyp für:
- Grundstoffe
- Rohware
- Zwischenprodukte
- verkaufsfertige Endprodukte

Ein- und Auslagerung erfolgt mittels Gabelstapler.

Hochregallager: **Es gibt unterschiedliche Auslegungen von bzw. zu dem Begriff „Hochregallager" !**

Es gibt zum einen unterschiedliche Höhen, ab wann ein Hochregallager auch als solches betitelt werden darf.
Davon abweichend (!) gibt es zudem Höhenangaben, ab wann eine Löschanlage gefordert wird. Das sind häufig unterschiedliche Zahlen.

Gemäß VDI-Richtlinie 3564 ist ein Hochregallager dann vorhanden, wenn die Lagerhöhe von 9,0 m (gemessen zwischen Fußboden und Oberkante Lagergut) erreicht ist.

Hintergrund für diese unterschiedlichen Herangehensweisen:
Die zulässigen Brandlasten in Gebäuden werden durch die DIN 18230-1 geregelt. Allerdings funktioniert diese DIN in ihren Berechnungsmöglichkeiten nur bis 9 m „Brandlasthöhe". Darüber hinaus gelagertes Gut kann in seinem Abbrandfaktor nicht mehr kalkuliert werden.
Ab da kommt die Industriebaurichtlinie (IndBauR) des entsprechenden Bundeslandes ins Spiel.

In der Speditions- und Logistikbranche ist ein Hochregallager sogar mit einer Mindesthöhe von 12 m bis max. 50 m definiert.

Einzelne Versicherungsunternehmen definieren andere, zum Teil niedrigere Höhen als der VDI.

In der Regel wird ab einer Lagerguthöhe von 7,5 m eine selbsttätige Löschanlage gefordert oder alternativ z.B. gem. Prämienrichtlinie mit einem Beitragszuschlag von 50 % gearbeitet.

I.d.R. vorhanden:
Vollautomatische computergesteuerte Ein- und Auslagerung mittels Roboter und „Chaotisches" Lagersystem

Achtung: Gegebenenfalls muss in der Praxis bei extrem hohen Regalen auch die Hochhausgrenze von 22 m berücksichtigt werden.

Handel und Läger

Lagertypen

Blocklager: Waren werden als Ballen, „BigBag´s" oder mittels stapelbarer Lagerhilfen (KLT, GLT, Gitterboxen) blockweise gelagert:
- Granulate (BigBag)
- Kleinteile (KLT)
- Ersatzteile (GLT)
- Maschinenteile (Gitterbox)

Schüttgutlager: Waren werden ohne Lagerhilfen als Haufen gelagert:
- Kohle
- Getreide
- Holzschnitzel

Diesen Lagertyp findet man als Außenlager und auch innerhalb von Gebäuden.

Silolager: Waren werden als Schüttgut in geschlossenen Behältern (Silos) gelagert.

Dieser Lagertyp eignet sich für praktisch alle Feststoffe, die als Pulver oder Granulat „fließfähig" sind:
- Kunststoffgranulate
- Getreide

Tanklager: Flüssigkeiten oder Gase werden meist in Tanks (oberirdisch oder unterirdisch) gelagert:
- Chemikalien
- Brennstoffe
- Petrochemische Produkte

<u>Handel und Läger</u>

Betriebstypische Gefahren / Kritische Bereiche

Kunststofflager: **Brandgefahr**

Konzentration hoher Brandlasten durch Kunststoffteile im Lagergut sowie in der Verpackung.

Umweltschäden + Gesundheitsschäden

- Toxische und korrosive Rauchgase (im Brandfall)
- Chlor (Cl_2)
- Salzsäure (HCl)
- Blausäure (HCN)
- Polycyclische Kohlenwasserstoffe

Kühl- oder Tiefkühllager: **Brandgefahr**

- Verwendung von brennbaren (geschäumten) Isolationsmaterialien (PU, PS)
- Extreme Brandausbreitungsgeschwindigkeit und Brandtemperaturen (Wärmestrahlung)

Tanklager: **Brandgefahr**

- Konzentration hoher Brandlasten
- Menge
- Heizwert
- Zündtemperatur
- Explosionsgefahr

Natürliche Lagerstätten: **Brandgefahr**

- Hoch brennbare Lagergüter (Erdgas, Erdöl, Kohle), daher unkontrollierbare Schadenszenarien

Sonderlager: **Brandgefahr + Explosionsgefahr**

- Schnelle Brandausbreitung und / oder Explosionsgefahr
- Feuerwerkskörper, Sprengstoffe
- Chemikalien

Umweltschäden + Gesundheitsschäden

- Austritt von gelagerten Chemikalien
- Im Brandfall kann es zu erheblichen Umweltgefahren kommen durch Bodenkontamination, Grundwasserverunreinigungen, Gewässerverschmutzung, Emissionen

Blocklager: **Brandgefahr**

- Konzentration hoher Brandlasten
- Erschwerter Löschangriff (Zugang für Löschwasser)
- Brandausbreitung wird durch den sog. Kamineffekt verstärkt

Empfindliche Güter: **Verrauchungsschäden**

Große Schadenhöhe bei vergleichsweise kleinen Schadenszenarien durch die Beaufschlagung von
- Textilien
- Lebensmittel
- Pharmazeutische Produkte
- Elektronische Bauteile

Außenlagerung: **Brandgefahr**

- Lagerung von brennbaren Gütern in unmittelbarer Nähe zu Gebäuden oder Anlagen, daher Risiko der Brandübertragung mittels Funkenflug und Wärmestrahlung
- Hohes Brandstiftungspotenzial

Lagerung von Abfällen: **Brandgefahr**

- Unspezifisches Lagergut (z.B. Altpapier, Kunststoffe, Kabelreste, Baustoffe) verursacht im Brandfall ein unspezifisches Brandszenario
- Hohes Brandstiftungspotenzial

Umweltgefährdende Stoffe: **Umweltschäden + Gesundheitsschäden**

Im Brandfall kann es zu erheblichen Umweltgefahren kommen durch
- Bodenkontamination
- Grundwasserverunreinigungen
- Gewässerverschmutzung
- Emissionen

> Emission meint das Abgeben von Etwas. Immissionen beschreiben hingegen das Eindringen von z.B. Stoffen, Strahlen etc.

Alte Maschinen und
Verschrottungsgut: **Brandgefahr**

Ausgemusterte Maschinen enthalten häufig noch Schmieröle oder Brennstoffe.
Elektrische Gerätschaften enthalten Kabelreste (siehe auch Brand von Kunststoffen) oder elektronische Bauteile (Batterien).

**Gemischte Lagerung von
Gefahrstoffen (Kleingebinde):** **Brandgefahr + Explosionsgefahr**

Häufig werden unterschiedlichste Stoffe zusammen gelagert, die spontan und unkontrolliert miteinander reagieren können
- Chemikalien   (z.B. Peroxide)
- Lösungsmittel   (z.B. Aromaten)
- Brennstoffe   (z.B. Benzinkanister)
- Öle   (z.B. Schmierstoffe)

Brennbare Flüssigkeiten: **Explosionsgefahr**

- Bei der Lagerung brennbarer Flüssigkeiten können explosionsfähige Gas/Luft-Gemische entstehen

Druckverflüssigte Gase: **Explosionsgefahr**

- Umfallen von Gasflaschen
- Abscheren des Flaschenventils
- Explosionsartige Freisetzung des Flascheninhalts

Staubförmige Produkte: **Explosionsgefahr**

- Staubförmige Ablagerungen, die aus organischen Stoffen bestehen (z.B. Getreide, Holz), können in Verbindung mit Sauerstoff eine Staubexplosion verursachen. Kleinste Zündenergien reichen aus, um die Explosion auszulösen

**Offenes Feuer im
Lagerbereich +
Folienverpackung :** **Brandgefahr / Glimmbrände**

- Beim Folienschrumpfen mit offener Flamme können sich Glutnester bilden, die sich Stunden später (nach erfolgter Einlagerung) zu einem offenen Feuer entwickeln
- Hantieren mit offener Flamme im Lagerbereich bedeutet grundsätzlich Gefahr
- Beim Schweißen kommt es durch unkontrolliert umherfliegende Schweißperlen zu einer weiteren Gefahrerhöhung
- Glutnester (z.B. Glimmbrand einer Palette) entwickeln sich erst nach Stunden zu einem offenen Feuer, zu diesem Zeitpunkt sind die Paletten meist bereits eingelagert und nicht mehr unter Aufsicht

Verpackungsmaterialien: **Brandgefahr**

- Die übliche Einlagerung von Kartonagen als Blocklager führt zu einer erheblichen Gefahrerhöhung
- Packmaterialien aus Papier und Kunststoff besitzen hohe Brennwerte

Lagerhilfen:

Brandgefahr

- Paletten sind durch den sog. Kamineffekt im Brandfall nur schwer zu löschen
- Kunststoffkisten (KLT Kleinladungsträger, GLT Großladungsträger) führen im Brandfall ebenfalls zu kaum beherrschbaren Brandszenarien

Förderhilfsmittel:

Brandgefahr

- Flurförderfahrzeuge (Gabelstapler, Hubförderer) mit Elektroantrieb benötigen eine Batterieladestation (Gefahrerhöhung)
- Durch Unachtsamkeit kann es beim Einlagern von Paletten auf die Regalböden zu Beschädigung von Regalsprinkler-Löschköpfen kommen

Transportbänder:

Brandgefahr

- Förderbänder aus Gummi-Werkstoffen stellen unabhängig vom geförderten Lagergut eine hohe Brandlast dar
- Brandentstehungsgefahr durch festsitzende Rollen (Friktionswärme)
- Unterirdisch verlaufende Förderbänder sind schwer zugänglich

Brandschutztüren:

Brandgefahr

- Blockierte oder offen fixierte Brandschutztüren heben die Brandabschnittstrennung auf

Warentransportanlagen:

Brandgefahr

- Sind Rollenbahnen und Transportbänder, die durch Brandschutzwände verlaufen, nicht mit einer automatischen Schließvorrichtung ausgestattet, sind dadurch die Brandabschnittstrennungen aufgehoben

Allgemein:

Zum einen erfolgt die Einstufung eines Lagerrisikos nach dem faktischen Nutzen wie Blocklager, Schüttgutlager usw.

Zum anderen heißt es aber auch, ganz genau hinzuschauen !

Die vorhandene Brandlast durch die Art der Verpackung ist ebenfalls zu bewerten. Ein Blick in die Prämienrichtlinien zeigt, das hier wie folgt unterteilt wird:

Klassifizierung	Kriterien
-ohne-	Siloanlagen
VP1	ohne Verpackung oder andere, nicht unter VP2 fallende nichtbrennbare Verpackung.
VP2	nichtbrennbar, allseitig umschließend, formstabil.
VP3	nur brennbarer Kantenschutz. Kantenschutz ist definiert mit einem maximal 20%igen Anteil gemessen an der Oberfläche des Verpackungsgutes. Wird eine größere Fläche abgedeckt, wird aus dem Kantenschutz eine Verpackung nach der entsprechenden Klassifizierung VP1, VP2, usw. Kantenschutz aus Schaumkunststoffen zählen allerdings zu VP4.
	Holzstellagen und Holzpaletten gehören ebenfalls unter VP3.
VP4	Holz, Pappe, Papier, Folien, ungeschäumte Kunststoffe, gekennzeichnete schwerentflammbare Schaumkunststoffe, Kantenschutz aus Schaumkunststoffen.
	Brennbare Behältnisse als Lager- oder Transporthilfe fallen ebenfalls unter VP4.
	Dosen, Gläser, Flaschen, Fässer und dergleichen zählen nicht als Verpackung, es sei denn, sie bestehen aus brennbaren Stoffen => dann VP4.
	„BigPack´s" gehören ebenfalls zu VP4.
VP5	Schaumkunststoffe als äußere oder innere Verpackung, sofern mehr als nur Kantenschutz (maximal 20% Flächenanteil).

Hinter den jeweiligen Klassifizierungen sind dann entsprechende Konten hinterlegt.

Gießerei

Verfahrenstechnik:

Gießen ist das vermutlich älteste Formgebungsverfahren. Dabei entsteht aus flüssigen metallischen Werkstoff nach dem Erstarren ein fester Körper bestimmter Form.

Für die Massenproduktion von Bauteilen sind insbesondere Gießverfahren besonders vorteilhaft einsetzbar.

Gussprodukte werden im Wesentlichen aus metallischen Werkstoffen hergestellt
- Eisenverbindungen (Fe)*
- Nichteisenmetalle (Zn, Sn, Pb, Ni, Cu, etc.)**
- Leichtmetalle (Al, Mg, Ti, etc.)***
- Legierungen aus Nichteisenmetallen und Leichtmetallen

Aber auch aus nichtmetallischen gießbaren Materialien können Formteile gegossen werden (z.B. Kunststoffe)

Zur Herstellung des flüssigen Zustandes werden Schmelzaggregate verwendet, die mit Gas, Öl oder elektrisch beheizt werden
- Kupolöfen
- Siemens-Martin-Öfen
- Flamm- und Elektroöfen

*	Fe	=	Eisen
**	Zn	=	Zink
	Sn	=	Zinn
	Pb	=	Blei
	Ni	=	Nickel
	Cu	=	Kupfer
***	Al	=	Aluminium
	Mg	=	Magnesium
	Ti	=	Titan

Exkurs: Einführung in die Metallurgie

Als **Nichteisenmetall** werden alle Metalle außer Eisen bezeichnet sowie Metalllegierungen, in denen Eisen nicht als Hauptelement enthalten ist bzw. der Anteil an Reineisen (Fe) 50 % nicht übersteigt.

Meist wird dafür die **Abkürzung „NE-Metall"** verwendet.

Wegen ihrer oft auffälligen Farbe werden sie auch als **Buntmetalle** bezeichnet, allerdings zählen die **Weißmetalle** ebenso zu den Nichteisenmetallen.

Unter der Bezeichnung **Weißmetall** wird oft eine Gruppe von **Legierungen** zusammengefasst, die entweder Blei als Hauptbestandteil und Zinn als Begleitkomponente ausweisen, oder es liegt ein umgekehrtes Verhältnis vor, in dem Zinn überwiegt und Blei zum Begleiter wird.

Als **Leichtmetalle** werden allgemein Metalle und Legierungen bezeichnet, deren Dichte unter 5 g/cm³ liegt. Alle anderen Metalle sind Schwermetalle.

Eine **Legierung** ist ein metallischer Werkstoff, der aus mindestens zwei Elementen besteht, die gemeinsam das metalltypische Merkmal des kristallinen Aufbaus mit Metallbindung aufweisen.

Das Verhalten der Elemente in einer Legierung und ihr Einfluss auf deren Eigenschaften sind in der Regel von drei Faktoren abhängig:

- Art und Anzahl der Legierungspartner

- ihrem Massenanteil an der Legierung

- die Temperatur

Gießerei

Gießverfahren: Unterscheidung nach Art der Gießform

- mit **verlorenen Formen** (Formsand)
- mit **Dauerformen** (z.B. Kokillen aus Stahl)

Beim Gießen **mit verlorenen Formen** wird unterschieden

- Handformen
- Maschinenformen
- Maskenformen
- Vakuumformen

Beim Gießen **mit Dauerformen** wird in 2 Verfahren unterschieden

- **Druckguss** (Metallschmelze wird mit Druck ausgebracht)
- **Druckloser Guss** (nur durch abgießen)
  - Kokillenguss
  - Schleuderguss
  - Stranggießen

Hinweis:

Zur Herstellung verlorener Formen sind Modelle erforderlich. Die sog. „verlorenen Modelle"
verbleiben in der Form und werden beim Eingießen des flüssigen Metalls zerstört.

Modelle sind Muster der herzustellenden Werkstücke. Modelle werden aus Holz, Kunststoff, Wachs
oder Metallen hergestellt.

Verlorene Formen werden häufig dadurch hergestellt, dass Formsand mit einem Kunstharz
(Reaktionskomponenten) vermischt wird und diese Masse entsprechend vorgeformt wird.

Besondere Berücksichtigung bei der Risikoaufnahme erforderlich:
Modelltischlerei und Formenbau = unerwartete Brandlasten

**Austritt glühendflüssiger
Schmelzmasse:**

Schäden durch die Schmelzmasse

- Brandübertrag auf benachbarte Betriebsbereiche
- Zerstörung von Elektroversorgung und Hydraulikleitungen
- Austritt glühendflüssiger Schmelzmasse führt unweigerlich zum Totalschaden

**Materialermüdung der
Ofenausmauerung:**

Ofendurchbruch

- Rissbildung, Gefügeschwäche im Mauerwerk, Strukturfehler
- Durchbruch des Ofens und Austritt glühendflüssiger Schmelzmasse
- Ein Ofendurchbruch führt unweigerlich zum Totalschaden

Ausfall der Kühlung

- Überhitzung der Ofenausmauerung
- Beschleunigter Verschleiß der Ofenausmauerung
- Durchbruch des Ofens und Austritt glühendflüssiger Schmelzmasse

Brennbare Flüssigkeiten
- Organische Lösungsmittel im Bereich der Gussformenvorbereitung

**Leckage in der
Wasserkühlung:**

Explosionsgefahr

- Kontakt von Wasser mit der Schmelze
- Reduktionsreaktion, Bildung von Wasserstoff
- Wasserstoff-Explosion

Ofendurchbruch / Schäden durch die Schmelzmasse

- Zerstörung des Ofenkörpers und/oder Brennerköpfe
- Durchbruch des Ofens und Austritt glühendflüssiger Schmelzmasse

**Absaugkanäle
und Filteranlagen:**

Brandgefahr

- Brandlast durch Ablagerung brennbarer Stäube
- Tuchfilter selbst stellen eine erhebliche Brandlast dar
- Zündquelle durch Eintrag glühender Teile aus dem Ofenbereich
- Erhöhte Zündenergie durch den Luftstrom (Anfachen)

Metallverarbeitung

Werkstoffeigenschaften

Eisenmetalle: **Stahl, Eisen**

- Feinstäube brennbar (Autoxidation durch große Oberflächen)
- Späne brennbar in Verbindung mit Bearbeitungshilfsmitteln (Bohröle und Kühlschmiermittel)

Autoxidation (deutsche Schreibweise / Auto-Oxidation = englische Schreibweise) bezeichnet eine Oxidation durch Luftsauerstoff. Sie verläuft sehr langsam und ohne merkliche Wärmeentwicklung oder Flammenerscheinung, im Gegensatz zur Verbrennung.

Als Oxidation im ursprünglichen Sinn bezeichnet man die chemische Reaktion eines Stoffes mit Sauerstoff. Oxidationen unter Flammenerscheinung werden als Verbrennung oder Feuer bezeichnet. Dazu zählt auch das Feuerwerk.

Bohröle (Schneidöle) gehören zur wichtigen Ausrüstung, wenn Metall oder Edelstahl gebohrt werden. In diesem Fall kann es zu hohen Temperaturen kommen, welche dann mit dem Bohröl ausgeglichen werden. Das Öl besitzt eine kühlende Wirkung und schützt gleichzeitig vor Korrosion.

Leichtmetalle: **Aluminium, Magnesium**

- Stäube und Späne brennbar (leicht entzündlich)
- Metallbrände nicht mit Wasser löschbar (Explosionsgefahr)

Buntmetalle: **Kupfer, Nickel Chrom**

- Stäube und Späne brennbar (leicht entzündlich)
- In Staubform zudem kritisch in Bezug auf Umweltschutz und Arbeitssicherheit

Verfahrenstechnik / Gesamtübersicht

Vorbehandlung: **Entfetten / Beizen**

Formgebung: **Kaltverformung**

- Pressen
- Kaltwalzen
- Drahtziehen

Warmverformung

- Schmieden
- Warmwalzen

Bearbeitung: **Mechanisch**

- Bohren
- Fräsen
- Drehen
- Schleifen
- Polieren
- Strahlen

Oberflächenveredelung: **Organische Beschichtung**

- Lackieren
- Pulverbeschichten

Metallische Beschichtung
- Galvanisieren
- Zink-Tauchbäder

Thermische Vergütung: **Tempern / Härten**

Vorbehandlung: **Entfetten**

- Durch Waschen in alkalischen Laugenbädern werden die Werkstücke von Fett- und Ölrückständen befreit sowie von anderen organischen Verunreinigungen chemisch gereinigt.

Abbeizmittel sind chemische Verbindungen, mit deren Hilfe alte Farbanstriche, Fette etc. entfernt werden können. Man unterscheidet ablaugende und lösende Abbeizmittel.

Die ablaugenden Abbeizmittel enthalten alkalische (salzhaltige) Verbindungen wie z.B. Natronlauge, Ammoniak oder Natriumcarbonat.

Die lösenden Abbeizmittel sind Lösemittelgemische aus Aceton und z.B. Kohlenwasserstoff.

Es gibt auch kombinierte Abbeizmittel, die dann ablaugende und lösende Bestandteile beinhalten.

Vorbehandlung: **Beizen**

- Durch Waschen in Säurebädern werden die Werkstücke von der Zunderschicht befreit sowie von anderen anorganischen Verunreinigungen chemisch gereinigt.

Säuren greifen besonders unedle Metalle, Kalk sowie allgemein organische Materialien (Kleidung, Haut, Augen) an.

Es gibt unterschiedlich starke Säuren, Verätzungen können jedoch immer passieren.

Salzsäure gehört zu den Starken, Essigsäure zu den weniger Starken und Kohlensäure zu den Schwachen.

Säuren kann man mit Wasser verdünnen, dabei wird ihre Wirkung je nach Verdünnung deutlich schwächer. Das Verdünnen von konzentrierten Säuren ist eine **exotherme Reaktion. Es entsteht also viel Hitze** und die Säurelösung kann unkontrolliert wegspritzen.

Daher gilt beim Verdünnen die Regel, die Säure in das Wasser zu geben, nicht umgekehrt: *„Zuerst das Wasser, dann die Säure, sonst geschieht das Ungeheure."*

Säuren können auch als Feststoff existieren (z.B. Vitamin C und Zitronensäure).

Säuren färben blaues Lackmuspapier rot.

Die „Gegenspieler der Säuren" sind die Basen (=Lauge).

Sie können Säuren neutralisieren, sind aber auch ätzend und greifen viele andere Stoffe an, die mit Säuren nicht unbedingt reagieren.

Eine weitere Gefahr bei Säuren:
In Wasser gelöst leiten Säuren den elektrischen Strom. Hierbei erfolgt eine Elektrolyse und kurz gesagt kann dadurch Chlor entstehen.

Formgebung: **Drehen**

- Zylinderförmige Rohlinge werden auf einer Drehbank entlang der Drehachse spanabhebend bearbeitet

Warmwalzen

- Zunächst wird der Rohling erhitzt, wodurch er weich und geschmeidig wird
- Durch das gegeneinander pressen von beiden Walzen wird die Dicke der Rohlinge unter Anwendung starker Druckkräfte auf Durchmesser unter 1 mm verringert

Kaltwalzen

- Rohlinge (Dicke kann mehrere Zentimeter betragen) werden zwischen zwei Walzen hindurchgeführt
- Durch das gegeneinander pressen von beiden Walzen wird die Dicke der Rohlinge unter Anwendung starker Druckkräfte auf Durchmesser unter 1 mm verringert

Pressen

- Die Rohlinge werden durch Druck in eine Form gepresst, wodurch sie die Geometrie der Pressform annehmen

Drahtziehen

- Durch Anwendung starker Zugkräfte werden Stangen mit einem Durchmesser von mehreren Zentimetern in einer Ziehvorrichtung zu Draht mit einem Durchmesser unter 1 mm verarbeitet

Schmieden

- Zunächst wird der Rohling erhitzt, wodurch er weich und geschmeidig wird
- Die Formgebung des Werkstücks erfolgt mittels Schmiedehammer

Schweißen

- Einzelteile aus unterschiedlichen Verarbeitungsschritten werden zu einem Werkstück zusammengeschweißt

Hinweis: Starke Druckkräfte entstehen i.d.R. durch den Einsatz von Hydraulik. Dies bringt eine betriebsbedingte Erhitzung des Hydrauliköls mit sich.

Die gängigen Hydrauliköle sind allerdings brennbar. Somit entsteht z.B. bei porösen Hydraulikschläuchen durch austretendes Hydrauliköl eine Brandgefahr.

Im Grunde genommen muss bei Hydraulikölrisiken ähnlich vorgegangen werden wie bei „Funkenflug" (siehe Kapitel 1). Auch hier sollte eine drei dimensionale Betrachtungsweise an den Tag gelegt werden, da heißes Hydrauliköl bis zu 100 m weit spritzen kann !

Mechanische Bearbeitung: **Bohren, Fräsen, Drehen**

- Mit Bohrern und Fräsen wird das Werkstück spanabhebend bearbeitet.
- Um lokale Überhitzungen durch Friktionswärme zu vermeiden setzt man sog. Kühlschmiermittel ein.

Schleifen, Polieren, Strahlen

- Erzeugen einer gleichförmigen Oberflächenbeschaffenheit durch mechanisches Entfernen von Graten und Riefen.
- Um lokale Überhitzungen durch Friktionswärme zu vermeiden setzt man sog. Kühlschmiermittel ein.

Oberflächenveredelung: **Galvanisieren**

- Elektrochemisches Aufbringen einer metallischen Schutzschicht (z.B. Chrom, Nickel, etc.).

Funkenerosion

- Durch elektrische Entladevorgängen zwischen einer Elektrode und dem zu bearbeitenden Werkstück, werden Bestandteile vom Werkstück durch Verdampfung abgetragen.
- Die Bearbeitung findet in einem nichtleitenden Medium statt (Dielektrikum = Isolator).

Thermische Vergütung: **Härten**

- Erhitzen der Werkstücke (bis Rotglut)
- Schlagartige Abkühlung in Öl oder Wasser

Tempern

- Durch langsames Abfahren einer Temperaturkurve mit definierten Aufheizraten, Haltezeiten und Abkühlung unter definiertem Temperaturgradienten, wird die Gefügestruktur des Werkstücks verbessert.

Metallverarbeitung / **Betriebstypische Gefahren / Kritische Bereiche**

Kunststoffe: **Brandgefahr**

- Werkstoff für Becken und Leitungen beim Entfetten, Beizen und in der Galvanik

Kühlschmierstoffe: **Brandgefahr**

- Infolge Undichtigkeiten oder durch Verspritzen beim Bearbeitungsvorgang
- Auch Kühlschmierstoffe auf Wasserbasis enthalten ca. 5 % Ölanteil

Hydraulikaggregate: **Brandgefahr**

- Leckage von Hydrauliköl
- Insbesondere unter den Pumpen und im Kellerbereich
- Schlechter Zustand von Hydraulikleitungen (Porosität)
- Undichtigkeit von Verbindungsmuffen

Absauganlagen: **Explosionsgefahr**

- Bei spanabhebenden Bearbeitungsvorgängen entstehen Späne und Stäube, die mittels Absauganlagen entfernt und einer zentralen Filteranlage zugeführt werden
- Ablagerung brennbarer Stäube in Absaugkanäle und Filteranlagen
- Eintrag von Funken in Absaugkanäle und Filteranlagen
- Besondere Brandgefahr bei Spänen und Stäuben von Leichtmetallen (Al, Mg)

Galvanisieren: **Brandgefahr**

- Hohe Brandlast durch Verwendung von Kunststoffen als Werkstoff für Galvanikbäder, Leitungen und
- Absaugungen
- Beheizung der Kunststoffwannen durch direkte Primärheizung (elektrische Rohrheizkörper befinden sich innerhalb der Becken)

Trockengehen der Becken infolge Leckage

- Überhitzung der Primärheizung
- Überschreiten der Zündtemperatur (Kunststoffwanne)
- Galvanikprozesse sind i.d.R. unbeaufsichtigt
- Bildung korrosiver Gase infolge zu hoher Stromstärken
- Kurzschluss (elektrische Anlagen, Wasserbäder)

Funkenerosion: **Brandgefahr**

- Als Dielektrikum werden i.d.R. brennbare Öle verwendet
- Durch Fehler in der Steuerung kann es zu Überspannungen mit Funkenbildung bzw. zu lokalen Erhitzung des Dielektrikums kommen
- Bei Überhitzung des Dielektrikums mit Überschreiten der Zündtemperatur besteht Brandgefahr
- Durch Undichtigkeiten kann es zu Leckage-Schäden kommen

Härten: **Brandgefahr**

- Verwendung von brennbaren Härteölen
- Überschreiten der Zündtemperatur des Härteöls infolge fehlerhafter Temperaturregelung

Dampfexplosion

- Dampfexplosionen bei Kontakt von Wasser mit dem glühenden Werkstück

Tempern: **Brandgefahr**

- Überhitzung der Heizaggregate infolge Regelfehler oder Steuerungsdefekte

Putzlappen in offenen Abfallbehältern: **Brandgefahr**

Putzlappen mit Resten von organischen Stoffen neigen zur Selbstentzündung (Sauerstoffkatalysierte Autoxidation)
- Öle
- Schmierfette
- Reinigungsmittel

Kunststoffe

Grundlagen

Mit dem Sammelbegriff Kunststoffe werden verschiedene, künstlich hergestellte, organische Stoffe bezeichnet, die wie Naturstoffe im wesentlichen Kohlenstoff, Wasserstoff, Sauerstoff und Stickstoff enthalten und aus großen dreidimensional vernetzten oder linear verbundenen kettenförmigen Molekülen (Makromoleküle) bestehen.

Viele Kunststoffe lassen sich unter Anwendung von Wärme und Druck schmelzen und verformen.

Verhalten im Brandfall

Kunststoffe sind im Brandfall ein nicht zu unterschätzender Gegner, da sie sich anders verhalten als z.B. Holz.

Schon relativ geringe Temperaturen können ausreichen, um toxische Gase austreten zu lassen oder eine Schmelze der Kunststoffe hervorzurufen.

Ein Innenangriff von der Feuerwehr wird neben den toxischen Gasen auch durch das hydrophobe Verhalten vieler Kunststoffe erschwert. Diese hydrophobe Eigenschaft führt dazu, dass Kunststofftropfen (entstanden durch den Schmelzprozess) brennend auf dem Löschwasser weiter schwimmen und so Sekundärbrände verursachen können.

Fazit: Entzündung von Kunststoffen birgt ein hohes Risiko

- Niedrige Entflammungs- und Entzündungstemperaturen (begründet in ihren Ursprung, dem Erdöl) erleichtern die Möglichkeit zur Zündung bei relativ niedrigen Temperaturen, aber auch das leichtere Fortschreiten des Brandes in seiner Anfangsphase.

- Thermoplaste und Elastomere können schon durch ein geringes Stützfeuer in Brand gesetzt werden und so zu einer raschen Brandfortleitung führen.

- Allen Elastomeren und Thermoplasten neigen dazu, dass sie im Brandfall sehr rasch ihre statischen Eigenschaften und damit ihre Formstabilität verlieren.

Problem: Die hohe Verbrennungswärme

- Schneller Brandverlauf, in dem die Wärme des Brandes die noch nicht vom Brand betroffenen Bereiche aufheizt und Zersetzungsprozesse (Pyrolyse) in Gang setzt.

- Im Brandfall kommt es zu einer sehr hohen Energiefreisetzung (thermische Strahlung), wodurch große Mengen an brennbaren Gasen gebildet werden, die einen Feuerübersprung (Flash-Over) auf alles brennbare Material bewirken können.

- Heizwerte (MJ/kg) vieler Kunststoffe liegen deutlich über denen von kritischen Brandlastträgern.

Exkurs: Heizwerte von Kunststoffen im Vergleich

Heizwert / Brennwert

Der **Heizwert (Hu)** ist die bei einer Verbrennung maximal nutzbare Wärmemenge (bei der es **nicht** zu einer Kondensation des im Abgas enthaltenen Wasserdampfes kommt), bezogen auf die Menge des eingesetzten Brennstoffs.

Der Heizwert wird umgangssprachlich unpräzise „Energiegehalt" oder „Energiewert" genannt. Der Heizwert ist also das Maß für die spezifisch je Bemessungseinheit nutzbare Wärmemenge ohne Kondensationswärme.

Der Heizwert sagt **nichts** aus über die Verbrennungsgeschwindigkeit.

In Unterscheidung zum Brennwert ! Deshalb ist der Brennwert größer als der Heizwert !

Der **Brennwert (Ho)** hingegen ist ein Maß für die spezifisch je Bemessungseinheit in einem Stoff enthaltene thermische Energie.

Der Brennwert eines Brennstoffes gibt die Wärmemenge an, die bei Verbrennung und anschließender Abkühlung der Verbrennungsgase auf 25 °C sowie deren Kondensation freigesetzt wird.

Der Brennwert berücksichtigt sowohl die notwendige Energie zum Aufheizen der Verbrennungsluft und der Abgase als auch die Verdampfungs- bzw. Kondensationswärme von Flüssigkeiten, insbesondere Wasser.

Fazit: Kunststoffe wie PE und PP kommen in allerlei Produkten im alltäglichen Leben vor und haben im Brandfall einen höheren Brennwert als allseits bekannte Brennstoffe wie Heizöl, Kohle oder Papier !

Beispiele:

1) Polypropylen (PP), aus dem die sog. „KLT" (Kleinladungsträger) sind. Die wohl am häufigsten vorzufindenden Lagerhilfen (Kisten).
Problematisch bei Lagerrisiken, die augenscheinlich z.B. als Holzlager eingestuft, aber diese KLT in großen Mengen benutzt werden.
Die Löschanlagen etc. werden für „deren" Brand nicht ausgelegt sein !

2) Polystyrol (Styropor) als brennbarer Dämmstoff.
Im gewerblichen Hallenbau von außen nicht sichtbar, da es im inneren der sog. Sandwichplatten steckt.
Lediglich bei einer energetischen Sanierung sind die Styropor-Produkte gut zu erkennen, da sie hier von außen angebracht werden.

Material	Heizwert in MJ/kg	Anmerkung
Polyethylen (PE)	46,5	
Polypropylen (PP)	44,0	KLT (Kleinladungsträger)
Polystyrol (PS)	40,2	„Styropor" z.B. als Wärmedämmung
Heizöl	**42,8**	
Polyamid (PA)	31,0	
Polycarbonat (PC)	30,6	
Kohle	**27,0**	
Holz	**18,4**	

Eine detaillierte Tabelle ist in der Anlage enthalten !

Kunststoffe / **Verhalten im Brandfall**

Selbst ein kleines „Kunststoff-Feuer" kann zu großen Schäden führen, da umliegende Gegenstände zwar nicht verbrannt sind, dafür aber mit Schadstoffen beaufschlagt wurden.

Unter gewissen Umständen kann sogar ein der Salzsäure ähnliches Gemisch entstehen und so z.B. alle Metallteile in der Umgebung zum Rosten bringen.

Schadstoffe: **Kohlendioxid (CO^2)**

- Kohlendioxid ist das Produkt der Reaktion zwischen Sauerstoff und Kohlenstoff mit der Summenformel CO_2. Die Verbindung entsteht bei der Verbrennung von Kohlenstoff unter ausreichender Anwesenheit von Sauerstoff.

- Bei Raumtemperatur ist Kohlendioxid ein farb- und geruchloses, unbrennbares Gas, das ein natürlicher Bestandteil der Atmosphäre ist.

- Kohlendioxid besitzt eine hohe Dichte und wiegt etwa das 1,5-fache von Luft. Damit ist es das schwerste Gas in der Luft, in der es nur einen Anteil von 0,03 % ausmacht. Deshalb sinkt reines Kohlendioxidgas auf den Boden, was bei <u>Kohlendioxidvergiftungen</u> von Bedeutung ist.

- Bei einer Temperatur von -78 °C geht Kohlendioxid aus dem festen Aggregatzustand (Trockeneis) durch Sublimation direkt in den gasförmigen Zustand über.

- Kohlendioxid ist aufgrund der vollständigen Oxidation des Kohlenstoffs chemisch **inert***, weshalb es in der Verfahrenstechnik häufig als sog. "Schutzgas" eingesetzt wird. In Wasser gelöstes Kohlendioxid bildet die schwach saure Kohlensäure (H^2CO^3).

Kohlenmonoxid (CO)

- Kohlenstoffmonoxid ist eine chemische Verbindung aus Kohlenstoff und Sauerstoff mit der Summenformel CO.

- Kohlenstoffmonoxid ist ein farb-, geruch- und geschmackloses sowie giftiges Gas. Es entsteht unter anderem bei der unvollständigen Verbrennung von kohlenstoffhaltigen Stoffen.

- Kohlenstoffmonoxid ist brennbar und verbrennt mit Sauerstoff in blauer, durchsichtiger Flamme zu Kohlenstoffdioxid.

- Als Bestandteil des Stadtgases wurde es in Deutschland bis in die zweite Hälfte des 20. Jahrhunderts als Brenn- und Leuchtgas eingesetzt.

- Das Gas ist giftig, da es an Hämoglobin bindet und so den Sauerstofftransport im Blut unterbindet (Rauchgasvergiftung), was innerhalb kurzer Zeit tödlich sein kann.

*Als **chemisch inert** (lateinisch für „untätig, unbeteiligt, träge") bezeichnet man Substanzen, die unter den jeweilig gegebenen Bedingungen mit potenziellen Reaktionspartnern (etwa Luft, Wasser, Edukte und Produkte einer Reaktion) nicht oder nur in verschwindend geringem Maße reagieren.

Schadstoffe: **Chlorwasserstoff (HCl), Bromwasserstoff (HBr)**

- Chlorwasserstoff (auch als Wasserstoffchlorid oder Hydrogenchlorid bezeichnet) ist ein farbloses, stechend riechendes Gas, das sich sehr leicht in Wasser löst.

- Wässrige Lösungen (z.B. mittels Löschwasser !) von Chlorwasserstoff werden Salzsäure oder Chlorwasserstoffsäure genannt. Chlorwasserstoff ist eine sehr starke Säure.

- Bromwasserstoff ist ein farbloses Gas, welches an feuchter Luft Nebel bildet, weil sich die Verbindung aus Brom und Wasserstoff gut in Wasser unter Bildung von Bromwasserstoffsäure löst.

- Bromwasserstoffsäure verhält sich sehr ähnlich wie die chemisch verwandte Salzsäure.

Cyanwasserstoff / Blausäure (HCN)

- Cyanwasserstoff (Blausäure) ist eine farblose bis leicht gelbliche, brennbare, flüchtige und wasserlösliche Flüssigkeit.

- Die Bezeichnung Blausäure rührt von der Gewinnung aus Eisenhexacyanoferrat (Berliner Blau) her, einem lichtechten tiefblauen Pigment.

- Blausäure kann als Nitril der Ameisensäure angesehen werden (der Nitrilkohlenstoff hat die gleiche Oxidationsstufe wie der Carbonylkohlenstoff), daher rührt auch der Trivialname Ameisensäurenitril.

- Blausäure ist hochgiftig. Industriell wird Blausäure als Vorprodukt und Prozessstoff sowie zur Schädlingsbekämpfung eingesetzt.

- Da Blausäure zudem mit Wasser in jedem Verhältnis mischbar ist, besteht beim Löschen von Bränden die Gefahr einer Kontamination des Grundwassers. Daher wird ggf. ein kontrolliertes Abbrennen in Betracht gezogen.

- Blausäure kann in einer autokatalysierten Reaktion spontan polymerisieren oder in die Elemente zerfallen. Diese Reaktion ist stark exotherm und verläuft explosionsartig.

Schadstoffe: **Polycyclische Aromatische Kohlenwasserstoffe (PAK)**

- PAK sind natürlicher Bestandteil von Kohle und Erdöl. Der bei der Verkokung von Steinkohle anfallende Teer enthält hohe Anteile an PAK. Daher ist seine Verwendung im Straßenbau und z. B. als Dachpappe seit 1970 verboten.

- Mit Steinkohlenteer behandelte Produkte, z. B. teergebundener Asphalt aus der Zeit vor 1970, Teerpappe oder Teerimprägnierungen (für Telegrafenmasten oder Eisenbahnschwellen), enthalten daher viel PAK.

- In Otto- und Dieselkraftstoff bzw. Heizöl findet man Spuren von PAK.

- Auch kommen PAK in Tabakrauch und geräuchertem, gegrilltem und gebratenem Fleisch vor. An verkehrsreichen Straßen können sich PAK auch im Hausstaub anreichern.

- PAK entstehen bei der Pyrolyse (unvollständige Verbrennung) von organischem Material (z. B. Kohle, Heizöl, Kraftstoff, Holz, Tabak). Sie können aber auch natürlichen Ursprungs sein (Waldbrände).

- Nur wenige PAK-Einzelverbindungen werden gezielt hergestellt und finden als End- oder Zwischenprodukt Verwendung (z.B. in Azofarbstoffe, Insektizide, Stabilisatoren, Pharmaka, Kosmetikzusätze, Weichmacher, Mottenbekämpfungsmittel, in der Textilindustrie als Lösungsmittel verwendet sowie bei der Farben- und Plastikherstellung).

Schadstoffe: **Polyhalogenierte p-Dibenzodioxine (PHDD) / Dibenzofurane (PHDF)**

- PHDD und PHDF sind zwei Gruppen von chemisch ähnlich aufgebauten chlorierten organischen Verbindungen. Sie gehören zu den sauerstoffhaltigen Derivaten von halogenierten Kohlenwasserstoffen und werden im allgemeinen Sprachgebrauch, teilweise auch in der Literatur als Dioxine – oder fälschlich als Dioxin (Singular) – zusammengefasst.

- Dioxine werden, außer für Forschung und Analytik, nicht gezielt hergestellt. Sie entstehen als Nebenprodukte bei einer Vielzahl von thermischen Prozessen. Es gibt keinerlei technische Verwendung von Dioxinen.

- Bei der Verbrennung von organischen (kohlenstoffhaltigen) Verbindungen in Gegenwart von organischen oder anorganischen Halogenverbindungen (speziell Chlor oder Brom) können sie sich in einem bestimmten Temperaturbereich (Dioxin z.B. bei etwa 300 °C bis 600 °C) bilden.

- Weitere industrielle Prozesse, bei denen Dioxine entstehen können, sind beispielsweise:

  - Bleichprozesse mit Chlor in der Papierherstellung
  - Die Herstellung von Pflanzenschutzmitteln
  - Metallurgische Prozesse (z. B. Eisen- und Stahlherstellung)
  - Herstellung von Chlorphenolen.

- Der Mensch nimmt Dioxine vor allem über tierische Nahrungsmittel (Fisch, Fleisch, Eier, Milchprodukte) auf. Ein wichtiger Indikator für die Belastung von Menschen ist die Konzentration in der Muttermilch.

- Während des Vietnamkrieges setzten die Streitkräfte der Vereinigten Staaten dioxinverunreinigte Entlaubungsmittel wie Agent Orange ein.

Schadstoffe: **Polychlorierte Biphenyle (PCB)**

- PCB sind giftige und krebsauslösende organische Chlorverbindungen, die bis in die 1980er Jahre vor allem in Transformatoren, elektrischen Kondensatoren, in Hydraulikanlagen als Hydraulikflüssigkeit sowie als Weichmacher in Lacken, Dichtungsmassen, Isoliermitteln und Kunststoffen verwendet wurden.

- PCB zählen inzwischen zu den zwölf als „dreckiges Dutzend" bekannten organischen Giftstoffen, welche durch die Stockholmer Konvention vom 22. Mai 2001 weltweit verboten wurden.

- PCB sind gelbliche, in reiner Form fast geruchlose Flüssigkeiten.

- Sie sind thermisch und chemisch stabil, schwer entflammbar, elektrisch nicht leitend und hydrophob.

- Seit Ende der Übergangsfrist 1999 müssen PCB-Altlasten gemeldet und als Sondermüll entsorgt werden.

- PCB-belastet sein können alte Kondensatoren, u. a. in Leuchtstofflampen, Waschmaschinen, Wäscheschleudern und anderen älteren Geräten mit Kondensatormotor sowie industriellen Anlagen zur Blindstromkompensation.

- Typischer PCB-haltiger Kondensator von einem Kondensatormotor (Wäscheschleuder, DDR, Baujahr ca. 1979)

- Im Frühjahr 2010 wurde publik, dass eine Entsorgungsfirma offenbar durch unsachgemäßen Umgang eine massive Vergiftung mehrerer Mitarbeiter durch PCB sowie die Verseuchung des Firmengeländes im Dortmunder Hafen und umliegender Flächen zu verantworten hat.

Die hier exemplarisch aufgeführten Schadstoffrisiken führen dazu, dass man den Kunden auch im Hinblick auf Umweltschutzmaßnahmen (z.B. Löschwasserrückhaltung, Entsorgung von Löschwasser) beraten sollte. Hierzu folgen auf den nächsten Seiten detaillierte Informationen.

Zuschlagstoffe (Additive)

Neben den Schadstoffen kommen auch sog. Zuschlagstoffe zum Einsatz. Eigenschaften und Aussehen von Kunststoffen können durch diese Zusätze erheblich verändert werden. Es gibt kaum Kunststoffe ohne Zuschlagstoffe (sog. Additive).

Diese werden als Gleitmittel, Trennmittel, Antioxidantien, Antiblockmittel oder für andere Zwecke bei der Verarbeitung benötigt oder zur Verbesserung der Eigenschaften zugesetzt.

Die häufigsten Additive sind: Flammschutzmittel
Weichmacher
Füllstoffe
Stabilisatoren
Farbpigmente

Zuschlagstoffe / Im Einzelnen:

Flammschutzmittel

Prinzipiell unterscheidet man **vier Typen** von Flammschutzmitteln:

Additive Flammschutzmittel: Die Brandhemmer werden in die brennbaren Stoffe als Zusatzstoffe eingearbeitet.

Reaktive Flammschutzmittel: Die Substanzen sind selbst Bestandteil des Materials (siehe auch Polymerisation).

Inhärenter Flammschutz: Das Material selbst ist flammwidrig.

Coating: Der Brandhemmer wird von außen als Beschichtung aufgebracht.

Die DIN EN ISO 1043-4 klassifiziert Flammschutzmittel für Kunststoffe und weist ihnen zweistellige Codenummern zu:

1x:	Halogenverbindungen
2x:	Halogenverbindungen
3x:	Stickstoffverbindungen
4x:	Organische Phosphorverbindungen
5x:	Anorganische Phosphorverbindungen
6x:	Metalloxide, Metallhydroxide, Metallsalze
70–74:	Bor- und Zinkverbindungen
75–79:	Siliziumverbindungen
80:	Grafit

Zuschlagstoffe / **Im Einzelnen / Flammschutzmittel**

Die Wirkung wird in **chemische und physikalische Prinzipien** unterteilt.

Bei der chemischen Wirkung wird wie folgt unterschieden:

Gasphase: Durch bei der Pyrolyse des Materials entstehende Gase wird die Radikalkettenreaktion unterbunden.

Festphase: Eine „Schutzschicht" aus verkohltem Material wird aufgebaut (Intumeszenz). Diese verhindert den Zutritt von Sauerstoff und von Wärme.

Bei der physikalischen Wirkung unterscheidet man folgende Effekte:

Kühlung: Durch den Energieverbrauch einer endothermen Zersetzung, beispielsweise durch Verdampfen von (chemisch oder physikalisch) gebundenem Wasser, wird das Material gekühlt.

Schutzschicht: Bildung einer Schutzschicht (Intumeszenz); die Bildung der Schicht kann sowohl durch chemische als auch durch physikalische Prozesse geschehen.

Verdünnung: Verdünnung der brennbaren Gase durch inerte Substanzen

Verflüssigung: Das erhitzte Material schmilzt und fließt aus der Brandzone, sodass es sich nicht im Einwirkungsbereich der Flamme befindet.

Halogenierte Flammschutzmittel

Haupteinsatzbereiche sind Kunststoffe in elektrischen und elektronischen Geräten (z. B. Fernseher, Computer), Textilien (Polstermöbel, Matratzen, Vorhänge, Sonnenstoren, Teppiche), Automobilindustrie (Kunststoffbestandteile und Polsterüberzüge) und Bau (Isolationsmaterialien und Montageschäume).

Vor allem bei Bränden stellen halogenierte Flammschutzmittel eine große Gefahr dar. Unter der Hitzeeinwirkung wirken sie zwar brandhemmend, indem die bei der Pyrolyse gebildeten Halogenradikale die Reaktion mit Sauerstoff hemmen.

Allerdings entstehen auch hohe Konzentration an polybromierten (PBDD und PBDF) oder polychlorierten Dibenzodioxinen und Dibenzofuranen (PCDD und PCDF). Diese sind auch unter dem Überbegriff „Dioxine" für ihre hohe Toxizität bekannt („Seveso-Gift").

Stickstoffbasierte Flammschutzmittel

Stickstoffbasierte Flammschutzmittel sind beispielsweise Melamin und Harnstoff.

Organophosphor-Flammschutzmittel

Diese Flammschutzmittel kommen beispielsweise bei weichen und harten PUR-Schäumen in Polstermöbeln, Fahrzeugsitzen oder Baumaterialien zum Einsatz.

Zuschlagstoffe / **Im Einzelnen / Flammschutzmittel**

Anorganische Flammschutzmittel

Anorganische Flammschutzmittel sind beispielsweise:
- Aluminiumhydroxid
- Magnesiumhydroxid
- Ammoniumsulfat
- Roter Phosphor
- Antimontrioxid (Nachteilig: Dioxinentstehung im Brandfall)
- Antimonpentaoxide
- Zinkborate (Zinkverbindungen können teilweise Antimontrioxid ersetzen).
- Gelöschter Kalk (Im 2. Weltkrieg als Flammschutzmittel für Dachstühle verwendet).

Weichmacher

Weichmacher sind Stoffe, die in großem Umfang Kunststoffen, Farben und Lacken, Gummi, Klebstoffen und Befilmungsüberzügen zugesetzt werden, um diese weicher, flexibler, geschmeidiger und elastischer im Gebrauch oder der weiteren Verarbeitung zu machen.

Weichmacher gehören zu den meistverkauften Chemikalien, wobei der größte Anteil in die Herstellung von Folien und Kabeln fließt. Sie können zum Beispiel schwerflüchtige Ester, fette Öle, Weichharze oder auch Campher sein.

Der Weichmacher verschiebt den thermoelastischen Bereich hin zu niedrigeren Temperaturen, sodass also im Bereich der Einsatztemperatur der Kunststoff die gewünschten "elastischeren" Eigenschaften aufweist.

Während Polyethylen und Polypropylen normalerweise keine Weichmacher enthalten, besteht Weich-PVC zumeist aus Weichmachern.

Weichmacher sind unter anderem in Kinderspielzeug aus PVC und häufig in Sexspielzeug aus Fernost zu finden.

Eine generelle Aussage über die Auswirkungen von „Weichmachern" ist insofern nicht möglich, weil je nach Anwendung unterschiedliche Gruppen von Chemikalien so bezeichnet werden. In der Kritik stehen hauptsächlich Weichmacher für an sich spröde Kunststoffe.

Zuschlagstoffe / **Im Einzelnen**

Füllstoffe

Füllstoffe sind unlösliche Zusatzstoffe, die, in hohem Gehalt zum Grundmaterial zugegeben, u.a. die mechanischen, elektrischen oder Verarbeitungseigenschaften von Materialien stark ändern.

Füllstoffe können organisch oder anorganisch sein. Sowohl die organischen als auch die anorganischen Stoffe lassen sich wiederum in natürliche und synthetische Stoffe unterteilen.

Organisch: Holzmehl, Zellstoff, Textilfasern, Gewebeschnitzel

- Natürlich: Kork, Weizenspreu oder Holzmehl

- Synthetisch: Kohlenstofffasern, Zellulosederivate, gemahlene Kunststoffe oder Elastomere

Anorganisch: Gesteinsmehl, Asbest, Glasfaser, Natriumsulfat

- Natürlich: Silikate (Ton, Lehm, Talk, Glimmer, Kaolin, Neuburger Kieselerde),
                 Karbonate/Sulfate (Kreide, Dolomit, Baryt)
                 Oxide/Hydroxide (Quarzmehle, kristalline Kieselsäure, Aluminium-/Magnesiumhydroxide sowie Magnesium-, Zink- oder Kalziumoxide)

- Synthetisch: Silikate, Oxide und Hydroxide

Die Kenntnis über die Füllstoffe kann z.B. für die Beurteilung der Explosionsgefahr behilflich sein.

Entsteht beispielsweise produktionsbedingt eine hohe Staubkonzentration von organischen Füllstoffen, ist das Explosionsrisiko entsprechend hoch.

Zuschlagstoffe / **Im Einzelnen**

Stabilisatoren

Kunststoffe müssen mit Thermostabilisatoren gegen Hitze und mit UV-Stabilisatoren gegen die schädlichen Wirkungen von Licht geschützt werden.

Hitze-Stabilisatoren werden vor allem für Objekte aus Polyvinylchlorid benötigt, das heißt für Bauprodukte wie zum Beispiel Fensterprofile, Rohre und Kabel.

Besonders für Produkte aus Polypropylen oder Polyethylen werden Licht-Stabilisatoren gebraucht.

Stabilisatoren für Kunststoffe können aus Umweltgründen umstritten sein, da sie Schwermetallverbindungen enthalten.

Bei der **Gefahrstoffkennzeichnung spielt der Unterschied „stabilisiert" oder „nicht stabilisiert"** bei einigen an sich harmlosen Stoffen eine Rolle, welche als Pulver oder Staub als Gefahrstoffe eingestuft sind:

Aluminium	Al
Kadmium	Cd
Magnesium	Mg
Zink	Zn
Zirkonium	Zr

Hier wird auch der Begriff „phlegmatisiert" verwendet.

Farbpigmente

Pigmente sind farbgebende Substanzen, im Gegensatz zu Farbstoffen sind sie im Anwendungsmedium unlöslich.

Anwendungsmedium bezeichnet dabei den Stoff, in den das Pigment eingearbeitet wird, beispielsweise in Lack oder in Kunststoffe.

Der Oberbegriff für Farbstoffe und Pigmente ist Farbmittel, diese können nach der chemischen Struktur anorganisch oder organisch und nach dem Farbeindruck bunt oder unbunt sein.

Die meisten anorganischen Pigmente zeichnen sich dadurch aus, dass sie mit dem Sauerstoff der Luft nicht chemisch reagieren.

Ihre hohe Hitzebeständigkeit macht den Einsatz in der Porzellanmalerei möglich. Hier können nur anorganische Pigmente eingesetzt werden, da organische Pigmente nicht temperaturstabil sind und beim Brennen zerstört werden.

In der industriellen Anwendung ist eine hohe Hitzebeständigkeit für Kunststoffeinfärbung, Pulverlacke oder Coil Coating wichtig, wobei wegen tieferer Temperaturen hitzebeständige organische Pigmente eingesetzt werden können.

Frühere, heutzutage zumindest in Europa nur noch selten verwendete Pigmente wie Kadmiumsulfid, Bleichromat oder Molybdatrot sind gesundheitlich bedenklich, da es sich um Schwermetallverbindungen handelt.

Eingruppierung von Kunststoffen

Es gibt eine Vielzahl von Einordnungsmöglichkeiten von Kunststoffen. Eine davon orientiert sich an den physikalischen, insbesondere thermischen Eigenschaften.

Kunststoffe in folgenden Gruppen unterschieden:

Thermoplaste: Gehen beim Erwärmen umkehrbar in einen plastischen Zustand über und behalten nach Erkalten ihre Form bei.

Fadenförmige nur gering verzweigte Molekülketten.

Duroplaste: Sind hart, plastisch nicht verformbar und hart

Molekülketten in allen Raumrichtungen eng vernetzt.

Elastomere: Sind in einem weiten Temperaturbereich sehr elastisch. Relativ wenige Querverbindungen in der Molekülkette.

Reihenfolge nach Steigerung der Molekülketten: Thermoplaste
      Elastomere
      Duroplaste

Je mehr Molekülketten, desto fester das Material !

Thermoplaste

Polyethylen   **(oder auch Polyethen)**

Typen:

- PE

- LDPE   LD   = Low Density   = niedrige Dichte

- HDPE   HD   = High Density   = hohe Dichte

- LLDPE   LLD   = Linear Low Density   = linear niedrige Dichte

- PE-HMW   HMW   = High Molecular Weight   = hochmolekulares PE

- PE-UHMW   UHMW = Ultra High Molecular Weight = ultrahochmolekulares PE

- PE-C   PE kann chemisch mittels Chlorierung oder Sulfochlorierung modifiziert werden, wobei Werkstoffe mit anderen Eigenschaften entstehen. Chloriertes PE (PE-C) wird PVC u.a. zur Erhöhung der Schlagzähigkeit zugesetzt. Chlorsulfoniertes PE (CSM) dient als Ausgangsstoff für ozonbeständigen Synthesekautschuk.

Vorkommen:

- Verpackungsmaterial, Haushaltsgeräte, Platten, Formteile, Rohre, Folien

- Landwirtschaftsfolien, Müllsäcke, Schrumpffolien, Kabelummantelungen

- Geogitter und Geovliese für den Deponiebau oder den Straßen- und Böschungsbau

- HDPE-Produkte können unterirdisch verbaut werden (Gas- / Wasserleitungen)

- UHMW-Produkte können für Pumpen, Zahnräder, Implantate und Prothesen genutzt werden

- Beständig gegen fast alle polaren Lösungsmittel, Säuren, Laugen, Wasser, Alkohole und Öl

Kunststoffe / **Thermoplaste / Polyethylen**

Betriebstypische Gefahren / Brandverhalten:

- Herstellung aus Ethanol und Ethylengas

- Ethylenanteil verursacht Schwergaswolken im Brandfall

- Temperaturbeständigkeit von −85 °C bis +90 °C

- Hydrophobes Verhalten (schwimmt auf Wasser / Löschwasser)

- Brennt gut / rückstandsfrei − CO_2 + H_2O als Verbrennungsprodukte

- PE ist als normal entflammbar eingestuft

- Nach Entfernung der Zündquelle brennt PE unter Abtropfen weiter

- Geringe Rußbildung

- Sauerstoffindex (= zur Verbrennung benötigte Sauerstoffkonzentration) liegt mit 18 % im Vergleich zu anderen Kunststoffen niedrig

Erweichungstemperaturbereich:	**60 °C − 70 °C**
Zersetzungstemperatur:	**340 °C − 440 °C**
Entflammungstemperatur:	**340 °C**
Entzündungstemperatur:	**350 °C**
Verbrennungswärme / Heizwert:	**46,5 MJ/kg**

Kunststoffe / **Thermoplaste**

Polypropylen   **(oder auch Polypropen)**

Typen:

- PP

- EPP   Expandiertes PP   Herstellung ohne Treibmittel

- CPP / UPP   Cast Polypropylen

- OPP   Oriented PP   Granulat für Extruder

- BOPP   Biaxially Oriented PP   Kann in Längs- und Querrichtung gestreckt werden

Vorkommen:

- Verpackungsmaterial, Haushaltsgeräte, Platten, Formteile, Rohre, Folien, Transportbehälter, Bierkisten

- Ist geruchlos und hautverträglich, für Anwendungen im Lebensmittelbereich und der Pharmazie ist es geeignet, es ist physiologisch unbedenklich

- Kann mit mineralischen Füllstoffen („Schüttgut") gefüllt werden

- Bei Raumtemperatur gegen Fette und fast alle organischen Lösungsmittel beständig

- Nichtoxidierende Säuren und Laugen können in Behältern aus PP gelagert werden

- Eignet sich zum Spritzgießen, Extrudieren, Blasformen, Warmumformen, Schweißen, Tiefziehen sowie spanende Verarbeitung

- Wird zur Schaumstoffherstellung genutzt

- EPP-Produkte wird wegen stabiler Ausführung im Automobil und hochwertige Mehrwegverpackung eingesetzt. Ferner in den Bereichen Sport, Logistik, Möbel, Modellbau

- CPP wird neben OPP verstärkt in der Verpackungsindustrie (Lebensmitteln, Textilien oder medizinischen Artikeln) sowie als Laminierungsschicht in Mehrschichtfolien eingesetzt

- In feuchten Regionen wird PP auch für Kunststoffgeldscheine (Australischer Dollar, Neuseeland-Dollar) verwendet.

- Im Betonbau (Stahl-/Spannbeton) können Polypropylenfasern zugesetzt werden, um Anforderungen des Brandschutzes zu erfüllen

Kunststoffe / **Thermoplaste / Polypropylen**

Betriebstypische Gefahren / Brandverhalten:

- PP ist als normal entflammbar eingestuft

- Nach Entfernung der Zündquelle brennt PP unter Abtropfen weiter

- Geringe Rußbildung

- Sauerstoffindex (= zur Verbrennung benötigte Sauerstoffkonzentration) liegt mit 18% im Vergleich zu anderen Kunststoffen niedrig

- BOPP wird aus Produktionsgründen mehrmals erhitzt => zusätzliche Brandgefahr

Erweichungstemperaturbereich:	85 °C – 90 °C
Zersetzungstemperatur:	330 °C – 410 °C
Entflammungstemperatur:	350 °C – 370 °C
Entzündungstemperatur:	390 °C – 410 °C
Verbrennungswärme / Heizwert:	46,0 MJ/kg

Kunststoffe / **Thermoplaste**

Polystyrol   **(auch Styropor oder Polystyren)**

Typen:

-	PS		
-	EPS	Expandiertes PS	Schaumstoff
-	XPS	Extrudiertes PS	Schaumstoff
-	PS-HI	High Impact PS	Schlagfeste Produkte durch Zusatz von Kautschuk

Vorkommen:

- Haushalsartikel , Gefäße, Verpackungsmaterial

- Wärmedämmung: Einsatz im Dachbereich aber auch bei der Isolierung von Kühl- oder Tiefkühllager

- EPS-Produkte bekannt als Styropor

Kunststoffe / **Thermoplaste / Polystyrol**

Betriebstypische Gefahren / Brandverhalten:

- Wird die Zündquelle entfernt, brennt PS alleine weiter

- PS brennt mit leuchtend gelber, stark rußender Flamme

- Brandgase (schwarze Rauch) enthalten neben Ruß auch gefährliche Zersetzungsprodukte wie Kohlenmonoxid, Kohlendioxid, Stickoxide und Styrol. Das Einatmen dieser Zersetzungsprodukte kann Gesundheitsschäden verursachen

- EPS Flammpunkt ca. 31 °C, schmilzt bereits bei knapp über 100 °C, tropft ab und kann dann brennen

- Eventuelle Treibmittelreste (Pentan) in den Produkten vorhanden

- Abtropfendes brennendes PS kann zu einer Brandausbreitung durch Sekundärbrände führen

- Brennbare Zusatzdämmungen können eine erhebliche Steigerung der maßgeblichen Brandlast ergeben. 1996 waren bei Schweißarbeiten im Flughafen Düsseldorf Styroporplatten an einer Gebäudedecke in Brand geraten. Infolge der starken Rauchentwicklung und der schnellen Ausbreitung des Feuers starben 17 Menschen

- Festes amorphes Polystyrol ist wenig wärmebeständig, ab 55 °C setzt eine Beschleunigung der Alterung ein, weshalb es nur bis 70 °C einsetzbar ist. Die Glasübergangstemperatur* liegt, je nach Verarbeitungsbedingungen, bei ca. 100 °C, die Schmelztemperatur zwischen 240 °C und 270 °C (je nach Produkt). Lediglich ataktisches PS liegt als amorpher Feststoff vor und besitzt mithin keine Schmelztemperatur

- Neben chemischen Treibmitteln werden auch rein physikalische Treibmittel wie Kohlendioxid oder Cyclopentan eingesetzt, die bei der Herstellung von Blöcken und Platten in den Extruder eingebracht werden

- PS ist physiologisch unbedenklich und für Lebensmittelverpackungen uneingeschränkt (einziger Kunststoff, der zur Lagerung von rohem Fleisch oder Fisch zugelassen ist) nutzbar

- Das Flammschutzmittel Hexabromcyclododecan (HBCD), das dem PS für Dämmplatten und Hartschaumplatten beigefügt wird, ist als „sehr giftig für Wasserorganismen mit langfristiger Wirkung" eingestuft

* Beim Überschreiten der **Glasübergangstemperatur** wandelt sich ein festes Glas oder Polymer in eine gummiartige bis zähflüssige Schmelze um. Bei amorphen Metallen spricht man von der Glastemperatur und bei anorganisch-nichtmetallischen Gläsern von der Transformationstemperatur.

Erweichungstemperaturbereich:	88 °C
Zersetzungstemperatur:	300 °C – 400 °C
Entflammungstemperatur:	340 °C – 350 °C
Entzündungstemperatur:	490 °C
Verbrennungswärme / Heizwert:	42,0 MJ/kg

Kunststoffe / **Thermoplaste**

Polyvinylchlorid   **(ugs. PVC)**

Typen:

- PVC

- PVC-P   P = Plasticized   PVC-weich

- PVC-U   U = Unplasticized   PVC-hart

Vorkommen:

- PVC ist hart und spröde und wird erst durch Zugabe von Weichmachern und Stabilisatoren weich, formbar und für technische Anwendungen geeignet.

- Bekannt ist PVC durch seine Verwendung in Fußbodenbelägen, zu Fensterprofilen, Rohren, für Kabelisolierungen und Ummantelungen sowie für Schallplatten (Ableitung „Vinyls" ergibt sich aus Polyvinylchlorid)

Betriebstypische Gefahren / Brandverhalten:

- PVC ist auch ohne Additive in der höchsten Stufe als schwer entflammbar eingestuft

- Nach Entfernung der Zündquelle ist PVC selbstverlöschend

- Starke Rußentwicklung

- Der Sauerstoffindex (= zur Verbrennung benötigte Sauerstoffkonzentration) liegt mit 40% im Vergleich zu anderen Kunststoffen sehr hoch

- Der „C"-Anteil verursacht im Brandfall Chloridgase und diese sorgen für eine Beaufschlagung mit Salzsäure ! Dies führt wiederum zu Korrosionen an Werkzeugen, Maschinen etc. Ferner werden die Löscharbeiten dadurch erheblich behindert.

- Der Zusatz von Thermostabilisatoren ist notwendig, wenn Verarbeitungen bei Temperaturen zwischen 160 °C und 200 °C stattfinden. Wenn das PVC bei der Weiterverarbeitung erhöhten Temperaturen ausgesetzt ist (zum Beispiel durch Heizelementschweißen bei 260 °C), muss das Additivpaket darauf abgestimmt sein.

Erweichungstemperaturbereich:	70 °C – 80 °C
Zersetzungstemperatur:	200 °C – 300 °C
Entflammungstemperatur:	390 °C
Entzündungstemperatur:	455 °C
Verbrennungswärme / Heizwert:	20,0 MJ/kg

Kunststoffe / **Thermoplaste**

Polyurethan   Variiert sehr stark, kann daher zu Kunststoffen verarbeitet werden, die Thermoplaste, Duroplaste oder Elastomere sein können !

Typen:

- PU

Vorkommen:

- Hartschaum, Weichschaum, Profile, Formteile

- Wärmedämmung: Einsatz im Dachbereich aber auch bei der Isolierung von Kühl- oder Tiefkühllager

- Weiche PUR-Schaumstoffe werden für extrem vielfältige Zwecke verwendet, vor allem aber als Polstermaterial, d. h. Matratzen oder Sitzkissen für Möbel bzw. Autositze, als Teppichrückenmaterial, zur Textilkaschierung, als Reinigungsschwamm oder als Filtermaterial benutzt

- PUR-Hartschäume werden vor allem zur Wärmedämmung z. B. in Gebäuden, Kühlgeräten, Wärme- und Kältespeichern sowie einigen Rohrsystemen eingesetzt (z.B. als Isolier- und Dämmschicht in Sandwichelementen)

- PU kommt auch in Regenkleidung, Gummistiefeln, Fußbällen und Tennissaiten vor

- Seit einiger Zeit werden weitere Anwendungsgebiete für PUR-Schäume erschlossen, z. B. im Fahrzeugbau (Lenkrad, Armauflage, Softbeschichtung von Handgriffen, Innenraumverkleidung, Armaturenbrett, Schalldämmung, Klapperschutz, Abdichtungen, Transparentbeschichtung von Holzdekoren)

- Bekannte PU-Produkte: Sikaflex (Dichtungsmasse + Kleber), Elastan (Faser), Baytherm (Hartschaum), Fermadur (Vergussmasse)

Betriebstypische Gefahren / Brandverhalten:

- Brennt nicht alleine weiter !

- Kann Allergien auslösen

- Stehen im Verdacht Krebs zu verursachen.

Erweichungstemperaturbereich:	**180 °C**
Zersetzungstemperatur:	**220 °C**
Entflammungstemperatur:	**310 °C**
Entzündungstemperatur:	**415 °C**
Verbrennungswärme / Heizwert:	**nicht bekannt**

Kunststoffe / **Thermoplaste**

Polyamid   (auch Nylon und Perlon)

Typen:

- PA
- PA 4.6
- PA 6
- PA 66
- PA 11
- PA 12

Vorkommen:

- Die o.g. Typen sind sich in ihrer Grundeigenschaft sehr ähnlich und stehen im Grunde genommen nur für unterschiedliche Molekühlanordnungen.

- In der Praxis trifft man eigentlich hauptsächlich entweder auf PA6-Produkte oder auf PA 66-Produkte. Grundeigenschaften wie z.B. die chemische Beständigkeit sind identisch. Beide Polymere haben gute Gleit- & Dämpfungseigenschaften, sind sehr abriebfest (schlagzäh) und sind beständig gegen schwache Laugen, Schmiermittel, Öle und Fette.

  PA 6 und PA 66 werden als Granulat hauptsächlich in der Automobil-, Elektronik- und Elektrobranche eingesetzt. So eigenen sie sich aufgrund der mechanischen und thermischen Eigenschaften sowie Öl- und Schmiermittelbeständigkeit z.B. für Gehäuse von Elektrowerkzeugen, Pumpengehäuse, Schrauben, Zahnräder, Tanks, Armaturen, Bauteile im Motorinnenraum, Kraftstoffleitungen und Kotflügel.

- PA-Produkte sind infrarottauglich

- Nylon für „Nylonstrümpfe"

- Perlon zur Herstellung von Fallschirmen, Borsten, Reinigungsmittel für Waffen, Bestandteil von Flugzeugreifen, Damenstrümpfe

Betriebstypische Gefahren / Brandverhalten:

- Besitzt eine gute Chemikalienbeständigkeit

	PA 6	PA 66
Erweichungstemperaturbereich:	200 °C	250 °C
Zersetzungstemperatur:	300 °C – 350 °C	320 °C – 400 °C
Entflammungstemperatur:	420 °C	490 °C
Entzündungstemperatur:	450 °C	530 °C
Verbrennungswärme / Heizwert:	32,0 MJ/kg	32,0 MJ/kg

Kunststoffe / **Thermoplaste**

Polycarbonat

Typen:

- PC

Vorkommen:

- Für durchsichtige Teile Formteile, Sicherheitsscheiben, Hüllen für CDs (DVD etc.)

- Brillengläser, optische Linsen, Autoscheinwerfer, Fenster im Kfz.- und Flugzeugbau, einbruchhemmende Verglasung im Hausbau, Scheiben für Wintergärten und Gewächshäuser, Solarpaneelen, Schutzhelme, Campinggeschirr, medizinische Einmalprodukte

- Gute Isolatoren gegen elektrischen Strom

- Beständig gegenüber Flüssigkeiten wie Wasser, viele Mineralsäuren, Salzlösungen

- Wird nicht angegriffen von organischen Lösungsmitteln, viele Öle und Fette

- PU ist ohne Zusatzstoffe empfindlich gegenüber UV-Licht

- Es wird daher fast nur dort eingesetzt, wo andere Kunststoffe zu weich, zu zerbrechlich, zu kratzempfindlich, zu wenig formstabil oder nicht transparent genug sind

- Darüber hinaus wird Polycarbonat als transparenter Kunststoff häufig als Alternative zu Glas eingesetzt. Im Vergleich zum spröden Glas ist Polycarbonat leichter und deutlich schlagfester. Außerdem besteht bei moderaten Aufprallenergien bzw. Geschwindigkeiten keine Gefahr durch Splitterbildung.

Kunststoffe / **Thermoplaste / Polycarbonat**

Betriebstypische Gefahren / Brandverhalten:

- Polycarbonate sind entflammbar, die Flamme erlischt jedoch nach Entfernen der Zündquelle

- Polycarbonat erfüllt die Anforderungen der Brandklasse B2 nach DIN 4102

- In Schichtdicken zwischen einem und sechs Millimetern ist es im Falle von Innenanwendungen in die Brandklasse B1, „schwer entflammbar" eingestuft

- Auch die Anforderungen an das Brandverhalten von PC-Fahrzeugscheiben gemäß Zulassungsrichtlinien wie TA29 (national), ECE43 oder ANSI Z26.1 (USA) werden erfüllt

- Polycarbonate lassen sich mit allen für Thermoplaste üblichen Verfahren verarbeiten

- Beim Spritzgießen wird wegen der hohen Viskosität der Schmelze ein hoher Spritzdruck benötigt. Die Verarbeitungstemperaturen liegen zwischen 280 °C und 320 °C und beim Extrudieren zwischen 240 °C und 280 °C. Vor der Verarbeitung muss allerdings die Restfeuchte durch Trocknung (4 bis 24 Stunden bei 120 °C) auf unter 0,01 % gebracht werden.

- Amerikanischen und japanischen Untersuchungen zufolge kann aus bestimmten Polycarbonaten, für deren Herstellung das Monomer Bisphenol A verwendet wurde, dieses bei Erhitzung wieder freigesetzt werden. Bisphenol A steht im Verdacht, erhebliche gesundheitliche Schädigungen hervorrufen zu können. In der EU ist deshalb der Einsatz von Polycarbonat, das Bisphenol A enthält, beispielsweise als Material für Babyflaschen, verboten.

Erweichungstemperaturbereich:	**150 °C – 155 °C**
Zersetzungstemperatur:	**350 °C – 400 °C**
Entflammungstemperatur:	**520 °C**
Entzündungstemperatur:	**keine Entzündung**
Verbrennungswärme / Heizwert:	**31,0 MJ/kg**

Kunststoffe / **Thermoplaste**

Polytetrafluorethylen **(auch „Teflon", „GoreTex" oder Polytetrafluorethen)**

Es gehört zu den Thermoplasten, obwohl es auch Eigenschaften aufweist, die eine eher für duroplastische Kunststoffe typische Verarbeitung bedingen.

Typen:

- PTFE

- ePTFE   Expandiertes PTFE   PTFE-Folien als „GoreTex" bekannt

- oPTFE   Optisches PTFE   Diffus reflektierende Beschichtung

Vorkommen:

- „Teflon-Eigenschaft" (besonders glatte Oberflächen)

- Schläuche, Dichtungen, Filtersäcke, Membranen

- PTFE ist kein Nebenprodukt der Raumfahrt, sondern wurde bereits 1938 von dem Chemiker Roy Plunkett entdeckt

- PTFE ist sehr reaktionsträge. Selbst aggressive Säuren können PTFE nicht angreifen

- Es ist äußerst beständig gegen alle Basen, Alkohole, Ketone, Benzine, Öle etc.

- Einsatztemperatur bis 260 °C (bei Temperaturen über 400 °C werden toxische Pyrolyseprodukte freigesetzt)

- Frostbeständig bis −270 °C

- Nur nach Vorbehandlung Verklebung möglich

- Schweißen möglich, aber nicht üblich

- Leicht wachsartige Oberfläche (nicht so ausgeprägt wie bei PE)

- Physiologisch unbedenklich

- Es existieren nahezu keine Materialien, die an PTFE haften

Kunststoffe / **Thermoplaste / Polytetrafluorethylen**

Betriebstypische Gefahren / Brandverhalten:

- Ethylenanteil verursacht im Brandfall Schwergaswolken !

- Einsatztemperatur bis 260 °C (bei Temperaturen über 400 °C werden toxische Pyrolyseprodukte freigesetzt)

- Nicht brennbar; in heißer Flamme findet bei Rotglut Zersetzung statt

- Die entstehenden Dämpfe sind giftig, führen beim Menschen zum Polymerfieber

Erweichungstemperaturbereich:	**110 °C**
Zersetzungstemperatur:	**500 °C – 550 °C**
Entflammungstemperatur:	**560 °C**
Entzündungstemperatur:	**580 °C**
Verbrennungswärme / Heizwert:	**4,5 MJ/kg**

Polyoximethylen   **(auch Polyacetal, Polyformaldehyd oder Acetal)**

Typen:

- POM

- POM-H   Homopolymer

- POM-C   Copolymer

Vorkommen:

- Kraftstoffpumpen, federnde Schnappverbindungen

- POM zeichnet sich durch hohe Festigkeit, Härte und Steifigkeit in einem weiten Temperaturbereich aus

- Es behält seine hohe Zähigkeit bis −40 °C

- Gute elektrische Eigenschaften

- Kann in vielen Fällen Metalle ersetzen

- Für Gebrauchstemperaturen bis 130 °C geeignet

Kunststoffe / **Thermoplaste / Polyoximethylen**

Betriebstypische Gefahren / Brandverhalten:

- POM ist als normal entflammbar eingestuft

- Nach Entfernung der Zündquelle brennt POM unter Abtropfen weiter

- Schmelzpunkte: POM-H 178 °C / POM-C: 166 °C

- Weiterverarbeitung
  Spritzguss: POM-H bei 195 °C bis 225 °C / POM-C bei 180 °C bis 230 °C

- Bei hohen Verarbeitungstemperaturen über 220 °C oder beim Verbrennen beginnt POM sich thermisch zu zersetzen

- Beim Verbrennen bilden sich u.a. Formaldehyd

- Ethylenanteil verursacht im Brandfall Schwergaswolken !

- Der Sauerstoffindex (= zur Verbrennung benötigte Sauerstoffkonzentration) liegt mit 15 % im Vergleich zu anderen Kunststoffen sehr niedrig

- POM ist ohne spezielle Oberflächenbehandlung nur bedingt Verklebbar. Durch Oxidation oder Beizen der Oberfläche lässt sich die Haftung von Klebstoffen verbessern.

- Oxidation kann durch das Beflammen mit einer sauerstoffübersättigten Flamme erzielt werden. Dazu wird die Flamme in geringem Abstand schnell über die Oberfläche geführt.

- Für besonders haltbare Klebungen müssen die Klebeflächen mit 85%iger Phosphorsäure ca. 10 Sekunden lang bei 50 °C gebeizt und anschließend mit destilliertem Wasser abgespült werden.

Erweichungstemperaturbereich:	170 °C
Zersetzungstemperatur:	220 °C
Entflammungstemperatur:	350 °C – 400 °C
Entzündungstemperatur:	400 °C
Verbrennungswärme / Heizwert:	17,0 MJ/kg

Kunststoffe / **Thermoplaste**

Acrylnitril-Butadien-Styrol **(LEGO-Bausteine)**

Typen:

- ABS

Vorkommen:

- ABS wird entweder durch Pfropfcopolymerisation oder durch Vermischen (sog. Blenden) der fertigen Polymere hergestellt.

- Bei den durch Pfropfcopolymerisation hergestellten ABS unterscheidet man das Emulsions- und In-Masse-Verfahren:

  Emulsionsverfahren
  Die Rohstoffe werden nach und nach der Polymerisation hinzugefügt. Dadurch entstehen Kondensate, welche entgast werden müssen.
  Die Butadienpartikel werden durch den Prozess zerkleinert und ergeben somit den für ABS typischen gelben Farbton.

  In-Masse-Verfahren
  Alle Rohstoffe werden gemeinsam durch alle Stufen der Polymerisation geführt. Es entstehen kaum Kondensate und die Entgasung entfällt auf ein Minimum.
  Die Butadienpartikel bleiben groß. Dadurch ist das ABS heller (besser für Selbsteinfärbung) und es enthält weniger Fremdstoffe (geringere Emissionen).
  Durch die größeren Butadienpartikel ist In-Masse-ABS bei geringerem Butadiengehalt schlagzäher.

- ABS ist in Rohform ein farbloser bis grauer Feststoff und kann verklebt werden.

- Dauergebrauchstemperatur: max. 85 °C bis 100 °C

- ABS eignet sich für thermogeformte Teile aus Platten und Folien für Automobil- und Elektronikteile, Motorradhelme, Spielzeug (z.B. LEGO), Gehäuse von Elektrogeräten und Computern, Kantenbänder (Umleimer) in der Möbelindustrie, Konsumgüter mit erhöhten Ansprüchen an die Schlagzähigkeit, Musikinstrumente (z.B. Klarinetten- und Saxofon-Mundstücke, Ukulelen-Korpusse oder Randeinfassungen von Gitarren) und die Seitenwangen von in Sandwichbauweise hergestellten Skiern und Snowboards. In 3-D-Druckern wird ebenfalls ABS verwendet.

- ABS eignet sich gut zum Beschichten mit Metallen (Galvanisieren) und Polymeren. Dies macht es zum Beispiel möglich, eine verchromte Oberfläche auf einem Kunststoffteil zu erhalten.

Kunststoffe / **Thermoplaste / Acrylnitril-Butadien-Styrol**

Betriebstypische Gefahren / Brandverhalten:

- Stark rußende Flamme

- Dauergebrauchstemperatur: max. 85 °C bis 100 °C

- ABS schmilzt in einem Temperaturbereich von 220 °C bis 250 °C (Hochtemperatur-ABS-Mischung noch höher) und kann im flüssigen Zustand im Spritzgussverfahren oder per Extruder geformt werden.

Erweichungstemperaturbereich:	**90 °C – 121 °C**
Zersetzungstemperatur:	keine
Entflammungstemperatur:	390 °C
Entzündungstemperatur:	480 °C
Verbrennungswärme / Heizwert:	36,0 MJ/kg

Kunststoffe / **Thermoplaste**

Polyethylenterephthalat   **(PET-Flaschen, Polyester)**

Typen:

- PET

- A-PET   Amorphes PET

- C-PET   Teilkristallines PET

- MPET   Metallisiertes Polyethylenterephthalat

- boPET   Biaxial orientiertes PET

Vorkommen:

- Familie der Polyester

- PET hat vielfältige Einsatzbereiche und wird unter anderem zur Herstellung von Kunststoffflaschen (PET-Flaschen), Folien und Textilfasern verwendet.

- Als Textilfaser (Polyester) wird PET wegen verschiedener nützlicher Eigenschaften eingesetzt. Es ist knitterfrei, reißfest, witterungsbeständig und nimmt nur sehr wenig Wasser auf. Letzteres prädestiniert PET als Stoff für Sportkleidung, die schnell trocknen muss.

- Wegen seiner guten Gewebeverträglichkeit wird PET auch als Werkstoff für Gefäßprothesen genutzt.

- Prägefolien, Verpackungsfolien für aromadichte Verpackungen, Möbelfolien, eingefärbte Lichtschutzfolien, Bildgebung (Kino, Foto, Röntgen), Elektroisolierfolie, Ankernutisolierfolie bis zur Folie für Teststreifen in der pharmazeutischen Industrie.

- Die Schlagzähigkeit bei PET ist jedoch gering, das Gleit- und Verschleißverhalten gut. Im Vergleich zu C-PET besitzt A-PET eine etwas geringere Steifigkeit und Härte, aber eine höhere Schlagzähigkeit.

- Gegen den Angriff starker anorganischer Säuren, insbesondere Schwefelsäure oder Salpeter- und Salzsäure, ist PET unbeständig.

- Je nach gewünschter Anwendung werden dem Rohstoff noch Pigmente zugesetzt. Dadurch werden die Wickeleigenschaften der fertigen Folie verbessert. Auch zum Mattieren für Möbelfolie werden solche Folien pigmentiert. Auch farbige Pigmente werden eingesetzt. Andere, auch lösliche Zusätze gibt es zur UV-Stabilisierung und UV-Absorption oder auch zum Färben.

- MPET und boPET werden für Rettungsdecken verwendet. Die unzureichende Feuerfestigkeit wurde allerdings als eine der Ursachen des schweren Flugunglücks des Swissair-Flugs 111 am 2. September 1998 identifiziert.

Betriebstypische Gefahren / Brandverhalten:

-   Ethylenanteil verursacht im Brandfall Schwergaswolken !

-   Hohe Bruchfestigkeit und Formbeständigkeit bei einer Temperatur über 80 °C

-   Die Glasübergangstemperatur liegt bei etwa 80 °C

-   Die Schlagzähigkeit bei PET ist jedoch gering, das Gleit- und Verschleißverhalten gut.
    Im Vergleich zu C-PET besitzt A-PET eine etwas geringere Steifigkeit und Härte, aber eine höhere Schlagzähigkeit.

-   Der Schmelzpunkt liegt (abhängig vom Kristallisationsgrad und vom Polymerisationsgrad) zwischen 235 °C und 260 °C

Erweichungstemperaturbereich:	**80 °C**
Zersetzungstemperatur:	**285 °C – 305 °C**
Entflammungstemperatur:	**440 °C**
Entzündungstemperatur:	**480 °C**
Verbrennungswärme / Heizwert:	**21,5 MJ/kg**

Kunststoffe / **Thermoplaste**

Polymethylmethacrylat (ugs. Acrylglas oder Plexiglas)

Typen:

- PMMA

Vorkommen:

- Es transmittiert Licht besser als Mineralglas, ist gut einfärbbar, witterungs- und alterungsbeständig, beständig gegen Säuren, Laugen mittlerer Konzentration, Benzin und Öl. Ethanol, Aceton und Benzol greifen PMMA jedoch an.

- Zahnmedizin: Prothesen

- Automobilindustrie: Blinker- und Rückleuchtengläser, Reflektoren, Lichtleiter, Tür-/Säulenverkleidungen im Exterieur Bereich (Verkleidung von A-/B-/C-Säulen)

- Bauwesen: Polymerbeton, Industriefußböden, Verglasungen (z. B. Doppelstegplatten), zur Abdichtung und Beschichtung von Balkonen und Terrassen, Detailabdichtungen im Flachdach, Industrietorverglasungen, Sanitär- und Einrichtungsbauteile z. B. für Badewannen, Möbel, Raumteiler, Türfüllungen, Lampenschirme usw.

- Halbleiterindustrie: Verwendung als Resist (Fotolack) bzw. Bestandteil davon in der Foto- und Elektronenstrahllithografie zur Herstellung von Schaltkreisen und Leiterplatten

- Lichttechnik und Optik: Flutlichtschilder und „Acryl-Lichtdesign", Leuchtenabdeckungen, Leuchtwerbung, Schauglas, Linsen, Fresnellinsen, Lichtwellenleiter

- Luftfahrzeugbau: Scheiben, Hauben, Scheinwerferabdeckungen

- Maschinenschutz: Schutzhauben und Schutztüren

- Pyrotechnik: Bestandteil von Verzögerungssätzen

- Schiffbau: U-Boot-Druckkörper

Betriebstypische Gefahren / Brandverhalten:

- Brennt alleine weiter

Erweichungstemperaturbereich:	84 °C – 108 °C
Zersetzungstemperatur:	170 °C – 300 °C
Entflammungstemperatur:	300 °C
Entzündungstemperatur:	450 °C
Verbrennungswärme / Heizwert:	26,0 MJ/kg

Kunststoffe / **Thermoplaste**

Polyacrylnitril

Typen:

- PAN

Vorkommen:

- Die Fasern sind zumeist texturiert und weisen somit eine hohe Bauschigkeit auf, wodurch die Textilien einen wollartigen Charakter aufweisen und warm, weich und knitterarm sind. Deshalb wird Polyacryl bei Pullovern, Pelzimitationen und Decken eingesetzt, wobei es oft mit Baumwolle oder Wolle gemischt, aber auch allein verarbeitet wird.

- PAN ist auch Grundstoff für die Herstellung von Kohlenstofffasern.

- Eine weitere Verwendung findet es für zugfeste, dehnungsarme Kunststoffseile.

Betriebstypische Gefahren / Brandverhalten:

- Das Polymer ist als Reinstoff hart, steif, chemikalien- und lösungsmittelresistent und hat einen Schmelzpunkt oberhalb der Zersetzungstemperatur (schmilzt also nicht).

- Darüber hinaus wird PAN in weiteren Copolymeren verwendet, z. B. zusammen mit Polyvinylchlorid (PVC) für schwerentflammbare Fasern oder zusammen mit 1,3-Butadien und Styrol als Acrylnitril-Butadien-Styrol-Copolymerisat (ABS).

- Ein Nachteil des Kunststoffs ist das Entstehen von Blausäure bei Schwelbränden oder bei starker Hitze.

- Die Faser ist hitzeempfindlich und darf nur bei maximal 40 °C gewaschen und sie darf nicht heiß gebügelt werden.

- Zur Färbung werden basische, kationaktive Farbstoffe eingesetzt.

Erweichungstemperaturbereich:	**78 °C – 81 °C**
Zersetzungstemperatur:	**250 °C – 300 °C**
Entflammungstemperatur:	**480 °C**
Entzündungstemperatur:	**560 °C**
Verbrennungswärme / Heizwert:	**nicht bekannt**

Kunststoffe / **Duroplaste**

Phenol Formaldehyd   (auch Phenoplaste und Phenolharze)

Typen:

- PF

Vorkommen:

- Formteile, elektrotechnische Artikel, Schichtpressstoffe

- Harzformteile:
  Durch Füllstoffe wie Holzmehl, Ruß, Grafit, Quarzsand, Glasstaub oder Textilfasern erhalten die Phenoplaste mehr Substanz und eine größere Festigkeit.
  Die Harze bilden zusammen mit den Zusatzstoffen Pressmassen und werden im Pressverfahren zur Produktion von stabilen, hitzeresistenten und relativ schweren Kunststoffteilen verwendet.
  Bei geringen Mengen von Zusatzstoffen sind auch Spritzgussverfahren möglich.
  Mit Füllstoffen werden formgepresste Produkte wie Griffe und Gehäuseteile wärmebeanspruchter Haushalts- und Elektrogeräte, Billardkugeln und Kegelkugeln hergestellt.

- Schichtpressstoffe:
  Zur Herstellung von Faserverbundwerkstoffen werden Holz-, Papier- oder Gewebebahnen in mehreren Bahnen übereinandergelegt, mit dünnflüssigem Phenolharz getränkt und gepresst. Bei Temperaturen ab 150 °C härtet der Werkstoff aus.
  Daraus entstehende Produkte sind beispielsweise Hartpapier und daraus gefertigte Leiterplatten, Hartgewebe für Maschinenteile und Isolierstoffe, Kunstharzpressholz (imprägniertes Holz).
  Phenolharz-Faserverbundwerkstoffe mit Kohlenstofffasern dienen als Hitzeschutzschilde mit Hochtemperaturbeständigkeit für Flugzeug- und Raketenbau.

- Reine Phenolharze werden u. a. für die Herstellung von Lacken, Klebstoffen, Spachtelmassen und Schaumstoffen verwendet.

- Bekanntes Produkt: Bakelit

Betriebstypische Gefahren / Brandverhalten:

- Brennt meist flammwidrig

- Gelbliche Flamme; sprüht leicht Funken

- Material reißt und platzt knackend und verkohlt

Kunststoffe / **Duroplaste**

Polyesterharze   **(ungesättigt)**

Typen:

- UP

Vorkommen:

- Geräteteile, Boote, Silos, Wellplatten, Profile, Gießharze.

- Als Kunststoff werden sie unter anderem zur Herstellung von hitzebeständigen und elektroisolierten Griffen für Töpfe und Bügeleisen verwendet.

- Außerdem verwendet man Polyesterharze zur Herstellung von Apparategehäusen und als Isolationsmaterial, für Lacke sowie für die Plastination.

- Einige Hersteller von Flügeln für Windkrafträder produzieren diese aus glasfaserverstärkten Polyestern.

- Andere Anwendungen: Automobilteile, Kellerlichtschächte, Türverkleidungen (in Europa unüblich), Drainagen, Küchenarbeitsplatten, Waschbecken, Reparaturspachtel, Rohre u.v.m.

- Pressen und Spritzgießen sind möglich.

- Laminat, z. B. mit Glasfasern.

- Herstellung faserverstärkter Kunststoffe, Spachtelmassen oder Gießharzen.

- Polyesterharze sind weitgehend resistent gegenüber schwachen Säuren und Basen sowie Benzin und Öl.

- Sie lösen sich allerdings in starken Säuren und Laugen sowie in Estern, Ketonen und chlorierten Kohlenwasserstoffen.

- Insbesondere für ihren Einsatz als Lackbindemittel werden sie in organischen Lösemitteln gelöst und dienen als Trägersubstanz für die farbgebenden Pigmente.

Kunststoffe / **Duroplaste / Polyesterharze**

Betriebstypische Gefahren / Brandverhalten:

- Polyesterharze verbrennen mit leuchtend gelber, rußender Flamme, wobei sie verkohlen.

- Außerhalb der Zündquelle brennen sie weiter.

- Bei der Verbrennung entstehen unangenehm riechende Zersetzungsprodukte.

- Gesundheitsschädlich

- Polyesterharze sind Kondensationsprodukte aus zwei- oder mehrwertigen Alkoholen (z. B. Glykolen oder Glycerin) und Dicarbonsäuren.

Kunststoffe / **Duroplaste**

Silicon

Typen:

- UP

Vorkommen:

- Schläuche, Gleit- und Schmiermittel

- Silikone ist eine Bezeichnung für eine Gruppe synthetischer Polymere

- Silikon (engl.: silicone) darf nicht mit Silicium (engl.: silicon) verwechselt werden

- **Silikonflüssigkeit, Silikonfett, Silikonöle**

  Silikonflüssigkeiten sind klare, farblose, neutrale, geruchsfreie, hydrophobe Flüssigkeiten

  Sie sind auch an der Luft dauerwärmebeständig bis ca. 180 °C

  Silikonflüssigkeiten weisen zwischen −60 °C und bis 200 °C Schmiereigenschaften auf

  Silikonflüssigkeiten sind löslich in Benzol, Toluol, Aliphaten und chlorierten Kohlenwasserstoffen

  Sie sind wenig beständig gegen starke anorganische Säuren und Basen

  Silikonflüssigkeiten werden für Entschäumer (etwa als Additive in Dieselkraftstoffen), als Hydraulikflüssigkeit, als Formtrennmittel, als Inhaltsstoff für spezielle Druckfarben, Poliermittelzusatz für Autolacke, Leder und Möbel, zur Verhütung des Ausschwimmens von Pigmenten in pigmentierten Lacken, als Manometer-Flüssigkeit, Bestandteil von Metallputzmitteln, Sammler bei Flotationsprozessen usw. verwendet.

  Im Fahrzeugbau werden Silikonflüssigkeiten höherer Viskosität als Fluide zur Drehmomentübertragung mit automatischem Drehzahlausgleich in Visco-Kupplungen als Achs- oder/und (in Verbindung mit einem) Zentraldifferential eingesetzt.

  Durch Zugabe von Konsistenzreglern und Füllstoffen lassen sich aus den Silikonflüssigkeiten Silikonpasten bzw. Silikonfette herstellen.

  Silikonpasten finden als Schutz- und Dichtungspasten für empfindliche Metall- und Apparateteile Verwendung, Silikonfette als Schmiermittel bei tiefen, hohen bzw. stark schwankenden Temperaturen, solche auf der Basis von Polymethylphenylsiloxanen beispielsweise im Bereich von −70 °C bis 230 °C.

Vorkommen:

- **Silikonkautschuk und Silikonelastomere**

  Silikonkautschuke sind in den gummielastischen Zustand überführbare Massen.

  Sie enthalten verstärkende Stoffe und Füllstoffe, deren Art und Menge das mechanische und chemische Verhalten der durch die Vernetzung entstehenden Silikonelastomere deutlich beeinflussen.

  Eine sehr verbreitete Anwendung dieser Technologie ist die Fertigung der Mundteile aller Arten von Babysaugern (Schnuller).

  Elastische Backformen sind eine neuere Anwendung der hitzebeständigen Silikonelastomere.

  Eine verbreitete Verwendung von Silikonelastomeren findet sich im Baugewerbe als Dichtstoff zum Füllen von Fugen (sog. Silikonfuge).

  Zahnmedizin: Herstellung von Präzisionsmodellen

  Orthopädietechnik: Protheseninnenschäften, Brustprothesen

- **Silikonharz**

  Die Dauerwärmebeständigkeit von Silikonharzen ist hoch (180 °C bis 200 °C)

  Zur Erzeugung von Pressmassen und Laminaten werden Silikonharze mit geeigneten Füllstoffen wie Glasfasern, Quarzmehl, Glimmer usw., ggf. auch Farbpigmenten abgemischt

  Da Silikonharze generell mit Hilfe von Kondensationskatalysatoren und bei erhöhter Temperatur kondensiert (gehärtet) werden müssen, kann man sie den Einbrennharzen zuordnen.

  Bei Temperaturen zwischen 250 °C und 600 °C zersetzt sich das Silikonharz unter Bildung von Kieselsäure.

- **Fluorsilikone**

  Fluorsilikone sind temperatur- und oxidationsbeständige Silikone, bei denen die Methylanteile durch Fluoralkylgruppen ersetzt sind.

  Die Fluorsilikone haben eine noch höhere Oxidations- u. Chemikalienbeständigkeit als die Silikone, sind unlöslich in Wasser, Kohlenwasserstoffen und Chlorkohlenwasserstoffen, beständig zwischen –60 °C und +290 °C, in Form von Ölen, Fetten, Pasten und dergleichen erhältlich.

  Sie werden vor allem als Schmiermittel für extreme Temperaturen, Entschäumer, Kompressorenöle, Hydrauliköle und Dämpfungsmedien verwendet.

Kunststoffe / **Duroplaste / Silicon**

Vorkommen:

- **Nanofilamente**

  Erst 2004 entwickelt, verändern die Oberflächeneigenschaften vollständig

  So besitzen diese Oberflächen superhydrophobe Eigenschaften und, sofern sie anschließend fluoriert werden, gleichzeitig superoleophobe Eigenschaften, d. h., sie sind gleichzeitig extrem wasser- und ölabweisend.

Betriebstypische Gefahren / Brandverhalten:

- Silikone und Acrylate haben standardmäßig die Brandschutzklasse B2 (normal entflammbar)

- Es gibt allerdings für Spezialanwendungen auch Dichtstoffe, die die Brandschutzklasse B1 (schwer entflammbar) erfüllen

Kautschuk   (auch Synthesekautschuk, Buna, Isopren, Gummi, Latex)

Typen:

-   Keine, da entweder Naturprodukt oder synthetisch als „Buna" (Gummi) bekannt

Vorkommen:

-   Der Styrol-Butadien-Kautschuk wurde 1927 durch den deutschen Chemiker Walter Bock in Leverkusen entwickelt. Da das nationalsozialistische Regime zur Einsparung von Devisen und zur Schaffung von Arbeitsplätzen den Ersatz von importierten Rohstoffen anstrebte, in diesem Fall des zur Produktion von Gummi benötigten Naturkautschuks, wurde Buna ab 1937 erstmals in den sog. Buna-Werken produziert.

-   Der Name erklärt sich aus den Anfangsbuchstaben der Chemikalien, die zur Synthese benötigt werden: Butadien und Natrium.

-   Für die USA bekam die synthetische Produktion von Kautschuk Bedeutung, nachdem Japan im Zweiten Weltkrieg die USA von ihrem wichtigsten Kautschuklieferanten Malaysia abgeschnitten hatte

-   Die Herstellung von Kunstkautschuk war technisch problematisch. So benötigte man für die Produktion von Reifen immer noch eine geringe Menge Naturkautschuk

-   Zwischenzeitlich gibt es verschiedene Buna-Typen, die für die Herstellung verschiedener Industrieprodukte wie Kabelummantelungen, Dichtungen, Schläuche, Förderbänder und Reifen genutzt werden

-   Als Synthesekautschuk bezeichnet man elastische Polymere, aus denen Gummi hergestellt wird

-   Neben Synthesekautschuk existieren Naturkautschuktypen, vor allem auf der Basis des Milchsafts des Kautschukbaumes (Hevea brasiliensis)

-   In den USA entstand Chloropren-Kautschuk (CR), welcher heute als Neopren (z.B. für Tauchanzüge) verkauft wird

-   Heute wird Kautschuk hauptsächlich synthetisch durch Polymerisation hergestellt. Es entsteht meist aus Styrol und 1,3-Butadien, andere Rohstoffbasen sind Styrolacrylat, Reinacrylat und Vinylacetat.

Kunststoffe / **Elastomere / Kautschuk**

Betriebstypische Gefahren / Brandverhalten:

- 1,3-Butadienist ein farbloses Gas mit mildem, aromatischen Geruch.

- Butadien ist brennbar, hochentzündlich (B3 – leichtentflammbar)

- Zwischen einem Luftvolumenanteil von 1,4 % bis 16,3 % bildet es explosive Gemische

- Mehr als 90 % der Produktion von Butadien wird zu Synthesekautschuk weiterverarbeitet. Eine weitere Anwendung ist ABS, ein Copolymerisat aus Acrylnitril, Butadien und Styrol.

- Außerdem wird aus Butadien und Blausäure in technischem Maßstab Adiponitril hergestellt, das ein Zwischenprodukt in der Produktion von Polyamiden ist.

- Aus Butadien werden Hydroxyl-terminierte Polybutadiene (HTPB) hergestellt, die als Treibstoff in Feststoffraketentriebwerken eingesetzt werden.

- Butadien wirkt narkotisierend

- Beim Menschen wirkt 1,3-Butadien krebserregend

Verfahrenstechnik / Gesamtübersicht

Zu Kunststoff-Endprodukten werden entweder Granulate oder Rohstoffe in flüssiger bis pastöser Form verarbeitet.

Folgende Verfahren kommen bei der Kunststoffverarbeitung zur Anwendung und benötigen den Einsatz von einem Extruder:

Beispiel: Einschneckenextruder

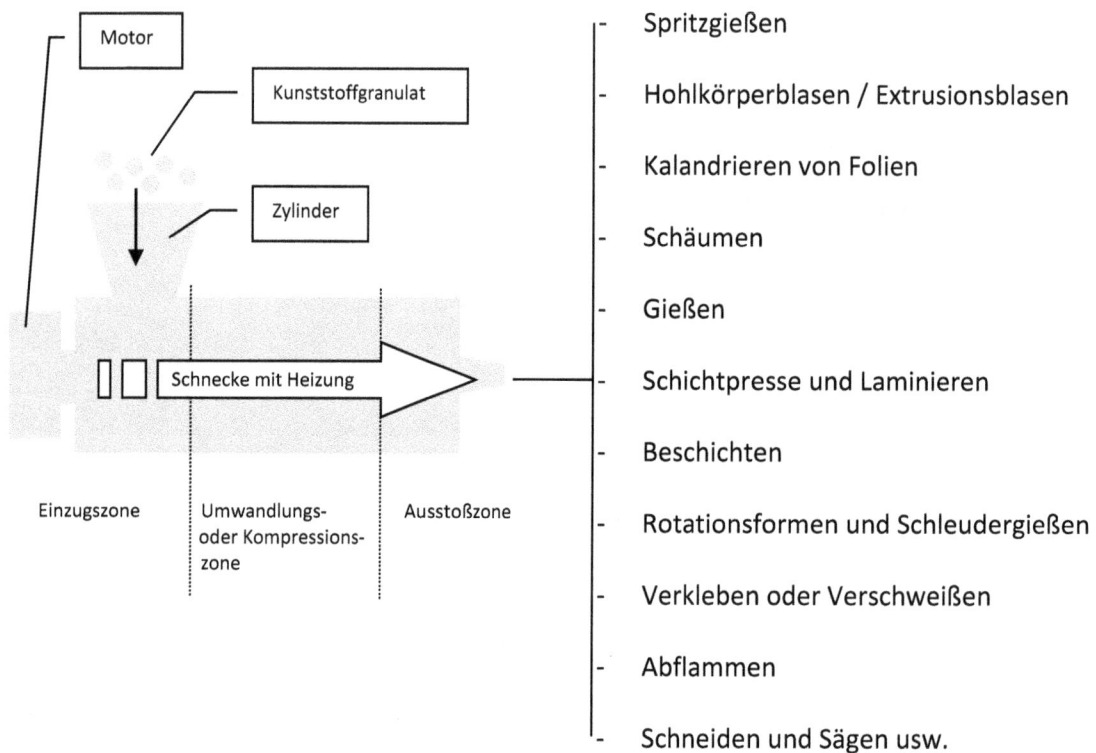

- Spritzgießen

- Hohlkörperblasen / Extrusionsblasen

- Kalandrieren von Folien

- Schäumen

- Gießen

- Schichtpresse und Laminieren

- Beschichten

- Rotationsformen und Schleudergießen

- Verkleben oder Verschweißen

- Abflammen

- Schneiden und Sägen usw.

Je nach Hersteller und Typ können folgende Mengen durch einen Einschneckenextruder verarbeitet werden:

Polystyrol	140 kg/h – 5.500 kg/h
Polyethylen	95 kg/h – 4.200 kg/h
Polypropylen	80 kg/h – 3.500 kg/h

Verfahrenstechnik / Im Einzelnen

Extruder: Extruder sind Fördergeräte, die nach dem Funktionsprinzip des Schneckenförderers feste bis dickflüssige Massen unter hohem Druck und hoher Temperatur gleichmäßig aus einer formgebenden Öffnung herauspressen. Dieses Verfahren wird als Extrusion bezeichnet.

Grundsätzlich können Extruder in zwei Prozessprinzipien unterteilt werden: Verarbeitungs- und Aufbereitungsextruder

Verarbeitungsextruder dienen hauptsächlich der Formgebung (i.d.R. Einwellenextruder), während Aufbereitungsextruder der chemischen und/oder physikalischen Modifizierung (reagieren, mischen, entgasen etc.) von Stoffen dienen (gleichlaufender dichtkämmender Doppelwellenextruder).

Es gibt Extruder mit einer, zwei oder mehreren Schneckenwellen. Bei den Extrudern mit zwei Schnecken unterscheidet man den Gleichläufigen und den Gegenläufigen Doppelschneckenextruder.

Beim gleichläufigen Doppelschneckenextruder rotieren die Schnecken in gleicher Drehrichtung, beim Gegenläufigen in entgegengesetzter Drehrichtung.

Die Förderung und der Druckaufbau werden beim Einschneckenextruder und gleichläufigen Doppelschneckenextruder durch die Friktion der mit der Schnecke rotierenden Masse an der stehenden Gehäusewand (Zylinder) bewirkt – man spricht in diesem Zusammenhang von Friktionsförderung.

Die so in der Rotation zurückbleibende Masse wird von den wendelförmigen Schneckengängen zur Auslassdüse geschoben. Beim gegenläufigen Doppelschneckenextruder überwiegt das Prinzip der Zwangsförderung.

Je nach Produkt wird mit Drücken von 10 bar bis zu 1.500 bar und Temperaturen zwischen 60 °C bis 300 °C gearbeitet.

Die Längenbezeichnungen der Extruder werden in 25D, 30D, 40D etc. angegeben, was heißt, dass das 25-fache (30-fache, 40-fache etc.) des Schneckendurchmessers die Länge ergibt.

Zur Ausstoßsteigerung werden Einschneckenextruder, sogenannte Schnellläufer, mit Drehzahlen von bis zu 1.500 Umdrehungen pro Minute hergestellt.

Ein Extruder besteht grundsätzlich aus der Schneckenwelle, auch Schnecke genannt. Sie steckt in dem sogenannten Schneckenzylinder.

Der Nenndurchmesser dieser Bohrung ist gleich dem Außendurchmesser der Schnecke. Vorne am Schneckenzylinder befindet sich die formgebende Auslassöffnung, meist einfach Düse genannt.

Hinten befindet sich der Antrieb, in den meisten Fällen ein Elektromotor mit Getriebeeinheit (Extrudergetriebe), der für die Rotation der Schnecke sorgt.

Zu verarbeitende Materialien werden der Schnecke meist über einen Trichter von oben zugeführt.

Weitere Komponenten können über Seitenbeschickung, Nadelventile etc. in den Schneckenzylinder eingebracht werden. In der Kunststoffverarbeitung sind dies z. B. sogenannte Masterbatches (Färbemittel), Verstärkungsfasern, Alterungsschutzmittel oder Weichmacher.

Die Schnecke selbst wird im Allgemeinen in drei Zonen aufgeteilt, die unterschiedliche Aufgaben übernehmen.

Im hinteren Bereich des Schneckenzylinders befindet sich die sogenannte Einzugszone. In dieser wird das zu extrudierende Material über einen Trichter eingespeist („Fütterung"), aufgeschmolzen (bei Thermoplasten) und verdichtet.

An diese schließt sich die Kompressionszone an, in der das Material durch die verringerte Gangtiefe der Schnecke weiter verdichtet und damit der für den Austrag im Werkzeug notwendige Druck aufgebaut wird. Abschließend sorgt die Austragszone für einen homogenen Materialstrom zum Werkzeug hin.

Extrudieren: Die Kunststoffschmelze wird unter Druck in das Werkzeug gedrückt und durch eine Düse gepresst (extrudiert), die dem Profil der Kunststoffformteile entspricht.

Durch Abschneiden des Extruderstranges erhält man die gewünschte Länge des Endprodukts (Prinzip „Fleischwolf").

Geeignet für endlose Halbzeuge
- Profile: Rohre, Stangen
- Ummantelungen: Kabelisolierungen

Extrudierbare Werkstoffe:
- Tone und keramische Massen
- Gummi und Kautschuk
- Thermoplastische Polymere: PVC, PE, PP, PET, PA etc.
- Verbundwerkstoffe: Wood-Plastic-Composites, faserverstärkte Kunststoffe
- Thermoplastische Massen aus Lignin oder Maisstärke
- Teigförmige Lebens- und Futtermittelmischungen
- Aluminium

Spritzgießen: Die plastifizierte Kunststoffmasse wird in die Pressform eingespritzt (eingegossen) und unter Druck eingeschlossen (gepresst)

Nach einer Haltezeit (Aushärtung) hat der Rohling die Geometrie der Pressform dauerhaft angenommen

Geeignet für Formteile
- Gebrauchsgegenstände: Parkbänke, Mülltonnen
- Montageteile: Zahnräder für Uhren

Faustformel: **=> je größer die Produkte**
      => desto größer das Werkzeug
            => desto höher die hydraulische Kraft bei der Produktion
                  => umso höher die Temperatur des Öls !

Die in der Produktion eingesetzte sehr starke hydraulische Kraft bringt wiederum hohe Drücke mit sich und sorgt somit für entsprechend heißes Hydrauliköl !

Die Feuergefahr ist damit um ein Vielfaches höher als bei der Produktion von Kleinteilen, da hier ggf. sogar auf Hydraulik verzichtet werden kann.

Hohlkörperblasen: In einer zweiten Hohlform wird der schlauchförmige Rohling mit Luft aufgeblasen, wobei sich der Schlauch gegen die Hohlform drückt.

Der Rohling kühlt ab und erhärtet und hat nach einer Haltezeit (Aushärtung) die Geometrie der Hohlform dauerhaft angenommen.

Geeignet für Hohlformen
- Gebrauchsgegenstände: Gießkannen, Flaschen
- Vorratsbehälter: Fässer, Tanks

Kalandrieren: Unter Kalandrieren versteht man das Auswalzen von Rohmischungen zu Folien und Platten.

Dies geschieht auf Walzwerken (Kalandern) mit 3 bis 5 Walzen. Die Walzen können dabei kalt oder beheizt sein.

Die Walzen laufen je nach Situation mit Friktion oder mit gleicher Geschwindigkeit.

Je nach Anordnung der Kalanderwalzen unterscheidet man verschiedene Systeme:

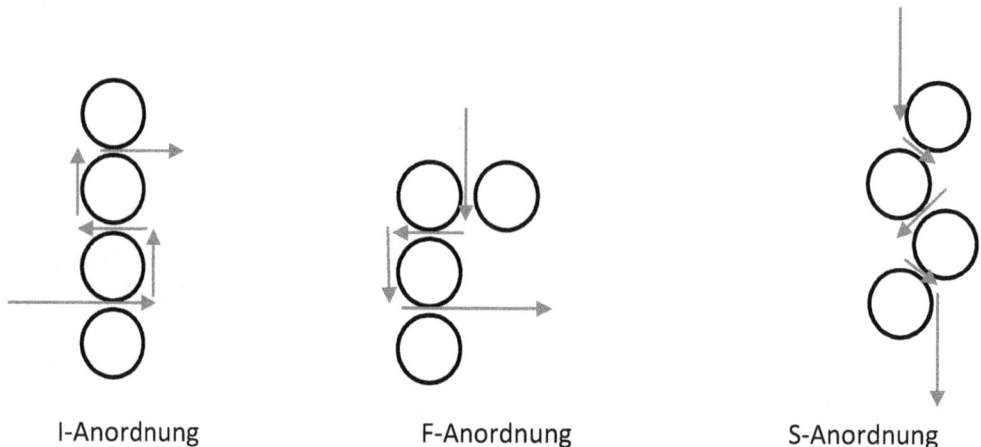

I-Anordnung   F-Anordnung   S-Anordnung

Durch nachgeschaltete Prägekalander und Druckmaschinen kann eine weitere Form- und Farbgebung erfolgen.

Geeignet für Folien als
- Gebrauchsgegenstände: Dekorfolien, Tischdecken
- Bauhilfsmittel: Abdeckplanen, Dichtungsfolien

Schäumen: Polyurethan (PU)

- Zwei Rohstoffkomponenten (Pre-Polymere) werden mittels Mischdüsen zu einer homogenen Masse vereinigt.

- Als Treibmittel wird **Pentan (brennbar)** zugesetzt **=> die Produkte sind für eine gewisse Zeit brennbar. Das Pentan dünstet aus. Daher ist hier vor dem Lager unbedingt für eine Quarantäne zu sorgen !**

- Durch Kontakt beider Pre-Polymere wird eine Polymerisationsreaktion (Vernetzung) eingeleitet.

- Als Nebenprodukt der Polymerisation bildet sich Kohlendioxid (CO_2, gasförmig), das sich in Form von Gasblasen in der Reaktionsmasse einlagert und das Produkt aufschäumt.

Polystyrol (PS)

- Styrol (Pre-Polymer) wird zunächst mit **Pentan (brennbar)** als Treibmittel versetzt **=> die Produkte sind für eine gewisse Zeit brennbar. Das Pentan dünstet aus. Daher ist hier vor dem Lager unbedingt für eine Quarantäne zu sorgen !**

- Durch Einleiten von Wasserdampf schäumt das Reaktionsgemisch auf, das Volumen erhöht sich um das 50-fache.

- Die mit dem Wasserdampf zugeführte Wärmeenergie leitet die Polymerisation (Vernetzung) des Kunststoffs ein.

- Das Treibmittel verbleibt in Form von Gasblasen (Poren) in der Reaktionsmasse.

Spinnen: Die Kunststoffmasse wird durch Extruder oder Zahnradpumpen durch die mit engporigen Öffnungen versehenen Spinndüsen gepresst.

Die Fasern werden, zur vollständigen Aushärtung durch verschiedene Bäder geführt.

Danach werden sie gestreckt, gezwirnt und aufgewickelt.

Beschichten: Papier, Karton, Textilien, Aluminiumfolien etc. werden mit einer Kunststoffschicht überzogen.

Dabei wird der Kunststoff extrudiert, durch eine Breitschlitzdüse gepresst und durch Walzen auf die Vorlage aufgebracht.

Auf diese Art werden beispielsweise Verbundfolien für Lebensmittelverpackungen hergestellt.

Gießen:

Aufbereiten

- Die Füllstoffe werden meist nur in die Harzkomponente eingearbeitet.
- Bei hochwertigen Teilen, die keine Lufteinschlüsse enthalten dürfen, werden die Füllstoffe bereits in der zweiten Stufe mit dem Harz unter Vakuum vermischt.
- Dies ist notwendig für Elektroteile wie Isolatoren, bei denen Gaseinschlüsse die Isolationswirkung erheblich mindern können.

Vermischen

- Zur Vermeidung von Gaseinschlüssen erfolgt das Einmischen des Härters ebenfalls unter Vakuum. Die Temperaturführung muss hier besonders genau eingehalten werden, damit die Reaktion nicht vorzeitig beginnt und die Fließfähigkeit reduziert wird.

Vergießen

- Das Vergießen des Gemisches kann mit und ohne Vakuum erfolgen. Als Material für die Gießwerkzeuge ist jeder dichte und gegenüber den zu erwartenden Härtetemperaturen beständige Werkstoff geeignet. Da Epoxidharze sehr adhäsiv sind, muss unbedingt vor Eintragen des Gießharzes Trennmittel auf die Werkzeugoberfläche aufgebracht werden.

Aushärten

- Bei warmhärtenden Harzen muss die Temperaturführung des Ofens mit der Temperaturentwicklung durch die Vernetzungsreaktion des Harzes abgestimmt sein.

Entformen, Nachhärtung und Nachbearbeitung

- Die Entformung erfolgt in der Regel manuell. Zur Erzielung eines hohen Durchsatzes der Gießwerkzeuge wird die Zykluszeit möglichst gering gewählt und es wird ein Nachhärten im Ofen nachgeschaltet. Schließlich ist meist eine Nachbearbeitung zur Entfernung von Anguss und Steigern erforderlich.
- Gießharzteile finden wegen ihrer hohen Wärmeformbeständigkeit und ihres günstigen Brandverhaltens in der Hauptsache als Elektroteile Verwendung.

**Tiefziehen und
Vakuum-Verformung:**

Das Tiefziehen von Kunststoff gehört zu den sogenannten Thermo-Umformverfahren (Warmumformung) und geschieht in Thermoform-Maschinen, die es in verschiedenen Größen gibt.

Die Größe von tiefgezogenen Kunststoffteilen ist von der Größe der verwendeten Formmaschine und der benötigten Größe der Kunststoffplatte abhängig.

Das Tiefziehen von Kunststoff kann auf verschiedene Arten geschehen:

1) Zum einen kann eine Kunststoffplatte so erwärmt werden, bis sie weich und dehnbar ist. Nun wird mit Druck eine Form (zum Beispiel ein Modell des herzustellenden Gehäuses) in die Kunststoffplatte gedrückt, bis die Kunststoffplatte durch die Erwärmung die äußere Form des Modells angenommen hat. Nach dem Erkalten hat die hergestellte Form die Konturen des Modells und kann dann weiterbearbeitet werden.

2) Die zweite Möglichkeit ist, die erwärmte Kunststoffplatte mit Druck auf das Modell zu drücken, bis die gewünschte Form erreicht ist.

3) Eine weitere Methode für das Tiefziehen von Kunststoff kann auch eine Kombination aus Druck und Vakuum sein. Dabei wird das Modell mit Druck in die erwärmte Kunststoffplatte gedruckt. Gleichzeitig wird die entweichende Luft, die zwischen Modell und Kunststoffplatte war, abgesaugt. So wird eine exakte Passform des zu formenden Kunststoffteils erreicht.

Welche Methode benutzt wird, hängt von der Art der Formmaschine ab.

Einige Kunststoffe, die im Thermoverfahren umgeformt werden können, sind zum Beispiel

- PC (Polycarbonat)
- PE (Polyethylen)
- PVC (Polyvinylchlorid)
- PP (Polypropylen)
- PS (Polystyrol)
- ABS (Acrylnitril-Butadien-Styrol)

Wichtige Eigenschaften des Kunststoffes:

- der Kunststoff muss sich gut erwärmen lassen
- beim Vorgang des Tiefziehens des Kunststoffes darf er nicht zerfließen

Nur so kann die Form gut und genau nachgebildet werden.

Schichtpresse und
Laminieren:

Als Laminat (lat. Lamina „Schicht") bezeichnet man einen Werkstoff oder ein Produkt, das aus zwei oder mehreren flächig miteinander verklebten Schichten besteht.

Diese Schichten können aus gleichen oder unterschiedlichen Materialien bestehen. Die Herstellung eines Laminats bezeichnet man als laminieren.

Generell gibt es zwei Gründe für die Herstellung eines Laminates:

1) Vereinigung verschiedener Werkstoffe, sodass das fertige Laminat die Eigenschaften aller Komponenten in sich vereint, zum Beispiel

- Fußbodenbeläge, bei denen eine feste und preiswerte Unterlage mit einer optisch ansprechenden Deckschicht (meist Holzimitat) zum Laminatboden verklebt wird.

- Personalausweise, bei denen eine bedruckte Karte als Informationsträger zwischen zwei schützenden Plastikfolien verleimt ist.

2) Kontrollierter Aufbau von Material entsprechend den Festigkeits- oder Qualitätsanforderungen, zum Beispiel

- bei der Herstellung von Bauteilen aus faserverstärkten Kunststoffen, die an höher belasteten Stellen dicker ausgeführt werden, und bei denen die Faserrichtung entsprechend der Lastrichtung gewählt wird.

- bei der Herstellung von Sperrholz, bei der jede einzelne Holzschicht vor dem Verleimen auf eventuelle Schäden oder Wuchsfehler untersucht werden kann.

Laminate aus faserverstärkten Kunststoffen sind feste, leichte und frei gestaltbare Werkstoffe aus in Kunstharz eingebetteten Fasern. Sie werden in der Luftfahrt, im Boots- und Automobilbau und in vielen weiteren Bereichen eingesetzt, in denen hochfeste und leichte Materialien benötigt werden.

Man unterscheidet Laminate nach mehreren Kriterien:

1) nach ihrem Aufbau

- Volllaminat, also massive Ausführung:
  Das Bauteil besteht vollständig aus faserverstärktem Kunststoff. Solche Laminate sind relativ schwer, aber unempfindlicher gegen Punktbelastung, und in engen Radien leichter zu fertigen.

- Sandwichlaminat:
  Zwischen zwei Laminatschichten aus faserverstärktem Kunststoff wird eine Zwischenlage aus beispielsweise Holz, Hartschaum oder Nomexwaben eingelegt.
  Diese Zwischenschicht macht das Gesamtbauteil deutlich dicker (und damit steifer), wiegt aber deutlich weniger als eine ebenso steife Zwischenschicht aus Volllaminat.
  Sie sind meist deutlich leichter als Volllaminate, aber durch den weichen Kern empfindlicher gegen Durchstich und Punktbelastung.

2) nach dem Material der verwendeten Fasern, üblicherweise

- Glasfaserlaminat (GFK):
  Preiswert, leicht verfügbar, in dünnen Lagen transparent. Die Fasern sind unempfindlich gegen UV-Licht.

- Kohlenstofffaserlaminat:
  Sehr leicht und fest, aber teuer. Elektrisch leitend und schlagempfindlich. Bei Verwendung entsprechender Gewebe ergibt sich eine optisch reizvolle Oberfläche (sogenannte „Sichtkohle").

- Kevlarlaminat:
  Relativ unempfindlich gegen Schlag- und Punktbelastung. Vibrationsdämpfend und elektrisch isolierend. Die Fasern sind UV-empfindlich und können Feuchtigkeit aufnehmen.

Rotationsformen und
Schleudergießen: Rotationsformen ist ein Kunststoff-Bearbeitungsverfahren für Hohlkörper, bei dem eine Schmelze in einem rotierenden Werkzeug an der Wandung erstarrt.

Mittels biaxialer Rotation und durch Erwärmung wird in dünnwandigen Hohlkörperformen pulverförmiges Thermoplast Schicht um Schicht an den Innenflächen der Form abgelagert. Dadurch können relativ gleichmäßige Wandstärken von 2 mm bis 15 mm erreicht werden.

Das Rotationsformen weist gegenüber dem Blasformen oder Spritzgussverfahren folgende Vorteile auf:

- Einfache Werkzeuge und niedrige Werkzeugkosten
- Wirtschaftlichkeit für kleine und mittlere Serien von 20 bis 2.000 Stück/Jahr
- Große mögliche Volumina bis 6.000 Liter
- Mögliche komplizierte Formgebung mit Öffnungen, durchgehenden Verbindungen, Gewinden, Einlageteilen usw.
- Gleichmäßige Wandstärken
- Nahtlose Hohlkörper

Die für das Rotationsformen verwendeten Anlagen lassen sich wie folgt einteilen:

- Einzelschussmaschinen
  Der gesamte Prozess vom Beschicken der Formen, Vorheizen, Heizen, Kühlen bis zum Ausformen, geschieht Schritt für Schritt.
  Auch als mehrarmige Karussellanlagen möglich, bei denen das Beschicken und Ausformen gleichzeitig, mit dem sich im Ofen befindlichen Träger geschieht.
  Die Vorteile bei diesen Anlagen liegen in der besseren Ausnutzung der Prozesszeit, nachteilig aber ist die geringere Flexibilität in der Zusammenstellung von verschiedenen Teilegrößen, wie auch der wesentlich erhöhte Platzbedarf.

- Rock n' Roll-Anlagen
  Das sind Einzelschussanlagen, die sich nur in der Hauptachse drehen, in der Nebenachse jedoch nur eine Kippbewegung ausführen. Solche Anlagen werden hauptsächlich für zylindrische, längliche Teile verwendet.

Alle Anlagentypen lassen sich je nach Hersteller mit Infrarot oder mit Gas beheizen.

Die Prozessverläufe und Temperaturen sind abhängig von der Teilegeometrie, dem verwendeten Kunststoff, der geforderten Wandstärke und dem Formenmaterial. Das Kühlen erfolgt meistens mittels Luftgebläsen und unter bestimmten Voraussetzungen auch mit gesprühtem Wassernebel.

Die Erfahrungen beim Rotieren zeigen, dass sich verschiedene Formmaterialien verwenden lassen. Für einfache, kantige Behältnisse werden Formen kostengünstig aus Stahlblech oder Aluminiumblech hergestellt. Für komplizierte, gerundete und geschweifte Formteile werden jedoch die Rotationsformen einfacher in Aluminium gegossen. Die dazu notwendigen Urmodelle können aus Holz, Metall, Kunststoff, Gips oder anderen beliebigen festen Materialien hergestellt sein. Der Formgebung, sowie den Trennlinien sind somit keine Grenzen gesetzt.

Zum besseren Entformen, aber auch zum Erhalt einer konstanten Teilequalität können die Rotationsformen in verschiedenen Verfahren beschichtet oder behandelt werden. Die dazu verwendeten Silikone oder Kunstharze mit Tefloneinlagerungen werden je nach Anforderung an das Fertigteil ermittelt, aufgesprüht, einmassiert oder eingebrannt.

Wie jedes Produktionsverfahren kennt auch das Rotationsformen Verfahrensgrenzen. Das teilweise unberechenbare Schwindungsverhalten kann mit Erfahrung für konstruktive Details in engen Toleranzen gehalten werden. Eng tolerierte Maße von Öffnungen, Gewinden und Ausfräsungen müssen jedoch auf konventionelle Art hergestellt werden.

Hauptsächlich finden die Thermoplaste

- Polyethylen (PE, auch elektrisch leitend)
- Polypropylen (PP)

Anwendung.

Mit speziellen Einrichtungen an den Anlagen lassen sich auch fast alle weiteren Thermoplast-Produkte wie

- Polyamid (PA)
- Polycarbonat (PC)
- Polystyrol (PS)

für das Rotationssintern* verwenden.
***Sintern** (auch *Sinterung*) ist ein urformendes Fertigungsverfahren für Formteile. Es gestattet die Herstellung von Halbzeugen und Fertigteilen unter Umgehung der flüssigen Phase, d.h. ohne Schmelzen.

In Ausnahmefällen eignen sich auch wärmehärtende 2-Komponenten-Duroplaste.

Je nach Kunststoff, werden die bekannten Festigkeitswerte erreicht, auch die weiteren mechanischen oder chemischen Merkmale (z. B. UV-Stabilität, Säurebeständigkeiten usw.) bleiben erhalten oder können bis zu Extremwerten eingestellt werden.

Die meisten Rohmaterialien lassen sich mittels Hochgeschwindigkeitsmischanlagen in jedem gewünschten Farbton einfärben (Turboblend).

Ein weiteres Einfärbeverfahren (jedoch das teurere) ist das Compoundieren (mischen) im Extruder. Der höhere Preis ist jedoch durch die bessere Durchmischung, die intensivere Deckkraft und die höheren Festigkeitswerte des Werkstoffes gerechtfertigt.

Überall wo Kunststoffprodukte ausgehend von einem Hohlkörperteil, benötigt werden, kommt dieses Verfahren in Frage. Dieses können Tanks aller Art, Gehäuse für Maschinen, Transportbehälter für empfindliche Güter, Freizeit- und Wassersportartikel, etwa Kajaks, Möbel- und Spielzeugteile, Sicherheitsbehältnisse usw., sein.

Verkleben / Verschweißen: Vorgefertigte Kunststoffteile können durch Verkleben oder Verschweißen zu komplexeren Formteilen verbunden werden.

Beim Verkleben werden häufig Lösemitteldämpfe freigesetzt; dies können gesundheitsgefährdende bzw. umweltgefährdende Stoffe sein.

Zum Verschweißen müssen die Kunststoffe auf ihre Schmelztemperatur erhitzt werden. Hierzu werden häufig Schweißextruder eingesetzt.

Kunststoffe mit einer Flammschutzausrüstung können dabei toxische Stoffe freisetzen.

Sowohl zur Entfernung der brennbaren Lösemitteldämpfe (schwerer als Luft) beim Verkleben, als auch zur Entfernung möglicher toxische Ausgasungen beim Verschweißen, sollten geeignete Absaugeinrichtungen eingesetzt werden.

Beflammen / Abflammen: Eine verbreitete Methode zur optischen Korrektur von Bearbeitungsspuren auf glatten Oberflächen von Thermoplasten ist das Abflammen mit einer Gasflamme.

Aufgrund der Brandgefahr sollten hierbei geeignete Löscheinrichtungen zur Verfügung stehen.

Schneiden / Sägen: Bei diesem Prozess entstehen Stäube und Späne, die die Brandentstehung oder sogar eine Explosion begünstigen können.

<u>Kunststoffe</u>

Betriebstypische Gefahren / Kritische Bereiche

Allgemein:

Entzündung von Kunststoffen

- Niedrige Entflammungs- und Entzündungstemperaturen erleichtern die Möglichkeit zur Zündung, bei relativ niedrigen Temperaturen sowie das leichtere Fortschreiten des Brandes in seiner Anfangsphase.

- Thermoplaste und Elastomere können schon durch ein geringes Stützfeuer in Brand gesetzt werden und so zu einer raschen Brandfortleitung führen.

- Alle Elastomere und Thermoplasten neigen dazu, dass sie im Brandfall sehr rasch ihre statischen Eigenschaften und damit ihre Formstabilität verlieren.

Hohe Verbrennungswärme

- Schneller Brandverlauf, in dem die Wärme des Brandes die noch nicht vom Brand betroffenen Bereiche aufheizt und Zersetzungsprozesse (Pyrolyse) in Gang setzt.

- Im Brandfall kommt es zu einer sehr hohen Energiefreisetzung (thermische Strahlung), wodurch große Mengen an brennbaren Gasen gebildet werden, die einen Feuerübersprung (Flash-Over) auf alles brennbare Material bewirken können.

Fließverhalten

- Thermoplastische Kunststoffe besitzen niedrigere Erweichungstemperaturen (Schmelzen) und verhalten sich dadurch im Brandfall wie brennbare Flüssigkeiten.

- Bei der Lagerung oder im Deckenbereich angebrachten schmelzbaren Kunststoffen kann durch den nach unten fließenden bzw. abtropfenden brennenden Kunststoff eine Lache gebildet werden, die eine Unterfeuerung der betreffenden Bereiche zur Folge hat und damit zur Brandausbreitung beitragen kann.

- Hierdurch kommt es neben der normalen horizontalen und vertikalen Brandausbreitung von unten nach oben zu einer zusätzlichen Brandausbreitung in umgekehrter vertikaler Richtung (von oben nach unten).

Kunststoffschmelzen sind hydrophob

- Hydrophob = wasserabweisend
- Brennende Kunststofftropfen schwimmen im Brandfall brennend auf dem Löschwasser weiter und können so für eine schnelle Brandausbreitung sorgen.

Verarbeitungsmaschinen: **Austritt von heißer Schmelzmasse**

- Mechanische Defekte, die zur Freisetzung heißer fließfähiger Schmelzmasse führen können.

Brandgefahr + Explosionsgefahr

- Überhitzung des Kunststoffmaterials oberhalb des Zündpunktes

- Unbeaufsichtigter Betrieb während der Nachtstunden(Geisterschichten).

- Unter Umständen Einsatz von organischen Peroxiden (Explosionsgefahr)

Hydraulikaggregate: **Brandgefahr**

- Leckage von Hydrauliköl, insbesondere unter den Pumpen und im Kellerbereich

- Schlechter Zustand von Hydraulikleitungen (Porosität)

- Undichtigkeit von Verbindungsmuffen

Geschäumte Kunststoffe: **Brandgefahr + Explosionsgefahr**

- Hohe Brandlast bei geringer Zündenergie: Durch Lufteinschluss innerhalb der Poren kommt es im Brandfall zu eine sauerstoffkatalysierten Brandverstärkung.

- Schnelle Brandausbreitung aufgrund der großen Oberfläche innerhalb der Poren.

- Brennbare Treibmittel (z.B. Pentan) können durch Entgasung entweichen und sich an heißen Oberflächen (Beleuchtungskörper) entzünden.

- Aufgrund von Fehldosierungen kann es zu Selbstentzündungen von dem geschäumten Objekt kommen.

- Aus Umweltschutzgründen werden heute vielfach brennbare und explosionsgefährliche Kohlenwasserstoffe zum Schäumen verwendet.

Werkzeuge:

Betriebsunterbrechungsrisiko

- Spezialanfertigungen, daher kostenintensiv mit langfristigen Wiederbeschaffungszeiten

- Für den Verarbeitungsprozess werden die Werkzeuge elektrisch beheizt ($\rightarrow$ heiße Oberflächen sind potenzielle Zündquellen).

Bedrucken:

Brandgefahr + Explosionsgefahr

- Verwendung von Farben, Lacken und organischen Lösungsmitteln

- Mechanische Bearbeitung kann zu brennbarer Stäube (leicht entzündlich) führen

- Brennbare Treibmittel (z.B. Pentan) können entweichen und sich an heißen Oberflächen entzünden (z.B. beim Zerschneiden der Rohblöcke mit einem Heißdraht)

- Statische Entladung in Verbindung mit brennbaren Stäuben sorgen für ein erhöhtes Explosionsrisiko

Kunststoffspritzerei:

Brandgefahr

- Hohe Brandlasten (kleckernde Reste)

- Schließmechanismen meist (öl-)hydraulisch, bei Leckage tritt heißes (brennbares) Öl aus

- Trennflüssigkeiten meist ebenfalls brennbar

- Einsatz von Pellet Trockner oder auch Granulat Trockner, die betriebsbedingt hohe Temperaturen erreichen

- Die Re-Granulatmühlen werden ebenfalls betriebsbedingt heiß, können aber zumindest nicht Explodieren. Für eine Staubexplosion sind die Teile zu groß (kein Staub, sondern richtige Teile)

- Ggf. befinden sich Thermoöle in den Heizungen der Maschinen

Löschkonzept: **AFFF / A3F**

AFFF (oder vereinfacht „A3F") ist die Abkürzung für „Aqueous Film Forming Foam" (deutsch etwa „Wasserfilmbildendes Schaummittel"), ein synthetisches Schaummittel, welches dem Wasser zur Schaumerzeugung, vor allem zum Löschen von Flüssigkeitsbränden, zugesetzt wird.

Als Synonym wird häufig „Light Water" verwendet, dabei handelt es sich jedoch um einen Markennamen der Firma 3M.

Die Zumischrate der AFFF ist vom Produkt abhängig, sie liegt zwischen 1 % und 6 %. Es ist auch möglich, dass für ein Produkt zwei Zumischraten angegeben sind, dann handelt es sich um ein alkoholbeständiges AFFF, wobei die höhere Zumischrate nur bei polaren Flüssigkeiten, wie beispielsweise Alkoholen, notwendig ist.

Mit den meisten AFFF-Schaumbildnern lässt sich Schwer- und Mittelschaum erzeugen.

Die Fluortenside (perfluorierte Tenside, PFT) bzw. ihre Abbaustoffe haben Eigenschaften, wegen derer ein Einsatz von fluorierten Schaummitteln (AFFF, FP, FFFP) wohl überlegt sein sollte.

Diese Stoffe sind persistent (werden nicht abgebaut) und zumindest teilweise bioakkumulierend (sammeln sich im Körper an); die Verweilzeit im Körper ist sehr groß (Halbwertszeit etwa fünf Jahre).

Organische Perfluorverbindungen, wozu auch die in fluorierten Schaummitteln verwendeten Perfluortenside (bzw. ihre Abbauprodukte) zählen, sind mittlerweile überall auf der Welt nachweisbar (ubiquitär).

Besonders negativ ist in dieser Hinsicht in der Vergangenheit PFOS aufgefallen, dass früher in vielen fluorierten Schaummitteln enthalten war.

Aufgrund dieser negativen Eigenschaften enthalten heutige AFFF-Schaummittel anstelle PFOS sogenannte C6-Telomere, bei denen diese Auswirkungen nach derzeitigem Kenntnisstand ausgeschlossen werden.

Löschwasserrückhaltung: Bei der Herstellung und Lagerung von Kunststoffen sind in jedem Fall auch Vorkehrungen zu treffen, dass anfallendes Löschwasser nicht in offene Gewässer oder das Grundwasser gelangt.

Löschwasserrückhalteanlagen sind offene oder geschlossene Becken, Gruben oder in ihrer Funktion vergleichbare Behälter, die dazu bestimmt und geeignet sind, verunreinigtes Löschwasser bis zum Zeitpunkt der ordnungsgemäßen Entsorgung aufzunehmen.

Dies setzt eine entsprechende Flüssigkeitsdichte sowie statische Belastbarkeit voraus.

Die Brandbekämpfungsmaßnahmen dürfen durch das jeweilige Rückhaltesystem nicht behindert werden, das abfließende Löschwasser darf keinen weiteren Brand etc. verursachen.

Das Ableitungsnetz (bei großen Gewerbe- oder Industrieanlagen das Kanalnetz) muss sich auf dem Betriebsgelände befinden, wobei das öffentliche Kanalnetz nicht mit einbezogen werden darf.

Bei der Löschwasserrückhaltung sind grundsätzlich stationäre Lösungen den mobilen Einrichtungen vorzuziehen.

Zu den stationären Systemen gehören:

- Drainagesystem im Lagerbereich mit Ablauf zu einem eigens errichteten Rückhaltebecken. Das Drainagesystem (z.B. eigener unterirdischer Kanal) muss jeweils separat abgesperrt werden können.

- Auslegung des Lagerbodens als Auffangbecken durch entsprechende Aufkantung an den Rändern.

- Bei einem Kunststofflager sind die Ablauf- und Auffangsysteme in ihrem Volumen so zu bemessen, dass möglicherweise austretende gelagerte Flüssigkeiten ebenfalls einbehalten werden können und es nicht zu einem Überlauf kommt. Zu dem ausreichenden Volumen gehört auch, dass es zu keinem Rückstau in den Ablaufsystemen kommen darf.

Kunststoffe / **Löschkonzept**

Zu den mobilen Systemen gehören:

- Löschwasserbarrieren (Sandsäcke, Doppelkammerschläuche) in Durchfahrten und Durchgängen

- Gully-Abdeckungen oder Luftkissen in dem Gully (sog. „Gully-Ei")

- Abdeckhauben und Sandsäcke

- Magnetfolien (z.B. für Türen)

- Spezialfahrzeuge der Feuerwehr mit Tanks, Flüssigkeitssaugern und Pumpen

Chemieanlagen

Verfahrenstechnik

Chemische Prozesse: **Anorganische Grundchemie**

Großtechnische Herstellung von anorganischen Grundchemikalien, die für weitere chemische Prozesse Verwendung finden (Säuren, Laugen, etc.)

Organische Grundchemie (Petrochemie)

Gewinnung und Weiterverarbeitung der verschiedenen Bestandteile von Erdöl und Erdgas (Aromaten, aliphatische Verbindungen, Lösungsmittel, etc.)

Chemiesparten: **Kunststoffe und Kunstfasern**

- z.B. Granulate und Fasern aus Kunststoff

Spezialitätenchemie

- z.B. Farben, Lacken, Kosmetika, Aromen, Konservierungsmittel

Pharma

- z.B. Medikamente, Life Science Produkte, Ernährungsergänzung

Agrar

- z.B. Ammoniaksynthese, Düngemittel,
  Schädlingsbekämpfungsmittel

Chemieanlagen / **Verfahrenstechnik**

Chemische Reaktionen:

Herz jedes chemischen Prozesses ist der Reaktor, wo die eigentlichen chemischen Vorgänge stattfinden.

Die Rohstoffe („Edukte") werden unter definierten Prozessbedingungen (Temperatur und Druck) zusammengeführt und vermischt.

Häufig findet die Reaktion in Lösungsmitteln statt.

Katalysatoren werden zugegeben, um den Verlauf der Reaktion zu beschleunigen.

- Reaktionstypen:

Exotherme Reaktion

- Durch den chemischen Vorgang wird Wärme freigesetzt.

Endotherme Reaktion

- Dieser Reaktionstyp benötigt für den Fortgang des Prozesses eine ständige Wärmezufuhr. Bei Unterbrechung der Wärmezufuhr klingt die Reaktion selbstständig ab.

Batch-Reaktion

- Die Edukte werden anfänglich eingefüllt und danach zum Reagieren gebracht. Nach Ablaufen der benötigten Reaktionszeit wird der Reaktor entleert und die Produkte abgezogen. In denselben Anlagen werden in sogenannten Kampagnen verschiedene Produkte nacheinander hergestellt.

Kontinuierliche Reaktion

- Die Edukte werden kontinuierlich zugeführt und Produkte fortlaufend abgezogen. Die chemische Reaktion findet in der sich fortbewegenden Mischung statt.

Apparatetechnik:

Bei chemischen Verfahren stellt der Reaktor nur einen kleinen Teil der gesamten Prozessanlage dar.

Der größte Teil der Anlage, in dem weitere aufwendige Prozessschritte durchgeführt werden, besteht aus Apparaten zur Vorbereitung der Ausgangsstoffe und zur Gewinnung der Produkte aus dem Reaktionsgemisch und deren Reinigung.

Chemieanlagen / **Verfahrenstechnik**

Physikalische Verfahren: **Mechanische Trennverfahren**

- Zentrifugieren, Filtrieren, Sedimentieren

Thermische Trennverfahren

- Destillation (Rektifikation)
  Trennung aufgrund des unterschiedlichen Siedepunktes

- Extraktion
  Trennung aufgrund der unterschiedlichen Löslichkeit in einem
  Lösungsmittel

- Kristallisation
  Trennung aufgrund des unterschiedlichen Schmelzpunktes

- Absorption/Adsorption
  Trennung aufgrund der unterschiedlichen Löslichkeit in einem
  Lösungsmittel bzw. „Haftung" an einem Feststoff

Absorption (lat. „(auf)saugen") bedeutet, dass die Stoffe **in das Innere** eines Festkörpers oder einer Flüssigkeit eindringen.

Als **Adsorption** (lat. „(an)saugen") bezeichnet man die Anreicherung von Stoffen aus Gasen oder Flüssigkeiten **an der Oberfläche** eines Festkörpers.

Chemieanlagen

Betriebstypische Gefahren

Prozessbedingungen:

Hohe Temperaturen, hohe Drücke

- Entsprechend hohe Anforderungen an Werkstoffe und Maschinen

Geschlossene Systeme, Rohrleitungen

- Visuelle Kontrolle nicht möglich

Unbeaufsichtigte Betriebsweise

- Nur sporadische Kontrollen vor Ort

Zentrale Prozesssteuerung

Chemische Stoffe (Rohstoffe, Zwischen-, Fertigprodukte):

Hohe Brandlast, schnelle Brandausbreitung

- Brennbare Flüssigkeiten, explosive Gase

Hohe Eintrittswahrscheinlichkeit, hohes Schadenausmaß

- Katastrophenszenarien mit extremem Schadenpotenzial

Erschwerte Einsatzbedingungen für Feuerwehr

- Toxische Verbindungen, cancerogene Chemikalien

Chemische Reaktionen (mit Runaway Potenzial):

Exotherme Reaktion

- Kann beispielsweise bei exothermen Reaktionen die Wärme nicht abgeführt werden, zum Beispiel in Folge einer Unterbrechung der Kühlwasserzufuhr, besteht die Gefahr, dass die chemische Reaktion außer Kontrolle gerät.

Chemieanlagen / **Betriebstypische Gefahren**

Explosionsrisiken: **Allgemein**

- Extreme Schadenszenarien
- Großräumiger Schadensbereich
- Konventionelle Schadenminderungsmaßnahmen (Brandwände und Löschanlagen) sind wirkungslos und bieten keinen effektiven Schutz.

Raumexplosionen

- Dieses Schadenszenario kann sich bei Leckagen von Lösungsmitteln oder sonstigen brennbaren Flüssigkeiten und Dämpfen aus einer Leitung oder eines Behälters stattfinden ereignen, wenn sich diese im Inneren eines Gebäudeteils befinden.
- Bereits geringe Mengen (einige kg) reichen aus, um explosionsfähige Atmosphären zu bilden.
- Diese Eigenheit ist typisch für die Spezialitätenchemie, überall dort, wo brennbare Lösungsmittel und Chemikalien eingesetzt werden.

Gaswolkenexplosionen (Vapour Cloud Explosion, VCE)

- Dieser Explosionstyp ist das gefährlichste Schadenszenario überhaupt und führt zu verheerenden Verwüstungen in einem weitläufigen Areal.
- Das Szenario basiert auf der explosionsartigen Reaktion von Gasgemischen, die schwerer sind als Luft und somit eine geschlossene Wolke ausbilden können (Flüssiggas/LPG: Ethylen, Butan, etc.).
- VCE sind ein für die Petrochemie typisches Ereignis, können aber ebenfalls in der Grundchemie stattfinden (sofern „schwere" Gasgemische involviert sind).

Staubexplosionen

- Diese können überall dort eintreten, wo organische Stoffe in Staubform verarbeitet werden. Dies ist bei chemischen Prozessen insbesondere in der Pharmaindustrie der Fall.

Physikalische Explosionen

- Hierbei kommt es zur Zerstörung von Behältern durch den Innendruck eingeschlossener Gase.
- Diese Eigenheit insbesondere bei der Ammoniakherstellung beachten.

Chemieanlagen / **Betriebstypische Gefahren**

Ammoniak-Synthese
(Haber-Bosch-Verfahren):   **Explosionsgefahr**

- Die Ammoniaksynthese zeichnet sich aus durch sehr hohe Drücke und Temperaturen.
- Ammoniak und Harnstoff bilden korrosive Atmosphären, sodass die Anlageteile meist speziell starker Korrosion ausgesetzt sind.
- Gefahrenschwerpunkt bildet die Kesselexplosion des Reaktors.

Stickstoff-Chemie: **Explosionsgefahr**

- In der Regel ist die Herstellung von Stickstoffprodukten als Downstream-Prozess direkt verknüpft der Ammoniaksynthese (siehe oben).
- Besonders gefährlich ist die Herstellung von Nitratdünger, wobei sich der Rohstoff Ammoniumnitrat unter bestimmten Bedingungen wie ein Explosivstoff verhält.

> Downstream-Prozess bezeichnet die Aufarbeitung eines Produktes nach seiner Herstellung. Häufig beinhaltet ein derartiges Produkt produktionstechnisch notwendige Stoffe, die für die Reaktionsführung notwendig sind oder durch Nebenreaktionen entstanden sind.
> Ist dies in dem Endprodukt unerwünscht, müssen sie nach der Herstellung entfernt werden. Je nach Art des Downstream-Prozesses unterscheidet man verschiedene Schritte, wie z.B. die Entfernung von Inertstoffen, Separierung oder Verfeinerung des Produktes.

Chlor-Chemie: **Gefährliche Schadstoffe**

- Bei diesen Prozessen sind im Brandfall insbesondere die Korrosionseigenschaften der Produkte ein Problem.
- Wegen der unspezifischen Bedingungen im Brandfall kann es zu toxischen, cancerogenen und umweltgefährdenden Stoffen kommen.
- Durch Kontamination von Anlagen und Maschinen können große Sach- und BU-Schäden entstehen.
- Die ätzende Atmosphäre erschwert im Brandfall die Löscharbeit der Feuerwehr.

Farben und Lacke: **Brandgefahr + Explosionsgefahr**
- Bei der Produktion von Farben und Lacken werden großen Mengen an brennbaren Lösungsmitteln verwendet.
- Besonders kritisch ist der Rohstoff Nitro-Zellulose (Schießbaumwolle), der sich unter bestimmten Bedingungen wie ein Explosivstoff verhält.

Lagerung:	**Brandgefahr + Explosionsgefahr**

- Chemikalien können unter bestimmten Umständen spontan und unkontrolliert miteinander reagieren:

- Chemikalien	(z.B. Peroxide, Ammoniumnitrat)
- Lösungsmittel	(z.B. Aromaten)
- Brennstoffe	(z.B. Diesel)
- Öle	(z.B. Schmierstoffe)

Fazit: Risikobewertung von Chemieanlagen

Konventionelle Schadenverhütungsmaßnahmen greifen bei derartigen Risiken nicht, da sie schlichtweg ohne Funktion sein würden.

Die übliche Schadenverhütung muss daher zwingend um ein professionelles Risiko-Management (RM) ergänzt werden.

Ein gutes RM berücksichtigt den „Faktor Mensch" sowie eine perfekte Notfallplanung und ein eingeübtes Krisenmanagement.

Dabei werden durch Spezialisten ganze Arbeitsprozesse analysiert und mit Schutzkonzepten versehen.

Bei dieser Analyse wird auf sämtliche Details, wie z.B. welche Stoffe werden wann eingesetzt bzw. hergestellt, geachtet.

Der einfache Weg vom Ausgangsprodukt, über Zwischenprodukt, bis hin zum Endprodukt wird ergänzt um
- Nebenprodukte
- Brennstoffe
- Lösungsmittel
- Katalysatoren
- Filtermaterial
- Welche stoffspezifischen Kenngrößen sind zu berücksichtigen (Flammpunkt, Siedepunkt, Explosionsgrenze, Dichte)

Ferner werden auch die technischen Details bewertet, z.B.:
- Wann herrscht welcher Druck in welchem Anlagenteil
- Welche Mess- und Sicherheitsinstrumente gibt es und sind diese redundant vorhanden (also doppelt)

Als eher niedriges Risikopotenzial gilt die anorganische Chemie, Reaktionen auf Wasserbasis, Arbeiten unter dem Flammpunkt, endotherme Reaktionen, Raumtemperatur, atmosphärischer Druck.

Eher als Hoch sind zu bewerten Reaktionen in brennbaren Flüssigkeiten, Arbeiten über dem Flammpunkt, hohe Temperaturen, organische Chemie, hohe Drücke.

Textil

Verfahrenstechnik / Allgemein:

Die Herstellung von Garnen erfolgt durch Spinnen von Rohfasern.

Rohfasern für die Textilindustrie sind pflanzliche Fasern wie Baumwolle, tierische Fasern wie Wolle und Chemiefasern wie Polyester.

Für die Herstellung textiler Flächen aus Garn nutzt die Textilindustrie Verfahren wie Weben, Stricken oder Wirken. Vliesstoffe sind Flächengebilde aus Fasern, deren Zusammenhalt durch die eigene Haftung und durch Vernadeln der Fasern zustande kommt.

Die Fasern und Garne sind bei den mechanischen Prozessen zur Textilherstellung hohen Belastungen ausgesetzt.

Zum Schutz und zur besseren Verarbeitbarkeit benötigen sie daher eine chemische Präparation, beispielsweise Spinnöle, Schmelzen oder Schlichtemittel.

Die Textilveredlung umfasst die Arbeitsschritte, die aus Rohtextilien farbige und mit besonderen Eigenschaften ausgerüstete Textilien herstellen.

Die Veredelung kann in unterschiedlichen Stufen der Fertigung erfolgen (Faser, Garn, Rohware oder Fertigprodukt). Bei den unterschiedlichen Bearbeitungsschritten der Textilveredlung werden Wasser, Chemikalien und Energie eingesetzt.

Die Veredelung umfasst grundsätzlich die Hauptstufen Vorbehandeln (Entschlichten, Bleichen, Waschen, Merzerisieren), Färben, Drucken und Ausrüsten (einschließlich Kaschieren und Beschichten).

Verfahrenstechnik / Individuell:

Faserstoffproduktion

- Aus den Ausgangsstoffen werden in einem ersten Schritt Faserstoffe hergestellt.
- Grundsätzlich unterscheidet man zwischen:
  - Naturfasern
  - Kunstfasern

Spinnen / Zwirnen

- Die eigentlIche Textilproduktion beginnt mit dem Spinnen der Faserstoffe zu Garnen
- Für bestimmte Anwendungen werden in einem Folgeprozess durch Verdrehen mehrerer Garne sog. Zwirne hergestellt

Weben / Stricken

- Aus Garnen und Zwirnen werden auf Webstühlen oder Strickmaschinen Flächentextilien erzeugt.

Veredeln

- Je nach Bestimmungszweck werden die Textilflächen beschichtet, gefärbt oder bedruckt.
- Verwendete Chemikalien:
    - Azofarbstoffe
    - Anthrachinon
    - Metallkomplexfarbstoffe
    - Schwefelfarbstoffe

Endfertigung (Nähen)

- Die Rohwarentextilien werden auf Nähmaschinen zu den Fertigprodukten (Kleider, Bezüge, Vorhänge, etc.) weiterverarbeitet und entsprechend ausgerüstet (Reißverschlüsse, Knöpfe etc.).

Exkurs: Textile Faserstoffe

Naturfasern		Chemiefasern	
Pflanzliche Naturfasern	**Tierische Naturfasern**	**aus natürlichen Polymeren**	**aus synthetische Polymeren**
Baumwolle	Alpaka	Acetat	Elasthan
Hanf	Angora	Cupro	Polyamid
Jute	Kamel	Lyocell	Polyester
Kapok	Kaschmir	Modal	Polypropylen
Kokos	Lama	Polynosic	Polyurethan
Leinen	Mohair	Triacetat	
Manila	Rosshaar	Viskose	
Ramie	Seide		
Sisal	Vikunja		
	Wolle		

Betriebstypische Gefahren / Kritische Bereiche

Lager: **Brandgefahr**

- In Lagerbereichen für Rohstoffe und Fertigwaren aber auch im Fertigungsbereich findet man hohe Brandlasten

**Ablagerung von
brennbaren Stäuben:**   **Brandgefahr + Explosionsgefahr**

- An den Bearbeitungsmaschinen und insbesondere an den Absaugöffnungen der Filteranlagen lagern sich brennbare Stäube und Textilflusen ab.

Exkurs: Kunststoffe und Textilbrände

Allgemein kann man sagen, dass brennbare Textilfasern (z.B. aus PA) bei Einwirkung höherer Temperaturen einer Zersetzung unterliegen, deren Art und Verlauf stark temperaturabhängig ist.
Ab ca. 200 °C bilden sich flüchtige Zersetzungsprodukte in Form brennbarer Gase und Dämpfe, wobei gleichzeitig eine mehr oder weniger starke Verkohlung der Substanz feststellbar ist.
Bei Erreichung der Entzündungstemperatur der Pyrolyseprodukte findet dann durch Eigen- oder Fremdzündung die Entflammung der Substanz statt.

Entscheidend für die Brandgefährlichkeit eines Textilmaterials ist die Selbstentzündungstemperatur. Das Material ist umso gefährlicher, je niedriger diese Temperatur ist.

Entzündungstemperaturen von Textilien		
Viskose:	**238 °C**
Baumwolle:	400 °C
Zellulose:	475 °C
Polyester:	**508 °C**
Nylon:	**510 °C**
Wolle:	590 °C

Die Möglichkeit des raschen Verbrennens von Textilien stellt ein großes Risiko dar.

Untersuchungen aus den 70er Jahren haben gezeigt, dass die Brenngeschwindigkeit von Kleidungsstücken nicht nur vom Material allein, sondern auch vom Schnitt und von der Verarbeitung dieses Materials wesentlich abhängt.

Beim sog. Puppentest mit Hängekleidern wurde gezeigt, dass zum Beispiel schon die Verwendung eines Gürtels als Abtrennung eine deutliche Verlangsamung der Flammenausbreitungsgeschwindigkeit mit sich bringt.

Brennende Textilien bewirken eine weitere Gefahr, da bei ihrer Verbrennung toxische Gase entstehen. Auf Grund ihrer organischen Natur entstehen bei der Verbrennung von Textilien je nach Sauerstoffkonzentration neben Kohlendioxid erhebliche Mengen von Kohlenmonoxid in Konzentrationen, die gesundheitsschädlich seien können. Ein weiteres Risiko im Brandfall von Textilien stellt die Erscheinung des Abschmelzens, Abtropfens oder brennenden Abtropfens dar.

Diese Erscheinung findet man besonders ausgeprägt bei thermoplastischen Fasern, wie zum Beispiel bei **Nylon** oder **Polyester** oder **Polyamiden**.

Holz

Grundlagen:

Holz wird seit Jahrtausenden in der gesamten Welt als Roh-, Bau- und Werkstoff verwendet und ist bis heute als nachhaltig reproduzierbares Material konkurrenzlos genial.

Die Spannweite der Holzverwendung ist von beeindruckender Bandbreite:

Sie reicht von der Verwendung als Baumaterial im Innen- und Außenbau, über Möbel, verschiedenste Gebrauchsgegenstände, Musikinstrumente, Kunstwerke und Spezialeinsätze bis hin zum Rohstoff für Papier, Pappe sowie der chemischen Industrie und dem Einsatz als Energieträger.

Die Holzwirtschaft erhält ihren Rohstoff aus der Forstwirtschaft und zu einem kleinen Teil aus dem Recycling (Gefahr der Fremdkörpereintragung).

Nutzung:

Eine Unterscheidungsmöglichkeit der Produkte ist die stoffliche und die energetische Nutzung.

1) Stoffliche Nutzung
- Halbwaren
- Fertigware
- HWST
- Papier, Karton
- Zellstoff
- Möbel
- Bauholz
- Klangholz
- Furniere

2) Energetische Nutzung
- Pellets
- Scheitholz
- Brikett
- Bioenergie

Holz / **Nutzung**

Warenarten:	**Folgende Warenarten werden unterschieden:**

Rohware

- Stammholz, Industrieholz, Sägenebenprodukte, Altpapier, Altholz, Rohholz

Halbware

- Furnier, Sperrholz, Schnittholz, Span, Span(faser)platten, Zellstoff, Holzschliff

Fertigware

- Konstruktionsholz, Bauelemente, Innenausbau, Möbel, Einrichtungsgegenstände, Transportmaterial, Papierprodukte

Rohstoff-Kategorien:	**Rundholz**

- Zum Rundholz zählt neben den Stammstücken eines stehenden bzw. gefällten, unverarbeiteten Baumes auch das starke Astholz

Stammholz

- Als Stammholz bezeichnet man den eigentlichen Baumstamm ohne Äste

Massivholz / Vollholz

- Als Vollholz oder Massivholz werden Holzerzeugnisse bezeichnet, deren Querschnitt aus einem Baumstamm herausgearbeitet und eventuell spanabhebend weiterverarbeitet wurden
- Das Gefüge des Holzes wird nicht mechanisch oder mechanisch-chemisch verändert

Schnittholz

- Schnittholz ist ein Erzeugnis, das durch Sägen von Rundholz parallel zur Stammachse hergestellt wird
- Es kann scharfkantig sein und Baumkanten aufweisen

Bauholz

- Bauholz wird als Baustoff zur Errichtung von Bauwerken verwendet.
- Je nach Form und Verarbeitungsgrad wird zwischen verschiedenen Bauholzprodukten unterschieden, die in Kategorien
  - Vollholz
  - Brettschichtholz
  - Holzwerkstoff
  eingeordnet werden

Brettschichtholz (BSH)

- Unter Brettschichtholz versteht man aus mindestens drei Brettlagen und in gleicher Faserrichtung verleimte Hölzer. Sie werden vorwiegend im Ingenieurholzbau, also bei hoher statischer Beanspruchung, verwendet.

Holzwerkstoff (HWST)

- Holzwerkstoffe sind Werkstoffe, die durch Zerkleinern von Holz und anschließendes Zusammenfügen der Strukturelemente erzeugt werden. Größe und Form der Holzpartikel entscheiden schließlich über die Art des Holzwerkstoffes und seine Eigenschaften

Industrieholz

- Als Industrieholz wird Rohholz bezeichnet, das nicht als Vollholz oder Schnittholz weiterverarbeitet, sondern in weiterer Verarbeitung mechanisch zerkleinert oder chemisch aufgeschlossen wird zur Produktion von HWST-Platten oder Papier

Altholz

- Als Altholz bezeichnet man Holz, das bereits einem Verwendungszweck zugeführt worden. Altholz kann stofflich, zum Beispiel in der Holzwerkstoffindustrie oder thermisch verwertet werden.

Holz

Betriebstypische Gefahren / Kritische Bereiche

Im Holzbereich können die nachfolgenden Risiken einzeln oder bei Betrieben inkl. Montage auch gebündelt auftreten !

Allgemein: Das Risiko eines Entstehungsbrandes in der Holzindustrie verhält sich

- proportional zum Zerteilungsgrad
- antiproportional zum Feuchtigkeitsgehalt

Fazit: je feiner und trockener das Material, desto größer das Risiko

Abgelagerter Holzstaub stellt somit ein erhebliches Explosionsrisiko dar, während frisch geschlagene (feuchte) Baumstämme brandschutztechnisch praktisch gefahrlos sind.

Lage: **Anrückzeit**

- Holzverarbeitende Betriebe befinden sich häufig in der Nähe der „Rohstoffproduktion", also in ländlichen Gebieten mit großräumigen Waldflächen
- Die Lage an abgelegenen Orten, wirkt sich negativ auf die Anrückzeit der Feuerwehr aus

Bauweise: **Brandgefahr**

- Betriebsgebäude und Lagergebäude sind meist in brennbarer Bauweise aus Holz errichtet

Lagerung: **Rundholz**

- Ausgangsprodukt bei der Holzverarbeitung ist der geschlagene Baumstamm
- Außenläger für das Rundholz befinden sich i.d.R. in unmittelbarer Nähe zum Verarbeitungsbetrieb

Schnittholz

- Nach dem Sägevorgang wird das Schnittholz zur Trocknung zwischengelagert
- Typisch für die Holzverarbeitung ist die Blocklagerung

Fertigholz

- Auch für Lagerung der verkaufsfertigen Endprodukte ist die kompakte Blocklagerung typisch
- Konzentration von Brandlast
- Erschwerter Löschangriff aufgrund enormer Hitzeentwicklung
- Erschwerter Löschangriff im Kernbereich, da Zugang für Löschwasser behindert ist

Explosionen:

Staubexplosion

- Staubförmige Ablagerungen, die aus organischen Stoffen bestehen (z.B. Holzstaub), können in Verbindung mit Sauerstoff eine Staubexplosion verursachen.
- Geringe Zündenergien reichen aus, um die Explosion auszulösen (z.B. Funken oder heiße Maschinenteile).

Explosion bei konventionellem Holzbrand

- Auch bei Bränden von Massivholz (Bretter, Kanthölzer) kann es durch unzureichende Sauerstoffzufuhr wegen der ausbleibenden Oxidationsverbrennung verstärkt zur Bildung von unvollständig verbrannten Kohlenstoffprodukten und damit zur explosionsartigen Reaktion von Kohlenstoffmonoxid (CO) kommen

Silos

- In Silos kann es im Bereich von Transportschatten zu lokalen Anbackungen kommen
- Bei Einbringen von überhitztem Füllgut (z.B. bei schnelllaufenden Sägen oder Schleifmaschinen) kann es zur Bildung von Glutnestern, zur Entzündung dieser Anbackungen oder gar zu Explosion kommen.

Eintrag von Fremdkörpern:

Brandgefahr

- Bei der Verwendung von Abfallholz können Fremdstoffe in den Prozess gelangen (Pneumatische Fördereinrichtungen, Absaugleitungen)
- Eingetragene Metallteile stellen wegen der Gefahr der Funkenbildung ein hohes Brandentstehungspotenzial dar (Zerspanen, Sägen, Schleifen)

Trocknungsanlagen:

Brandgefahr

- Trocknungsanlagen insbesondere für Späne bilden wegen der Kombination von Brandlast mit Zündquelle eine kritische Gefahrerhöhung.
- Für die Herstellung von Spanplatten müssen die Späne vor der Verarbeitung zunächst getrocknet werden.
- Bei Ausfall der Spänezufuhr kann es zu lokalen Überhitzungen im Ofenraum kommen.
- Bei direkt befeuerten Trocknungsanlagen kann es zu Entzündung des Trocknungsgutes kommen.

Zerspanungsanlagen: **Brandgefahr**

- Für die Zerkleinerung von Holz zu Holzspänen werden in den Zerspanungsanlagen starke Antriebsmotoren benötigt.
- Die hohen Oberflächentemperaturen von Motoren oder Maschinenteile können Staubablagerungen entzünden.

Lackieranlagen: **Brandgefahr + Explosionsgefahr**

- Lackieranlagen bilden bei der Verwendung von brennbaren organischen Lösungsmitteln (z.B. Nitrolacke) eine kritische Gefahrerhöhung
- Durch die kleine Partikelgröße feinster Lackteilchen besteht erhöhte Explosionsgefahr

Kunststoffe: **Unspezifische Brandgefahr**

- Kunststoffe kommen in Form von bedruckten Dekorfolien oder als Furnierersatz zum Einsatz
- Geschäumte Strukturelemente aus Kunststoff werden in Form von Kantenschutz als Verpackungshilfsmittel verwendet
- Kunststoffplanen dienen z.B. bei Spanplattenprodukten als Schutzfolie gegen Feuchtigkeit

**Wärmerückerzeugung durch
Späneverbrennung:**   **Brandgefahr**

- Abfallholz oder Verschnitt wird zu Spänen verarbeitet bzw. Filterstäube zu Pellets verpresst. Diese werden dann zur Wärmeerzeugung in einem Ofen verfeuert.
  Durch unachtsames Aufbringen der Späne oder Pellets auf vollkommen durchgeglühten Brennstoff kann es zu starkem Funkenflug oder zum Flammenrückschlag kommen.

Sondermaschinen: **Betriebsunterbrechungsrisiko**

- Typisch in der in der Holzindustrie sind seriell ausgerichtete Fertigungsstraßen mit z.T. maßgeschneiderten Großanlagen, sowie komplexe Fördersysteme.
- Neben konventionellen, eher kleineren Bearbeitungsmaschinen findet man auch kapitalintensive Großanlagen mit einem beträchtlichen Schadenpotenzial (Beispiel: die sog. "Contipresse" in der Spanplattenfabrikation)
- Diese Anlagen sind sehr kapitalintensiv und haben lange Wiederbeschaffungszeiten ($\geq$ 18 Monate)

Papier

Grundlagen:

Zur Herstellung von Papier werden vor allem dünnere Stämme und schnell wachsende Hölzer verwendet. Dafür wird das entrindete Holz in einer Papierfabrik so weit zerkleinert, bis nur noch Sägespäne übrig sind. Es wird entweder zum so genannten Holzschliff zerkleinert oder zu Schnitzeln (sog. Chips). Aus ihnen wird so genannter Zellstoff hergestellt, indem sie in Wasser eingeweicht und chemisch behandelt werden. Es entsteht ein zäher Brei, dem Stoffe wie Leim oder Bleichmittel beigemischt werden. Schließlich wird der Brei zu langen Bahnen gepresst und getrocknet. So wird aus Holz Papier.

Ausgangsstoffe:

Die für das Papier notwendigen Ausgangsstoffe kann man in vier Gruppen einteilen.

1. Faserstoffe (Holzschliff, Halbzellstoffe, Zellstoffe, Altpapier, andere Fasern)
2. Leimung und Imprägnierung (tierische Leime, Harze, Paraffine, Wachse)
3. Füllstoffe (Kaolin, Talkum, Gips, Bariumsulfat, Kreide, Titanweiß)
4. Hilfsstoffe (Wasser, Farbstoffe, Entschäumer, Dispergiermittel, Retentionsmittel, Flockungsmittel, Netzmittel)

Die Faserstoffe unterteilen sich prinzipiell in zwei Gruppen.

- Primärfaserstoffe, Rohstoffe
  Erstmalig in der Produktion eingesetzt

- Sekundärfaserstoffe (Altpapier), Recyclingstoffe
  Nach dem Gebrauch noch einmal dem Produktionsprozess zugeführt

Mechanische Aufbereitung:

Weißer Holzstoff

- Weißschliff entsteht aus geschliffenen Holzstämmen. Dazu werden geschälte Holzabschnitte mit viel Wasser in Pressenschleifern oder Stetigschleifern (Holzschleifern) zerrieben
- Im gleichen Betrieb wird die stark verdünnte Fasermasse zu Papier verarbeitet oder zum Versand in Pappenform gebracht. Dies geschieht mit Entwässerungsmaschinen.

Brauner Holzstoff

- Braunschliff entsteht, wenn Stammabschnitte erst in großen Kesseln gedämpft und dann geschliffen werden.

Thermomechanischer Holzstoff

- TMP entsteht aus gehäckselten Holzabfällen und Hackschnitzeln aus Sägereien. Diese werden im TMP-Verfahren (Thermomechanisches-Refiner-Verfahren) bei 130 °C gedämpft. Die Lignin-Verbindungen zwischen den Fasern lockern sich dadurch. Anschließend werden die Holzstücke in Refinern (Druckmahlmaschinen mit geriffelten Mahlscheiben) und Zusatz von Wasser gemahlen. Thermomechanischer Holzstoff hat im Vergleich zum Holzschliff eine gröbere Faserstruktur. Werden außerdem Chemikalien zugesetzt, handelt es sich um das chemo-thermomechanische Verfahren (CTMP). Durch rein mechanische Verfahren gewonnener Holzstoff besteht nicht aus den eigentlichen Fasern, sondern aus zerriebenen und abgeschliffenen Faserverbindungen, diese werden verholzte Fasern genannt. Um die elementaren Fasern zu gewinnen ist eine chemische Aufbereitung des Holzes notwendig.

Entfärbung von Altpapier

- Beim „De-Inking" werden die Druckfarben mit Hilfe von Chemikalien (Seifen und Natriumsilicat) von den Fasern des Altpapiers gelöst. Durch Einblasen von Luft bildet sich an der Oberfläche des Faserbreis Schaum, in welchem sich die Farbbestandteile sammeln und abgeschöpft werden können. Dieses Trennverfahren nennt man auch Flotation.

Füllstoffe

- Neben den Faserstoffen werden bis zu 30 % Füllstoffe dem Ganzstoff hinzugefügt. Diese können sein:

    - Kaolin (Porzellanerde / engl. China Clay)
    - Titanweiß (Titandioxid)
    - Stärke
    - Calciumcarbonat
    - Kohlenstoffdioxidgas
    - Gips
    - Bentonit
    - Aluminiumhydroxid
    - Silicate

Farbstoffe

- Auch weiße Papiere enthalten manchmal Farbstoffe, die in unterschiedlichen Mengen zugesetzt werden, denn auch optische Aufheller zählen zu den Farbstoffen. Es werden für Buntfarben vor allem synthetische Farbstoffe verwendet.

Leimungsstoffe

- Leim macht das Papier beschreibbar, weil es weniger saugfähig und weniger hygroskopisch wird.
- Als Leimung bezeichnet man in der Papiermacherei die Hydrophobierung der Fasern. Die Leimstoffe sind chemisch modifizierte (verseifte) Baumharze in Kombination mit sauren Salzen, wie Kalialaun oder Aluminiumsulfat. Auch Polymere auf Basis von Acrylaten oder Polyurethanen werden eingesetzt.

Nassfestmittel

- Unbehandeltes Papier wird mechanisch unbeständig, wenn es feucht oder nass wird. Durch die Aufspaltung der Wasserstoffbrücken unter Wasserzutritt verliert das Faservlies seinen inneren Zusammenhalt. Papier wird deshalb auch als hydroplastisch bezeichnet.
- Um auch im nassen Zustand eine – wenn auch beschränkte – mechanische Festigkeit zu erhalten, werden dem Papier bei der Herstellung Nassfestmittel (etwa Luresin) zugesetzt. Reißfestes Küchenkrepp dürfte das bekannteste Papier dieser Klasse sein, aber auch Kartons, Landkartenpapiere oder Papier für Geldnoten enthalten große Mengen Nassfestmittel.
- Nassfestmittel sind im Verarbeitungszustand wasserlösliche Polymere, die vorrangig aus Polyaminen und Epichlorhydrinderivaten hergestellt werden und mit den Papierfasern reagieren.

Schädlinge und Konservierung

- Ein bedeutsamer tierischer Schädling ist das Silberfischchen, welches das Papier entweder oberflächlich frisst oder gar Löcher verursacht. Ein weiterer tierischer Schädling ist die Bücherlaus, die sich parthenogenetisch fortpflanzt und somit schnell massenhaft feucht gewordene Papiere befallen kann.
- Unter den Pilzen sind Schimmelpilze von großer Bedeutung, die ebenfalls durch Feuchtigkeit begünstigt werden und beispielsweise infolge von Wasserschäden auftreten können.
- Ein wichtiger Schritt bei der Konservierung von nass gewordenem Papier ist die umgehende Gefriertrocknung oder die Zuführung in eine spezielle Konservierungsanlage, in denen das „saure" Papier neutralisiert und eine alkalische Reserve eingebracht wird.

Verfahrenstechnik:

Der Basisrohstoff für die Papierproduktion ist Zellulose, der heute vorwiegend aus Holz oder in einem Recyclingprozess aus Altpapier gewonnen wird.

Die insgesamt komplexe Verfahrenstechnik der Papierherstellung besteht im Wesentlichen aus zwei grundlegenden Prozessen:

- Grundstoffproduktion
- Papierproduktion

Grundstoffproduktion:

Zellulosegewinnung

- Entrindung der Baumstämme
- Zerkleinerung zu Holzschnitzeln (Chips)
- Vermischung mit Sägeabfällen (Späne)
- Aufschluss der im Holz enthaltenen Zellulosefasern
- mechanisch: Durch Schleifen der Chips entsteht sogenannter Holzschliff. Dies ist der Grundstoff für minderwertige Papiersorten (Zeitungen).
- chemisch: Für hochwertige Papiersorten werden die Fasern in einem chemischen Prozess aufgeschlossen und von den unerwünschten Bestandteilen (Lignin) getrennt.

Zellstoffherstellung

- Zellstoff, Holzschliff und ggf. Zusatz von Altpapier (aus dem Recycling) wird mit Wasser zu einem Brei (Pulp) verrührt, der als Ausgangsmaterial für die Papierherstellung auf der Papiermaschine dient.
- Ferner zählen dazu:
    - Waschen
    - Sieben
    - Bleichen
    - Faserreinigung
    - Mischen

Papierproduktion:

Zellstoff, Holzschliff und ggf. Zusatz von Altpapier wird mit Wasser zu einem Brei (Pulp) verrührt.

Auf der Papiermaschine (PM) im Nassteil (Siebpartie) wird dieser Brei zu einer Bahn gestreckt.

Im Trockenteil der PM wird die Papierbahn auf dampfbeheizten Zylindern gestreckt, getrocknet und zu den sogenannten Jumbo-Rollen aufgerollt.

Weiterbehandlung: z.B. Oberflächenvergütung, Formatschnitt

Betriebstypische Gefahren

Allgemein:

Brandlast

- Brandlast im Bereich der Papiermaschine, insbesondere im Trockenteil und in der Ausschussgrube durch Ausschusspapier und Hydrauliköl
- Hohe Brandlast im Lagerbereich

  Rohstoffe: Holzschnitzel, Zellstoff, Recyclingpapier

  Fertigwaren: Papierrollen, Schnittware, flauschige Hygienepapiere (Tissues) stellen eine besondere Gefahr dar (große Oberflächen, Einschluss von Sauerstoff

Betriebsunterbrechung

- Papierfabriken sind ein Modellfall für die serielle Produktion und daher extrem BU-anfällig.

  Papiermaschinen sind sehr kapitalintensiv und haben lange Wiederbeschaffungszeiten ($\geq$ 18 Monate).
- Aufgrund der komplexen Verfahrenstechnik und wegen des vielschichtigen Zusammenspiels zahlreicher Prozessfaktoren ist bis zur vollständigen Wiederaufnahme der vollen Sollkapazität zusätzlicher Zeitbedarf einzuplanen ($\geq$ 3 Monate).

Überschwemmung

- Papierfabriken haben einen hohen Bedarf an Prozesswasser und liegen daher immer direkt an Gewässern (Seen, Flüsse).
- Dies erhöht die Überschwemmungsgefahr (sichert allerdings die Löschwasserversorgung).

Schwarzlaugenkessel:

Explosionsgefahr

- Beim sog. Sulfat-Verfahren bildet der sog. Schwarzlaugenkessel (BLRB: Black Liquor Recovery Boiler) den anlagentechnischen Gefahrenschwerpunkt (Kesselexplosion).

  Über 50% aller Großschäden gehen vom BLRB aus.
- Korrosion ist ein prozesstypisches Problem. Bei Bruch einer Kesselwasserleitung kommt es zum Eintrag von Leckage-Wasser in die Brennkammer. Der Kontakt zwischen Wasser und Schmelze führt unweigerlich zu einer katastrophalen Kesselexplosion.

Yankee-Zylinder: **Brandgefahr + Explosionsgefahr**

- Bei der Herstellung von Hygienepapier bildet der sog. Yankee-Zylinder das anlagentechnische Hauptrisiko
- Verfahrensbedingt kommt es innerhalb der Trockentrommel regelmäßig (mehrmals am Tag) zu kleinen Brandereignissen, die üblicherweise durch das Maschinenpersonal gelöscht werden
- Außerdem birgt dieses mit Heißdampf unter hohen Druck betriebene Aggregat ein Explosionsrisiko
- Kritisch sind dieser Anlagen insbesondere wegen der hohen Laufzeit (bis zu 40 Jahren).
- Veraltete Technologie und niedriger Schutzstandard in Verbindung mit hohem Prozessrisiko

Energieversorgung: **Betriebsunterbrechungsrisiko**

- Die Papierindustrie zeichnet sich aus durch Umsatz großer, z.T. selbst erzeugter Energiemengen in komplexen Kreisläufen, sowie durch zahlreiche Recyclingprozesse
- Gefahrenschwerpunkte bilden die Stromversorgung (Trafos, Elektroinstallationen, Kabelkanäle) sowie die Dampferzeugung (Gasbrenner)

Papierrollenlager: **Brandgefahr**

- Hohe Brandlasten
- Durch die kompakte Struktur (aufgewickelte Papierbahnen) sind einmal in Brand geratene Papierrollen schwer zu löschen

Nahrungsmittel

Milchverarbeitung: **Verfahrenstechnik**

In der Molkerei wird die angelieferte Rohmilch nach erfolgter Qualitätskontrolle separiert, das heißt mithilfe einer Zentrifuge in Magermilch und Sahne getrennt. Bei der anschließenden Standardisierung wird der Fettgehalt der Milch durch das Zusammenführen von Magermilch mit Sahne eingestellt.

Nach der Standardisierung kann die Milch homogenisiert werden, um das Aufrahmen (Abtrennung von Milch und Sahne) zu verhindern. Die Milch wird mit hohem Druck durch feine Düsen gepresst. Die Fettkügelchen werden dadurch mechanisch zerkleinert und gleichmäßig – homogen – in der Milch verteilt. Die homogenisierte Milch schmeckt vollmundiger und ist leichter verdaulich.

Durch die Reduzierung der allgegenwärtigen Umweltkeime in der Milch wird Lebensmittelsicherheit und gleichzeitig aber auch eine Verlängerung der Haltbarkeit erreicht. Zur Keimreduktion werden in den Molkereien verschiedene Verfahren eingesetzt:
- Traditionelle Wärmebehandlungsverfahren
- Neue alternative Verfahren wie Mikrofiltration, Hochdruck und Ultraschall

Die üblichen Wärmebehandlungsverfahren in den Molkereien sind Pasteurisierung (Kurzzeiterhitzung oder Hocherhitzung), Sterilisierung und Ultrahocherhitzung. Sie unterscheiden sich in der Höhe der angewandten Erhitzungstemperatur und –zeit.

Betriebstypische Gefahren

- Bei Trockenmilchherstellung Brand- und Explosionsgefahr im Sprühtrockner
- Hohe Brandlasten im Verpackungsmittellager (Kunststoff)
- Hohe Brandlasten im Fertiglager
- Unter Umständen hohe Brandlasten durch Verwendung von Sandwichpanelen mit brennbarer Isolierung (insbesondere in Kühlbereichen)

Brauereien: **Verfahrenstechnik**

- Im Sudhaus erfolgt unter auflösen der Malzinhaltsstoffe und des Hopfens in Wasser die sog. Würzeherstellung
- Die Würze ist die Grundlage für die Vergärung
- Während der Gärung erfolgt die Umwandlung der Würze in Bier. Hierbei verhilft die Hefe dem in der Würze enthaltenen Malzzucker zur Wandlung in Ethanol und Kohlensäure.
- Vor der Abfüllung kommt es noch zur Filtration. Hierbei wird das klare Bier(getränk) von Hefezellen und Gerbstoffen getrennt.

Betriebstypische Gefahren

- Explosionsgefahr in Malzsilos (Staubexplosion)
- Explosionsgefahr in Malzschrotmühlen (Staubexplosion)
- Brennbare Isolierung in Gärtanks (PU-Schaum)
- Hohe Brandlast im Bereich der Leergut- und Vollgutlagerung
- Ammoniak-Kälteanlagen (Unter gewissen Umständen ist Ammoniak brennbar)
- Giftig bei Freisetzung (Umweltgefährdung)

Bäckereien: **Betriebstypische Gefahren**

- Mehlstaubsilos: Explosionsgefahr
- Brandgefahr an Fettbackeinrichtungen / Fritteusen
- Brandgefahr an den Öfen durch Ablagerung von Staub, Krümeln
- Unter Umständen Kühlhäuser und Tiefkühlbereiche mit brennbarer Isolierung
- Hohe Brandlasten im Bereich der Kunststofftransportkästen

Fleischverarbeitung: **Betriebstypische Gefahren**

- Brandlasten durch Innen- und Außenwände mit brennbarer Isolierung (insbesondere Kühlräume)
- Brandlasten durch Kunststofftransportkästen
- Elektrische Installation in feuchter Umgebung (Gefahr elektrischer Defekte, Kurzschlüsse)
- Brandgefahr an Räucheranlagen
- Brandgefahr in Bratstraßen (Öl)
- Kesselhaus/Dampferzeuger

Sonstige

Transformatoren + Kompressoren:

Betriebstypische Gefahren

- Hohe Brandlast durch große Mengen Transformatorenöl
- Transformatorenbrände lassen sich aufgrund der enormen Brandlast (Transformatorenöl) nur schwer beherrschen
- Eine Beschädigung oder Zerstörung von betriebswichtigen Transformatoren führt unweigerlich zu einer Betriebsunterbrechung
- In den offenporigen Schalldämmungen von ölgekühlten, jedoch vielfach nicht öldichten Maschinen sammeln sich erhebliche Mengen von Öl an
- Durch die ununterbrochene Betriebsweise bei erhöhten Temperaturen kommt es zu Zersetzungsreaktionen im Öl (Spaltung der Kohlenwasserstoffketten), was die Zündtemperatur herabsetzt (Selbstentzündung)
- Die Zündwilligkeit des Öls wird erhöht durch den sog. Dochteffekt (Vergrößerung der aktiven Oberfläche)
- Speziell bei Schraubenkompressoren wird mit extremem Druck gearbeitet, so dass das Öl bis zu 10 bar aushalten muss und dabei extrem heiß wird. Undichtigkeiten (Luft angesaugt und Öl entzündet sich oder heißes Öl spritzt auf brennbare Gegenstände) führen ganz schnell zu Bränden.
  Bei einer Unterbrechung des Ölkreislaufes kann es sogar zu einer Verpuffung kommen.

Elektroschalträume:

Betriebstypische Gefahren

- Hohe Brandlast durch Kabelisolierungen
- Zündquellen bei Fehler an den elektrischen Anschlüssen
- Eine Beschädigung oder Zerstörung von betriebswichtigen Elektroschalträumen führt unweigerlich zu einer Betriebsunterbrechung
- Kabelisolierungen von elektrische Leitungen bestehen in der Regel aus PVC
- Extreme Rauchbildung: Behinderung der Löscharbeiten
- Bildung korrosiver und toxischer Brandgase: Gesundheitsgefahr
- Kontamination von Löschwasser ermöglicht Umweltschäden
- Alterungsprozesse wie mechanischer Verschleiß von Schaltelementen, gelockerte Schraubverbindungen, beschädigte Isolationen können zu Kurzschlüssen führen
- Kabelkanäle sind naturgemäß eng und schwer zugänglich und befinden sich häufig unter der Erde
- Ein Brand innerhalb eines Kabelkanals kann aufgrund der begrenzten Zugänglichkeit und der rasch einsetzenden Verrauchung nur schwer bekämpft werden
- Im Ernstfall ist ein Totalschaden der Kabelanlagen wahrscheinlich

Thermoölanlagen: **Betriebstypische Gefahren**

- Wärmeträgeröle können bei einem Austritt aus dem Wärmeträgerölkreislauf (Neubefüllung, Undichtigkeiten oder Reparaturen) erhebliche Brandgefahren verursachen
- Überhitzte Wärmeträgeröle stehen unter Druck und treten bei Leckagen in der Regel in Form eines feinverteilten Sprühnebels aus, was die Entzündbarkeit erheblich erhöht
- Schon beim Normalbetrieb der Wärmeträgerölanlagen wird der Flammpunkt des Wärmeträgeröles betriebsmäßig überschritten, so dass im Falle einer Freisetzung eine Entzündung leicht möglich ist
- Bei Materialfehlern im Leitungssystem kann es bereits bei feinsten Haarrissen zu nebelartigem Versprühen des heißen Wärmeträgeröls kommen
- Dieser feine verteilte Nebel besteht aus heißem brennbaren Mineralöl, dessen Temperatur betriebsbedingt bereits nahe dem Flammpunkt ist
- Kommt dieser Nebel mit einer Zündquelle in Kontakt (heiße Maschinenteile) kann es zu explosionsartigen Durchzündungen kommen

Trocknungsanlagen: **Betriebstypische Gefahren**

- Trocknungsanlagen stellen eine erhöhte Brandgefahr dar (Versagen der Temperaturregelung, Kurzschluss, Defekt an der Wärmedämmung)
- Trocknungsanlagen werden in der Regel kontinuierlich über einen langen Zeitraum (also auch außerhalb der Arbeitszeit) unbeaufsichtigt betrieben
- Explosionsgefahr durch Leckage von Erdgas (bei gasbefeuerten Öfen)

Brandgefahr

Allgemeiner Brandschutz:

Baulicher Brandschutz

- Abtrennung des Lagerbereichs zur Produktion und/oder anderen Bereichen (z.B. Büros)
- Abschottung von Kabelkanälen und Lüftungsschächten
- Baustoffe und Isolationsmaterialien sollten nicht brennbarer Art sein

Technischer Brandschutz

- Brandmeldeanlage bzw. Videoüberwachung
- Löschanlage (automatisch, mindestens aber halbstationär)
- Schaumeinspeisung in das Sprinklersystem bei Kunststofflagerung
- Schaumeinspeisung in das Sprinklersystem bei verstärkter Verwendung von Lagerhilfen aus Kunststoff
- Rauch- und Wärmeabzugsanlage
- Technische Lüftungsanlagen bei brennbaren Gasen, Lösemitteln

Organisatorischer Brandschutz

- Freistreifen zwischen den Lagerblöcken
- Keine Brandlasten direkt an den Außenwänden der Gebäude lagern
- Regelmäßige Kontrollen
- Wartungsintervalle einhalten
- Revision der elektrischen Licht- und Kraftanlagen durchführen lassen
- Vermeidung von Zündquellen
- ED-Schutz (Einbruchmeldeanlage / Zugangskontrolle)
- Raucherzonen / Raucherinseln mit feuerhemmender Abtrennung (F 30, F 60), Aufstellung nicht brennbare Aschenbecher mit Sandfüllung und Feuerlöscher in Reichweite einrichten

Reinhaltung der Betriebsräume

- Brennbare Stäube und Abfälle stellen eine besondere Gefahr dar. Sie sind regelmäßig aus den Fertigungsbereichen zu entfernen. Es empfiehlt sich, hierfür direkt an den Maschinen Absauganlagen einzusetzen oder manuell mit Staubsaugern zu reinigen.
- Zur Aufbewahrung von Abfällen sind Behälter aus nicht brennbarem Material zu verwenden, die geschlossen zu halten sind. Sie sind in sicherem Abstand zu Gebäuden oder in feuerbeständig abgeschlossenen Räumen bis zum Abtransport zu lagern.

Individueller Brandschutz: **Brennbare Flüssigkeiten**

- Vermeidung bzw. Ableitung elektrostatischer Aufladungen sowie Blitzschutz
- Gefahrlose Ableitung explosionsgefährlicher Gas/Luft-Gemische bei Ab- und Umfüllvorgängen

Druckverflüssigte Gase

- Lagerung der Gasflaschen in einem Gitterkäfig mit verschließbarer Tür
- Sicherung gegen Umfallen von Gasflaschen mittels einer Stahlkette

Folienverpackung

- Nach Folienschrumpfen ist eine Quarantänelagerung in einem feuerbeständig abgetrennten Bereich erforderlich
- Besser: Wickeln von Stretch-Folien anstatt Folienschrumpfen mittels Flamme

Tagesbedarf zwecks Brandlastreduzierung

- Feuergefährliche Schmälzmittel, Verdünnungs- und Reinigungsmittel sowie Fette, Öle usw. dürfen in den Fertigungsbereichen nur in den Mengen vorhanden sein, die für den Fortgang der Arbeit nötig sind, höchstens jedoch bis zum Tagesbedarf.

Werkfeuerwehr

- Bei enormen Brandlasten, eventuell in Kombination mit rascher Brandausbreitungsgeschwindigkeit, ist eine Werkfeuerwehr zu empfehlen.
- Bei kleinen Betrieben ist dies allerdings aus wirtschaftlichen Gründen schwer darstellbar.
- Hilfreich ist in jedem Fall die Aufstellung einer Betriebslöschgruppe oder zumindest die regelmäßige Begehung des Betriebes durch die Feuerwehr (Was ist wo ? Welche betriebstypischen Gefahren sind vorhanden ?)

Ordnung und Sauberkeit im Betrieb sind „die halbe Miete".

VbF-Lager: z.B. für Farben, Lacke, Treibstoffe

Die **V**erordnung über **b**rennbare **F**lüssigkeiten (VbF) ist eine deutsche Rechtsverordnung, deren Bestimmungen zum 1. Januar 2003 überwiegend aufgehoben worden sind und durch die die Betriebssicherheitsverordnung (BetrSichV) ergänzenden Technischen Regeln für die Betriebssicherheit (TRBS) und die TRGS 510 ersetzt wurden.

In der VbF waren ursprünglich zwei Gefahrklassen von brennbaren Flüssigkeiten festgelegt:

Gefahrklasse A (nicht wasserlösliche brennbare Flüssigkeiten):

- Gefahrklasse AI:
  Flüssigkeiten mit einem Flammpunkt unter 21 °C (z. B. Benzin)

- Gefahrklasse AII:
  Flüssigkeiten mit einem Flammpunkt zwischen 21 °C und 55 °C (z. B. Petroleum)

- Gefahrklasse AIII:
  Flüssigkeiten mit einem Flammpunkt zwischen 55 °C und 100 °C (z. B. Dieselkraftstoff)

- Gefahrklasse B:
  Bei 15 °C wasserlösliche brennbare Flüssigkeiten mit einem Flammpunkt unter 21 °C (z. B. Ethanol)

Die neue Einteilung von brennbaren Flüssigkeiten erfolgt gem. dem Gefahrstoffrecht (Richtlinie 67/548/EWG) für flüssige Stoffe, die der BetrSichV zu Grunde gelegt wird:

- F+
  Hochentzündliche Flüssigkeiten mit einem Flammpunkt unter 0 °C

- F
  Leichtentzündliche Flüssigkeiten mit einem Flammpunkt von 0 °C bis 21 °C

- R10 (neu: H226)
  Entzündliche Flüssigkeiten mit einem Flammpunkt von 21 °C bis 55 °C

Prävention gegen Brandstiftung in Form von:
- Einfriedung des Geländes
- Einbruchmeldeanlage (Bewegungsmelder, Videoüberwachung)

Fertigungsmaschinen: Einzelne besonders kritische Betriebsbereiche sollten

1) räumlich oder baulich in separate Feuer-Komplexe getrennt, mindestens aber durch Brandwände unterteilt werden
2) und durch automatische Feuerlöschanlagen / Objektschutz-Löschanlage (CO_2) geschützt werden.

Kritische Bereiche können sein:
- Beschichtungsanlagen mit Direktbeheizung
- Bratstraßen
- Direkt befeuerte dezentrale Heizungsanlagen
- Extrationsanlagen
- Extruder
- Filteranlagen
- Flüssiggasanlagen
- Folienschrumpfanlagen
- Fritteusen
- Fördereinrichtungen / Förderbänder
- Funkenerodieranlagen
- Galvanik
- Gefahrstoffläger
- Härteanlagen
- Hydraulikaggregate
- Kesselhaus
- Kompressoren
- Lackierkabinen
- Mahlanlagen
- Mischwölfe
- Raucherzeuger (Fleischverarbeitung)
- Öfen
- Pressen
- Raumheizung
- Sengen
- Spänebunker / Spänesilo
- Spänetrockner
- Spannrahmen
- Sprühtrockner
- Thermoölanlagen
- Trocknungsanlagen

Eine wirkungsvolle Maßnahme gegen Brandentstehung durch Funkeneintrag ist die Kombination von Funkenerkennung und automatischer Löschanlage bei
- Schleifen
- Trocknen
- Zerkleinern, Zerspanen

Ferner sollten
- Feuerlöscher der entsprechenden Klassifizierung in ausreichender Anzahl platziert
- und Rauchschürzen installiert werden.

Die Brandlast ist durch folgende Maßnahmen zu reduzieren:
- Keine Brandlasten im Bereich der Maschinen
- Auffangwannen für etwaige Leckagen
- Verwendung Kühlschmierstoffen auf Wasserbasis (kein Öl)
- Absaugung an den Härtebecken (Öldämpfe), gute Be-/Entlüftung

Galvanikbecken:

Automatische Notabschaltung
- Schnellablass zwecks Notentleerung
- Flüssigkeitsniveau-Überwachung
- Temperaturüberwachung mit Sicherheitstemperaturbegrenzer

Öfen:

Feuerfeste Ofenausmauerung
- Regelmäßige Sichtkontrolle auf schadhafte Stellen
- Kontrolle der Ofengeometrie mittels Lasermessung
- Kühlwasserkontrolle mittels Durchflussmessung (Volumenstrom) und Temperaturmessung

Notfallversorgung (Redundante Systeme)
- Netzunabhängige Notkühlwasserkreisläufe
- Netzunabhängige Notentleerung der Öfen

Hydraulikrisiken:

Regelmäßige Sichtkontrolle
- Hydraulikleitungen   (Leckagen)
- Hydraulikschläuche   (Porosität)
- Verbindungsmuffen   (Dichtigkeit)

Kühlwasser:

Kontrolle
- Durchflussmessung (Volumenstrom) / Temperaturmessung

Notfallversorgung (Redundante Systeme)
- Netzunabhängige Notkühlwasserkreisläufe
- Netzunabhängige Notentleerung der Öfen

Trocknungsanlagen:

Anlageauslegung nach dem Wärmetauscher-Prinzip (Sekundärheizung) unter Verwendung von nicht brennbaren Wärmeträgermedien (z.B. Dampf).

Feuerung außerhalb der Betriebsräume mit feuerbeständiger Abtrennung

Bei direkt beheizten Trocknungsanlagen sind zusätzliche Siebfilter einzubauen, um zu vermeiden, dass Späne oder Holzstäube mit der Flamme in Berührung kommen können.

Pneumatische Fördereinrichtungen:

Die Anlagen sind so auszulegen, dass sie sich im Brandfall automatisch abschalten und zusätzlich von gesicherter Stelle manuell abgestellt werden können.

Gase, Dämpfe, Nebel oder Stäube, die mit Luft explosionsfähige Gemische bilden können, sind gefahrlos abzuleiten.

Transformatoren:

Regelmäßige Kontrolle der Transformatorenölqualität durch chemische Laboranalyse (ggf. Austausch/Ölwechsel)

Regelmäßige Kontrolle der Schutzeinrichtungen:
- Schieflastschutz
- Überlastschutz
- Übertemperaturschutz
- "Buchholzschutz"

Elektroschalträume:

Regelmäßige Kontrolle der Kontaktpunkte (Infrarot-Thermographie mittels Wärmebildkamera)

Überwachungsbereich der Brandmeldeanlage und Schutzbereich der Löschanlage auf den Zwischenraum in Doppelböden und unter abgehängten Decken ausdehnen

Kabeldurchführungen sorgfältig und lückenlos mit geeigneten Materialien abschotten

Kabelkanäle durch feuerbeständige Abtrennungen in Brandabschnitte zu unterteilen

Brandmeldesensor und Löschanlage sind in diesem Bereich obligatorisch (also Pflicht)

Kompressoren:

Regelmäßige Kontrolle der Isolierung (ggf. Austausch)

Kontinuierliche Überwachung der Betriebsparameter mit automatische Notabschaltung

Schutzmaßnahmen / Brandgefahr

**Absaugkanäle
und Filteranlagen:**

Brandschutzklappen
-   Sicherstellung der Brandabschnittstrennung durch Brandschutzklappen innerhalb der Absaugkanäle

Räumliche / bauliche Abtrennung
-   Feuerbeständige Abschottung
-   Eigener Brandabschnitt
-   Mindestens jedoch großzügige Abstände zu benachbarten Bereichen
-   Getrennte Absaugkanäle für Ofenentstaubung und Gebäudeluftreinigung
-   An Bearbeitungsmaschinen getrennte Absaugung von Eisenmetallen und Nichteisen-Metallen (z.B. Al, Mg)

Funkenerkennung / Brandmeldung
-   Funkenerkennung und Funkenlöschanlage innerhalb der Absaugkanäle
-   Brandmeldeanlage innerhalb der Absaugkanäle mit automatischer Abschaltung der Absauganlage

Verwendung von brandschutztechnisch unkritischen Reinigungsverfahren
-   Naßabscheider
-   Zyklone
-   Windabscheider

Bei Einsatz von Tuchfiltern
-   Verwendung von nicht brennbaren Filtervliesen.

Lagerrisiken: Stoffgerechte Trennung

- Eine der wichtigsten prophylaktischen Maßnahmen zur Schadenminderung ist eine konsequente Trennung der gelagerten Stoffe nach ihren stofflichen Eigenschaften und ihrer Art bzw. Form (Folien, Formteile usw.).

- Grundsätzlich dürfen Stoffe, die in gefährlicher Weise miteinander reagieren können, nicht ohne entsprechende Schutzmaßnahmen zusammen gelagert werden.

- Halogenhaltigen Kunststoffen und halogenfreien Kunststoffen sind konsequent zu trennen.

- Eine Zusammenlagerung von Stoffen, die schwer entflammbar sind (jedoch im Brandfall korrosive oder toxische Gase bilden können), mit leicht entflammbaren Stoffen führt zu einer erheblichen Erhöhung des Gefahrenpotenzials.

- Ein für Stoff A geeignetes Löschmittel kann bei Stoff B in seiner Löschwirkung versagen oder gar zu gefährlichen Reaktionen mit dem Lagergut führen.

- Potenzialausgleich als Schutz vor elektrischer Aufladung an Förderleitungen und Absauganlagen.

- Temporäre Ausgasungen (z.B. frisch geschäumten Kunststoffblöcke): Lüftung / Trennung (Quarantäne).

Sonstige Schutzmaßnahmen:

**Prävention gegen
Brandstiftung:**

- Einfriedung des Geländes
- Einbruchmeldeanlage (Bewegungsmelder, Videoüberwachung)

Raumheizung:

Brandlast reduzieren

- Die Produktions- und Lagerräume dürfen mit Wasserdampf, Warmwasser oder anderen Wärmeträgermedien beheizt werden.
- Ebenfalls zulässig ist die Beheizung durch Luft, die durch Wasserdampf, Warmwasser oder elektrisch beheizte Warmlufterzeuger, die nach dem Wärmetauscher-Prinzip arbeiten, erwärmt wird.
- Bei öl- oder gasbeheizten Wärmeerzeugern muss die Feuerung außerhalb der Betriebsräume mit feuerbeständiger Abtrennung angebracht sein.
- Mit einem Sieb sollte verhindert werden, dass Flusen mit der Flamme in Berührung kommen können. Dabei darf die dem Raum zugeführte Warmluft eine Temperatur von 120 °C nicht übersteigen.

Thermoölanlagen:

Kontrolle

- Temperaturüberwachung mit Sicherheitstemperaturbegrenzer und automatischer Notabschaltung der Pumpen
- Leckage-Überwachung durch Volumenstrom- und Flüssigkeitsniveau-Überwachung mit automatischer Notabschaltung der Pumpen und Heizaggregate
- Überlaufvorrichtungen mit Auffangwannen unter den Heizaggregaten und Pumpen
- Regelmäßige Kontrolle der Wärmeträgerölqualität durch chemische Laboranalyse (ggf. Austausch/Ölwechsel)
- Schnellschlussventil druckseitig nach Pumpenstation und Notentleerung mit Schnellablass (Notfallplan für Stromausfall)
- Regelmäßige Sichtkontrolle:
  - Thermoölleitungen   (Leckagen)
  - Thermoölschläuche   (Porosität)
  - Verbindungsmuffen   (Dichtigkeit)

Brandlast reduzieren

- Verwendung von feuerresistenten Wärmeträgerflüssigkeiten, die auf Polyglycol-Wasser-Basis oder Phosphorsäureestern aufgebaut sind und völlig frei von Kohlenwasserstoffen sind
- Eine weitere Alternative wäre die Verwendung von Silikonölen, was sich allerdings angesichts des hohen Preises aus betriebswirtschaftlichen Gründen nicht rechtfertigen lässt

Trocknungsanlagen: Kontrolle

- Regelmäßige Kontrolle der Elektroversorgung auf Sengstellen oder thermische Überbeanspruchung
- Gaswarnanlage mit automatischer Notabschaltung (bei gasbefeuerten Öfen)

Checkliste „Auslegung der Ladestationen"

Bauliche Trennung:	Räume müssen mindestens feuerhemmend (F 30, F 60) abgetrennt sein
Baustoffe:	Ladegeräte sollen auf nichtbrennbaren Unterlagen aufgestellt werden (Stein- / Betonboden, Metallregal, etc.) bzw. an einer Wand aus nichtbrennbaren Baustoffen aufgehängt werden
Abstände:	Einzelladeplätze sind jeweils für das größte Fahrzeug zu bemessen zzgl. 0,6 m Gang
	Abstand zu brennbaren Stoffen muss mindestens 2,5 m betragen
	Abstand zu explosionsfähigen Stoffen muss mindestens 5 m betragen
	Der Abstand zwischen Ladegerät und Batterie muss mindesten 1 m betragen
Feuerlöscher:	Feuerlöscher sind an geeigneter Stelle anzubringen
Überspannungsschutz:	Ladegeräte sind mit einem FI-Schalter $\leq$ 300 mA abzusichern
	Ladegeräte sind mit Sicherungen gegen Überströme zu schützen (ggf.) auf der Netzseite
	Verwendung zugelassener Ladeleitungen für die Ladegeräte
Belüftung:	Möglichst Stelle mit natürlicher Belüftung
	Der Lüftungsstrom sollte die Ladestellen überströmen und an höchster Stelle abgesaugt werden
	Bei Zwangsbelüftung bzw. Zwangsentlüftung muss sichergestellt sein, dass die Lüftung mindestens eine Stunde nach Beendigung des Ladevorganges weiterläuft
	Die Abluft muss unmittelbar ins Freie abgeführt werden
Sonstige Maßnahmen:	In diesen Räumen darf keine Frostgefahr herrschen
	Ladegeräte sind gegen Umkippen / mechanische Beschädigung zu schützen
	Ladeleitungen sind gegen Quetschen, Abknicken und Überfahren zu schützen
	Kennzeichnung der Ladestationen
	Rauchen, Licht und offenes Feuer sind verboten. Dies ist entsprechend zu Kennzeichnen
	Regelmäßige optische Kontrolle der Einrichtungen

Schutzmaßnahmen

Explosionsgefahr

Explosionsschutz:

Explosionsschutzklappen zur Druckentlastung bei Verpuffungsgefahr ist eine wirksame Maßnahme zur Schadenminderung bei:

- Lackiererei
- Lagersilos, Bunker
- Filteranlagen

Reinhaltung der Betriebsräume:

Brandlast reduzieren, Explosionsgefahr mindern

- Abfälle, insbesondere Stäube und Späne stellen eine besondere Gefahr dar. Sie sind regelmäßig aus den Fertigungsbereichen zu entfernen.
- Es empfiehlt sich, hierfür direkt an den Maschinen Absauganlagen einzusetzen oder manuell mit Staubsaugern zu reinigen.
- Zur Aufbewahrung von Abfällen sind Behälter aus nicht brennbarem Material zu verwenden, die geschlossen zu halten sind. Sie sind in sicherem Abstand zu Gebäuden oder in feuerbeständig abgeschlossenen Räumen bis zum Abtransport zu lagern.

Pneumatische Fördereinrichtungen:

Kontrolle

- Die Anlagen sind so auszulegen, dass sie sich im Brandfall automatisch abschalten und zusätzlich von gesicherter Stelle manuell abgestellt werden können.
- Gase, Dämpfe, Nebel oder Stäube, die mit Luft explosionsfähige Gemische bilden können, sind gefahrlos abzuleiten.
- Hauptgefahr besteht beim pneumatischen Transport in Rohrleitungen und bei der Aufwirbelung loser Stäube im Brandfall (daher der wichtige Punkt „Reinhaltung der Betriebsräume").

Farben und Lacke:

Lagerung der Lacke und Farben in VbF-Lager

Brandstiftung:

Prävention gegen Brandstiftung
- Einfriedung des Geländes
- Einbruchmeldeanlage (Bewegungsmelder, Videoüberwachung)

Trocknungsanlagen:

Gaswarnanlage mit automatischer Notabschaltung (bei gasbefeuerten Öfen)

Schutzmaßnahmen / Explosionsgefahr

Brauereien:
- Druckentlastung und Inertisierung für Malzsilos
- Schutz von Schrotmühlen: Brandschutztrennung der Gärtanks mit brennbarer Isolierung
- Gasmelder für Ammoniak

Bäckereien:
- Ex-Schutz an den Mehlsilos und Fördereinrichtungen

Jungfraubahn - Bohrarbeiten

Kapitel 3
Technische Versicherungen

Allgemein

Technische Versicherungen sind eine Untergruppe der Sachversicherung, unter der Versicherungen zur Deckung technischer Risiken im wörtlichen Sinn eingeordnet werden.

Im Gegensatz zur allgemeinen Sachversicherung zeichnen sich technische Versicherungen mehrheitlich durch Versicherung spezifisch benannter Sachen gegen alle unvorhergesehenen Sachsubstanzschäden aus, soweit kein expliziter Ausschluss vorliegt (Prinzip der unbenannten Gefahren, Allgefahrenversicherung).

Dazu zählen die Versicherung betriebsbereiter technischer Anlagen gegen Sachschäden und/oder gegen Vermögensschäden, die Versicherung von Bauwerken oder sonstiger technischer Anlagen während der Errichtungsphase gegen Sachschäden, die Versicherung technischer Anlagen gegen Sachschäden aus Herstellungs- oder Ausführungsfehlern sowie während der Garantiezeit.

Technische Versicherungen in Deutschland:

-Montageversicherung	(AMoB)
-Bauleistungsversicherung	(ABN / ABU)
-Maschinengarantieversicherung	(MGar)
-Maschinenversicherung	(AMB)
-Maschinen-Betriebsunterbrechungsversicherung	(AMBUB)
-Baugeräteversicherung	(ABMG)
-Elektronikversicherung	(ABE)

Internationale Technische Versicherungen nach Münchener Rück:

-Montageversicherung	(erection all risk = EAR)
-Montage–Betriebsunterbrechungsversicherung	
-Bauleistungsversicherung	(contractor´s all risk = CAR)
-Bauleistung – Betriebsunterbrechungsversicherung	
-Comprehensive Project Insurance	(CPI)
-Maschinenversicherung	
-Comprehensive Machinery Insurance	(CMI)

Weitere Deckungen:

-Builders Risk (USA)

Deckungsumfänge	CAR	EAR	AMoB	Builders Risk
FLEXA Fire, Lightning, Explosion, Aircraft	X	X	X	X
Extended Coverage (EC)	X	X	X	X
Kasko (von außen einwirkend)	X	X	X	X
Bedienungsfehler, menschliches Versagen, Montageschäden	X	X	X	X
Ausführungsfehler (einschl. Planungs-, Materials- und Konstruktionsfehler)		optional	X	optional
Testing		X	X	X
Third party liability (Haftpflichtansprüche)		optional		
Betriebsunterbrechung	optional	optional	optional	optional

Folgende Vertragsformen können bei den Technischen Versicherungen vorkommen:

Einzelvertrag (EV)

Ein VN schließt für eine bestimmte Maschine (o.ä.) einen durchlaufenden Vertrag ab.

Rahmenvertrag (RV)

Mit einem Rahmenvertrag wird die Vertragsform für einzelne Risiken einheitlich festgelegt. Der Versicherungsnehmer (VN) ist nicht zur Anmeldung verpflichtet. Die Vertragsform bietet sich an, wenn eine Vielzahl einzelner Risiken von Fall zu Fall versichert werden sollen. Versicherbare Objekte müssen vor Risikobeginn angemeldet werden.

Generalvertrag (GV)

Wie beim RV wird der Inhalt von Einzelverträgen einheitlich festgelegt. Anders als beim RV ist der VN beim GV zur Anmeldung sämtlicher versicherbaren Objekte verpflichtet. Auch hier erfolgt eine Anmeldung mit entsprechendem Anmeldeformular der versicherten Objekte.

Umsatzvertrag (UV)

Die Berechnungsgrundlage ergibt sich aus dem Umsatz der VN für einen festgelegten Zeitraum. Der UV dient der Vereinfachung bei der Risikoerfassung, wenn die einzelnen versicherbaren Objekte nicht wie beim RV/GV deklariert werden können. Die Zusammensetzung des Umsatzes muss zweifelsfrei definiert sein.

Lohnsummenvertrag (LV)

Anwendung wie beim UV, wenn einzelne versicherbare Objekte nicht deklariert werden können. Berechnungsgrundlage ist jedoch die Lohn- und Gehaltssumme der VN für einen festgelegten Zeitraum. LV zum Beispiel, wenn nur Monteure der VN zu De- und Remontage von Maschinen eingesetzt werden und die Maschine selbst nicht zum Bestand der VN gehört.

Zu beachten:

Da beim UV und LV keine Einzelanmeldung der Risiken erfolgt, ist es üblich, dass die Ersatzleistung für jeden einzelnen Schadenfall begrenzt wird (Haftungslimit).

Bauleistung

Die Bauleistungsversicherung soll das Bauvorhaben gegen unvorhergesehene Schäden an versicherten Bauleistungen absichern.

Hierbei wird zwischen 2 Produkten unterschieden:

Absicherung der

- **Bauleistung für Auftraggeber (= ABN)**

- oder **für den Unternehmer (=ABU)**.

In vielen Punkten sind sowohl diese Bedingungswerke als auch die dazu gehörigen Klauseln vergleichbar.

Mit freundlicher Genehmigung der Miniatur Wunderland Hamburg GmbH

ABN (Allgemeine Bedingungen für die Bauleistungsversicherung durch Auftraggeber)

Mit dieser Bauleistungsversicherung wird **dem Bauherrn** eine Art Vollkaskoschutz angeboten.

Versichert sind

- alle Bauleistungen, Baustoffe und Bauteile

- für Neubauten, Umbauten, Aufstockungen oder Anbaumaßnahmen im allgemeinen Hochbau einschließlich der Einrichtungsgegenstände, soweit sie wesentliche Gebäudebestandteile darstellen, sowie die Außenanlagen.

Optional: Ingenieur- und Tiefbauten können analog zu Hochbauten versichert werden. Diese Deckung kann für Auftragnehmer und Auftraggeber unter Einschluss der am Bau Beteiligten (auch ARGE) abgeschlossen werden.

Ingenieurbau

Als Ingenieurbau wird im Bauwesen eine Fachrichtung bezeichnet, die sich mit der Planung, Konstruktion und Errichtung von technischen Bauwerken befasst.

Die (Bau)Konstruktion ist wiederum geprägt von Normen und Vorschriften sowie technischen Regeln, den sogenannten anerkannten Regeln der Technik (was für den Versicherer als sehr positiv zu bewerten ist).

Sogenannte Ingenieurbauten sind meistens große Bauwerke wie z.B.

- Hallenbau (Messehalle, Maschinenbau, Einkaufszentren)

- Überdachungskonstruktionen (z.B. Stadion)

- Brücken, Türme, Kirchtürme, Fernsehtürme

- Tunnelprojekte

- Staudämme

Hinweis: Sollte bei einem scheinbar normalen größeren Bauwerk ein spezielles Fundament (sog. Gründung) erforderlich sein, kann hier ggf. auch schon von einem sog. Ingenieurbau gesprochen werden.

Daher wird bei der Abklärung der Bauleistungsrisiken auch nach besonderen Gründungsarbeiten (z.B. Pfahlbau) gefragt !

Versicherte Gefahren

Versichert ist der zu erstellende Gebäudeneubau (bzw. die Ingenieur- oder Tiefbaumaßnahme) während der Bauzeit gegen unvorhergesehene eintretende Schäden oder Zerstörungen wie z.B. durch:

- Höhere Gewalt und Elementarereignisse wie Erdbeben, Erdrutsch, Überschwemmung und Hochwasser

- Ungewöhnliche Witterungseinflüsse durch Sturm, Hagel, Frost

- Ungeschicklichkeit, Fahrlässigkeit sowie Böswilligkeit dritter Personen

- Mutwillige und vorsätzliche Beschädigung und Zerstörung durch unbekannte Personen

- Fehler bei der Bauausführung und mangelnde Bauaufsicht

- Folgeschäden durch Konstruktions- und Materialfehler sowie fehlerhafte statische Berechnungen

Die Versicherungsdauer in der Bauleistungsversicherung erstreckt sich meistens bis zur Bezugsfertigkeit, i.d.R. maximal aber 18 bis 24 Monate.

Ferner ist der Diebstahl von <u>fest verbundenen</u> Bestandteilen versichert.

Ein bereits montierter Heizkörper gilt als versichert, während noch nicht montierte Heizkörper nicht versichert sind.

Aber auch die Bauleistungsversicherung hat ihre Grenzen. Sie leistet keine Entschädigung bei nicht fachgerecht hergestellten Leistungen.

Zusätzlich versicherbare Gefahren und Schäden

Sofern vereinbart (!) leistet der Versicherer Entschädigung für

- Diebstahl nicht eingebauter Teile (was sich aber in der Praxis als durchaus schwierig erweist)

- Brand, Blitzschlag, Explosion (in der Praxis ebenfalls unerwünscht, da hier i.d.R. Abgrenzungsschwierigkeiten zu einer z.B. bestehenden Feuerrohbauversicherung entstehen können)

- Innere Unruhen, Streik, Aussperrung

Nicht versicherte Gefahren

Nicht versichert sind unter anderem Schäden durch

- mangelhafte Herstellung von Bauleistungen

- normale Witterungseinflüsse

- Krieg, Bürgerkrieg, hoheitliche Eingriffe

Versicherte Sachen

Alle Bauleistungen, Baustoffe und Bauteile für Neubau- oder Umbaumaßnahmen, einschließlich

- Einrichtungsgegenstände, soweit sie wesentliche Gebäudebestandteile darstellen

- Außenanlagen mit Ausnahme von Gartenanlagen und Pflanzungen

Nicht versicherte Sachen

- Maschinelle Einrichtungen für Produktionszwecke

- Einrichtungsgegenstände, die keine wesentlichen Gebäudebestandteile darstellen

- Baugeräte, Kleingeräte und Handwerkzeuge

- Baustelleneinrichtungen sowie Akten, Zeichnungen und Pläne

- Sonstige Sachen, die nach den ABMG versicherbar sind

- Fahrzeuge aller Art

Versicherungssumme

Versicherungssumme ist die vertragliche Bausumme aller Bauleistungen.

Dazu zählen auch

- versicherte Außenanlagen

- und der Wert aller Lieferungen von Baustoffen und Bauteilen

- sowie Eigenleistungen und Lieferungen des Auftraggebers

Die Versicherungssumme ist zunächst vorläufig. Die endgültige Festlegung erfolgt nach Ende der Haftung auf Grundlage der tatsächlichen Bausumme.

Ermittlung der Versicherungssumme

Basis ist die vertragliche Bausumme / ggf. ohne Mehrwertsteuer, sofern der VN hierzu die Möglichkeit hat.

Darin müssen enthalten sein der Neuwert:

- der Baustoffe und Bauteile

- der Hilfsbauten und Bauhilfsstoffe

die sowohl vom VN als auch vom Auftraggeber geliefert / erbracht werden.

Geltungsbereich

Ausschließlich die benannte Baustelle gilt als versichert.

Schadensfallleistung

Geleistet wird der Ersatz von notwendigen Kosten, um die Schadenstelle aufzuräumen und einen Zustand wiederherzustellen, der dem unmittelbar vor Eintritt des Schadens technisch gleichwertig ist.

Bauzeiten-Versicherung

Vereinzelte Versicherer bieten die Absicherung der Bauzeit und die damit verbundenen Risiken ab.

Meistens handelt es sich hier um ein Paket mit Bauherrenhaftpflicht-, Bauleistung- und Feuer-Rohbau-Versicherung und ist eher im privaten Bereich (EFH, ZFH) vorzufinden.

ABU (Allgemeine Bedingungen für die Bauleistungsversicherung von Unternehmerleistungen)

Die Bauleistungsversicherung für Unternehmer schützt vor den Folgen durch

- Sachschäden an versicherten Bauleistungen

- oder an sonstigen versicherten Sachen

Versicherungsnehmer bzw. Versicherte können sein:

- Bauunternehmer

- Subunternehmer

- Auftraggeber nach Vereinbarung

Versicherte Gefahren

Der Versicherer leistet Entschädigung für unvorhergesehen eintretende Beschädigungen oder Zerstörungen von versicherten Sachen (Sachschaden).

Unvorhergesehen sind Schäden, die der Versicherungsnehmer oder seine Repräsentanten weder rechtzeitig vorhergesehen haben noch mit dem für die im Betrieb ausgeübte Tätigkeit erforderlichen Fachwissen hätten vorhersehen können, wobei nur grobe Fahrlässigkeit schadet und diese den Versicherer dazu berechtigt, seine Leistung in einem der Schwere des Verschuldens entsprechenden Verhältnis zu kürzen.

> Der Versicherungsschutz entspricht i.d.R. den Gefahren, die der Bauunternehmer tragen muss, also gemäß der Vergabe- und Vertragsordnung für Bauleistungen (VOB). Siehe hierzu auch die Erläuterungen zu den VOB-Gefahrtragungen des Bauunternehmers in „Außergewöhnliche Hochwasser".

Zusätzlich versicherbare Gefahren und Schäden

Sofern vereinbart (!), leistet der Versicherer Entschädigung für

- Schäden durch Brand, Blitzschlag, Explosion, Anprall oder Absturz eines Luftfahrzeuges, seiner Teile oder seiner Ladung

- Schäden durch Gewässer und/oder durch Grundwasser, das durch Gewässer beeinflusst wird, infolge von
  - ungewöhnlichem Hochwasser
  - außergewöhnlichem Hochwasser
  ⇨ siehe nachfolgende Informationen zur Klausel 5260

- zusätzliche Aufräumungskosten

- Schadensuchkosten

- Baugrund und Bodenmassen

- Arbeitszeitzuschläge, Eil- und Expressfrachten

- Innere Unruhen, Streik, Aussperrung

- Altbauten, u. a. gegen Einsturz

- außergewöhnliche Witterungseinflüsse

Nicht versicherte Gefahren und Schäden

Der Versicherer leistet keine Entschädigung für

- Mängel der versicherten Lieferungen und Leistungen sowie sonstiger versicherter Sachen

- Verluste von versicherten Sachen

- Schäden an Glas-, Metall- oder Kunststoffoberflächen sowie an Oberflächen vorgehängter Fassaden durch eine Tätigkeit an diesen Sachen

- durch Vorsatz des Versicherungsnehmers oder dessen Repräsentanten

- durch normale Witterungseinflüsse, mit denen wegen der Jahreszeit und der örtlichen Verhältnisse gerechnet werden muss

- Entschädigung wird jedoch geleistet, wenn der Witterungsschaden infolge eines anderen entschädigungspflichtigen Schadens entstanden ist

- durch normale Wasserführung oder normale Wasserstände von Gewässern

- durch nicht einsatzbereite oder ausreichend redundante Anlagen zur Wasserhaltung. Redundant sind die Anlagen, wenn sie die Funktion einer ausgefallenen Anlage ohne zeitliche Verzögerung übernehmen können und über eine unabhängige Energieversorgung verfügen.

- während und infolge einer Unterbrechung der Arbeiten auf dem Baugrundstück oder einem Teil davon, wenn diese bei Eintritt des Versicherungsfalls bereits mehr als __ Monat(e) gedauert hat

- durch Baustoffe, die durch eine zuständige Prüfstelle* beanstandet oder vorschriftswidrig noch nicht geprüft wurden

- durch Krieg, kriegsähnliche Ereignisse, Bürgerkrieg, Revolution, Rebellion, Aufstand

- durch Innere Unruhen

- durch Streik, Aussperrung oder Verfügungen von hoher Hand

- durch Kernenergie, nukleare Strahlung oder radioaktive Substanzen

---

*Anmerkung: Baustoffe können in Deutschland von mehreren Firmen oder Instituten geprüft werden. Unter anderem haben sich viele Technische Hochschulen dieser Aufgabe gewidmet. Wichtig ist, dass das geprüfte Teil neben einem CE-Kennzeichen auch über ein Ü-Zeichen verfügt.

Versicherte Sachen

Versichert sind alle

- Baustoffe, Bauteile und Bauleistungen für die Errichtung des im Versicherungsvertrag bezeichneten Bauvorhabens

- einschließlich aller zugehörigen Hilfsbauten und Bauhilfsstoffe

Zusätzlich versicherbare Sachen

Sofern vereinbart, sind zusätzlich versichert

- Baugrund und Bodenmassen, soweit sie nicht Bestandteil der Bauleistungen sind

- Altbauten, die nicht Bestandteil der Bauleistungen sind

Nicht versicherte Sachen

Nicht versichert sind

- Wechseldatenträger

- bewegliche und sonstige nicht als wesentliche Bestandteile einzubauende Einrichtungsgegenstände

- maschinelle Einrichtungen für Produktionszwecke

- Baugeräte einschließlich Zusatzeinrichtungen wie Ausrüstungen, Zubehör und Ersatzteile

- Kleingeräte und Handwerkzeuge

- Vermessungs-, Werkstatt-, Prüf-, Labor- und Funkgeräte sowie Signal- und Sicherungsanlagen

- Stahlrohr- und Spezialgerüste, Stahlschalungen, Schalwagen und Vorbaugeräte, ferner Baubüros, Baucontainer, Baubuden, Baubaracken, Werkstätten, Magazine, Labors und Gerätewagen

- Fahrzeuge aller Art

- Akten, Zeichnungen und Pläne

- Gartenanlagen und Pflanzen

Versicherungsort

Versicherungsschutz besteht nur innerhalb des Versicherungsortes. Versicherungsort sind die im Versicherungsvertrag bezeichneten räumlichen Bereiche.

Sofern vereinbart (!), besteht Versicherungsschutz auch auf den Transportwegen zwischen den im Versicherungsvertrag bezeichneten räumlich getrennten Bereichen.

Versicherungswert

Der Versicherungswert für die versicherte Bauleistung ist der endgültige Kontraktpreis, der sich aus dem Vertrag mit dem Auftraggeber ergibt und mindestens den Selbstkosten des Unternehmers zu entsprechen hat.

Für im Kontraktpreis nicht enthaltene Baustoffe, Bauteile, Hilfsbauten und Bauhilfsstoffe ist deren Neuwert einschließlich der Kosten für Anlieferung und Abladen einzubeziehen.

Ist der Versicherungsnehmer zum Vorsteuerabzug nicht berechtigt, so ist die Umsatzsteuer einzubeziehen.

Versicherungssumme

Die Versicherungssumme ist der zwischen Versicherer und Versicherungsnehmer im Einzelnen vereinbarte Betrag, der dem Versicherungswert entsprechen soll.

Der Versicherungsnehmer soll die Versicherungssumme für die versicherte Sache während der Dauer des Versicherungsverhältnisses dem jeweils gültigen Versicherungswert anpassen. Dies gilt auch, wenn werterhöhende Änderungen vorgenommen werden.

Zu Beginn des Versicherungsschutzes wird für die versicherten Lieferungen und Leistungen eine vorläufige Versicherungssumme in Höhe des zu erwartenden Versicherungswertes vereinbart.

Nach Ende des Versicherungsschutzes ist die Versicherungssumme aufgrund eingetretener Veränderungen endgültig festzusetzen. Hierzu sind dem Versicherer Originalbelege vorzulegen, z. B. die Schlussrechnung.

Die endgültige Versicherungssumme hat dem Versicherungswert zu entsprechen.

Klauseln ABN und ABU

Ohne auf die einzelnen textlichen Inhalte eingehen zu wollen, werden hier zumindest mal die denkbaren Klauseln zu den einzelnen Bedingungswerken aufgeführt.

Es gibt folgende Unterschiede:

	ABN-Klauseln	ABU-Klauseln
Versicherte Sachen:		
Mitversicherung von Altbauten gegen Einsturz	5155	6155
Mitversicherung von Altbauten gegen Sachschäden infolge eines Schadens an der Neubauleistung sowie infolge Leitungswasser, Sturm und Hagel	5180	Nicht vorhanden
Mitversicherung von Altbauten gegen Sachschäden	5181	Nicht vorhanden
Versicherte Gefahren:		
Repräsentanten	5232	6232
Innere Unruhen	5236	6236
Streik, Aussperrung	5237	6237
Radioaktive Isotope	5254	6254
Aggressives Grundwasser	5256	6256
Undichtigkeit und Wasserdurchlässigkeit; Risse im Beton	5257	6257
Baustellen im Bereich von Gewässern oder in Bereichen, in denen das Grundwasser durch Gewässer beeinflusst wird	5260	6260
Brand, Blitzschlag, Explosion, Luftfahrzeuge	5266	6266
Nachhaftung (erweiterte Deckung)	5290	6290
Nachhaftung	5291	6291
Versichertes Interesse:		
Einschluss von Auftraggeberschäden	Nicht vorhanden	6364
Tiefbau-Auftraggeber als Versicherungsnehmer	Nicht vorhanden	6365
Entschädigung:		
Schäden infolge von Mängeln	5761	6761
Tunnel-, Schacht-, Durchpress- und Stollenarbeiten	Nicht vorhanden	6763
Höchstentschädigungsleistung für die Naturgefahren	5793	6793
Höchstentschädigungsleistung für die Naturgefahren (Jahresverträge)	5794	6794

Begrifflichkeiten

Aggressives   **Grundwasser**

Als aggressiv gilt Wasser dann, wenn es das mit ihm in Berührung stehende Feststoffe auflösen oder zersetzen kann, wofür in der Regel die Wasserinhaltsstoffe verantwortlich sind.
Aber auch destilliertes Wasser kann z.B. Mineralien aus Feststoffen herauslösen.

Ungewöhnliches Hochwasser

Über die Klausel 5260 für „Baustellen im Bereich von Gewässern oder in Bereichen, in denen das Grundwasser durch Gewässer beeinflusst wird" können Hochwasserschäden mitversichert werden.

Dann leistet der Versicherer Entschädigung für Schäden durch Wassereinbrüche oder Ansteigen des Grundwassers, wenn diese Ereignisse infolge eines anderen entschädigungspflichtigen Schadens eintreten.

Der Versicherungsnehmer hat allerdings vor Eintritt des Versicherungsfalles
- Spundwände und Fangdämme
- sowie Joche und sonstige Hilfskonstruktionen

in einem standsicheren Zustand zu errichten und die Standsicherheit laufend durch die notwendigen Maßnahmen zu gewährleisten.

Sofern vereinbart, leistet der Versicherer Entschädigung für Schäden durch ungewöhnliches Hochwasser oder durch Ansteigen des Grundwassers infolge ungewöhnlichen Hochwassers.

Um „ungewöhnliche" Hochwasser zu definieren, werden folgende Kategorien individuell festgehalten:

„Als ungewöhnlich gilt ein Hochwasser, wenn folgende Wasserstände oder Wassermengen überschritten sind:

> *Gewässer:*
> *Pegel:*
> *Fluss-km:*
> *Pegelnull: m ü. NN*
> *Wasserstände/Wassermengen:"*

Da Hochwasserstände sich im März anders darstellt als im August, werden in der Praxis an dieser Stelle sogar Monatswerte in Form einer Tabelle vereinbart.

Wurden keine Wasserstände oder Wassermengen vereinbart, so tritt an deren Stelle für jeden Monat der höchste Wasserstand oder die größte Wassermenge, die während der letzten 10 Jahre an dem Versicherungsort am nächsten gelegenen und durch die Baumaßnahmen nicht beeinflussten amtlichen Pegel erreicht wurden.

Hierbei werden jedoch Spitzenwerte, die für einen Monat außergewöhnlich sind, nicht unberücksichtigt.

Außergewöhnliches Hochwasser

Nur wenn dies mittels der Klausel 5260 besonders vereinbart ist, leistet der Versicherer für Schäden durch außergewöhnliches Hochwasser oder durch Ansteigen des Grundwassers infolge außergewöhnlichen Hochwassers.

Dies gilt auch für Schäden, die das Hochwasser verursacht, bevor es den außergewöhnlichen Wert erreicht hat.

Vereinbart werden dann individuelle Werte:

„Hochwasser gilt als außergewöhnlich, wenn folgende Wasserstände oder Wassermengen überschritten sind:
> *Gewässer:*
> *Pegel:*
> *Fluss-km:*
> *Pegelnull: m ü. NN*
> *Wasserstände/Wassermengen:*

Abweichend vom „ungewöhnlichen Hochwasser" tritt bei Nichtvereinbarung von bestimmten Wasserständen oder Wassermengen an deren Stelle der Wasserstand oder die Wassermenge, von denen an Schäden durch Hochwasser oder durch Ansteigen des Grundwassers infolge von Hochwasser unabwendbare Umstände im Sinne der VOB* in der bei Abschluss des Versicherungsvertrages aktuellen Fassung darstellen."

* Bei den VOB handelt es sich um die „Vergabe- und Vertragsordnung für Bauleistungen" und darin wird im § 7, 1 folgendes geregelt:

§ 7 / Verteilung der Gefahr

(1) Wird die ganz oder teilweise ausgeführte Leistung vor der Abnahme durch höhere Gewalt, Krieg, Aufruhr oder andere objektiv unabwendbare vom Auftragnehmer nicht zu vertretende Umstände beschädigt oder zerstört, so hat dieser für die ausgeführten Teile der Leistung die Ansprüche nach § 6 Absatz 5 (siehe unten); für andere Schäden besteht keine gegenseitige Ersatzpflicht.
(2) Zu der ganz oder teilweise ausgeführten Leistung gehören alle mit der baulichen Anlage unmittelbar verbundenen, in ihre Substanz eingegangenen Leistungen, unabhängig von deren Fertigstellungsgrad.
(3)
1 Zu der ganz oder teilweise ausgeführten Leistung gehören <u>nicht</u> die noch nicht eingebauten Stoffe und Bauteile sowie die Baustelleneinrichtung und Absteckungen.
2 Zu der ganz oder teilweise ausgeführten Leistung gehören ebenfalls <u>nicht</u> Hilfskonstruktionen und Gerüste, auch wenn diese als besondere Leistung oder selbstständig vergeben sind.

§ 6 / Behinderung und Unterbrechung der Ausführung
(5) Wird die Ausführung für voraussichtlich längere Dauer unterbrochen, ohne dass die Leistung dauernd unmöglich wird, <u>so sind die ausgeführten Leistungen nach den Vertragspreisen abzurechnen und außerdem die Kosten zu vergüten, die dem Auftragnehmer bereits entstanden und in den Vertragspreisen des nicht ausgeführten Teils der Leistung enthalten sind.</u>

Fazit: Tritt ein außergewöhnliches Hochwasser ein, darf der Auftragnehmer (Bauunternehmen) seine bisher erbrachten Leistungen und bereits verbauten Baustoffe abrechnen. Durch die in § 7 formulierte „höhere Gewalt" wird in der Praxis das außergewöhnliche Hochwasser erfasst.

Außenanlagen

Außenanlagen sind Bauleistungen außerhalb des Bauwerkes einschließlich der Verbindung der Versorgungsleitungen mit den Erschließungsanlagen.

Baugrund

Zum Baugrund gehören die unterschiedlich gelagerten, häufig gewachsenen Schichten des Untergrundes und speziell der Teil desselben in oder auf dem das Bauwerk errichtet wird.

Bodenmassen

Bodenmassen sind Böden jeder Art, die zum Zwecke des Bauens abgetragen oder zum Auffüllen und Gestalten angefahren werden, wie z.B. loses Gestein, Ton, Lehm, Kies, Sand, wasserhaltiger Boden, Mutterboden.

Schäden "an" Baugrund und Bodenmassen

Baugrund und Bodenmassen sind nur versichert, soweit sie Bestandteil der Bauleistungen sind oder wenn dies besonders vereinbart ist.
Selbst durch besondere Vereinbarungen können sie nur gegen unvorhergesehene Schäden durch Einwirkung "von außen" versichert werden.
Ein Bedürfnis für diesen Einschluss besteht z.B. bei Hanglage der Baustelle. Falls Baugrund und Bodenmassen z.B. von außerhalb der Baustelle geliefert werden, ist ggf. beim Fortspülen derselben auch ihre Substanz zu ersetzen.
Die Substanz wird dagegen nicht schon Bestandteil der versicherten Bauleistung, wenn die Oberfläche bearbeitet wurde, wie z.B. bei Baugrubensohlen und Böschungen. Wird eine Böschung unvorhergesehen zerstört, ersetzt der Versicherer nur die Kosten der Oberflächenwiederherstellung, nicht jedoch die Kosten für nachzulieferndes Material.

Schäden "aus" Grund und Boden

Ein Beispiel für einen Schaden "aus" Grund und Boden ist die nachträgliche Schiefstellung eines Bauwerkes aufgrund von Eigenschaften oder Veränderungen des Baugrundes.

Gründungsmaßnahmen

Gründungsmaßnahmen sind erforderlich, um die Standsicherheit eines Bauwerkes zu gewährleisten. Deshalb müssen die Bauwerkslasten in einen tragfähigen Untergrund abgeleitet werden. Das heißt, die Aufstandsfläche muss groß genug sein, um die vom Bauwerk übertragenen Lasten aufnehmen zu können.

Exkurs: Altbausanierungen / An- oder Umbauten
(Exemplarisch nach den ABN)

Was sind Altbauten und wie können diese mitversichert werden?

Altbauten sind bereits bestehende Gebäude wie z.B. Nachbargebäude, an denen unmittelbar eine nach § 1 Nr. 1 ABN versicherte Bauleistung ausgeführt wird.

Wichtig sind hierbei vor allem 2 Fragen:

- Wird durch die aktuelle Maßnahme in die tragende Konstruktion des bereits bestehenden Objekts eingegriffen oder nicht ?

- Handelt es sich bei dem Altbau um ein denkmalgeschütztes Objekt ?

  Hier sind für die Versicherung der Neubauleistung und die Mitversicherung des Altbaus folgende Informationen wichtig:

  - Ist im Schadenfall die denkmalgeschützte Substanz gefährdet ?

  - Müssen bei der Schadenbehebung spezielle (ursprüngliche) Materialien verwendet werden ?

  - Ist die Materialbeschaffung möglich ? Wenn ja, zu welchen Bezugskosten ?

  - Behördliche Auflagen beim Wiederaufbau ?

  - usw.

In der Regel werden derartige Baumaßnahmen im Vorfeld durch den Versicherer besichtigt.

Wichtig:	Ausreichende Bemessung der Erstrisikosummen, da diese gerade im Altbau-Bereich schnell erschöpft sein können.
	Ferner sollten die Klauseln TK 5155, TK 5180 sowie TK 5181 vereinbart werden.

TK 5155	**Mitversicherung der Altbauten gegen Einsturz**

Versicherte Sache: **Altbauten,** soweit an ihnen unmittelbar nach Abschnitt A § 1 Nr. 1 ABN 2008 versicherte Lieferungen und Leistungen ausgeführt werden, durch die

- in die tragende Konstruktion eingegriffen wird

- oder durch die sie unterfangen werden.

Versicherungssumme: **Erstrisikosumme,** die den maximal zu erwartenden Schaden (Einsturz oder Teileinsturz) durch unmittelbare Eingriffe in die tragende Substanz oder Unterfangungen abdecken sollte inkl. Aufräumungskosten.

Hinweis: TK 5155 kann sowohl für eigene Objekte als auch für ein Nachbarobjekt, das im Zuge der Bauarbeiten unterfangen wird, abgeschlossen werden.

TK 5180	**Mitversicherung von Altbauten gegen Sachschaden infolge eines Schadens an der Neubauleistung sowie infolge Leitungswasser, Sturm und Hagel**

sowie

TK 5181	**Mitversicherung von Altbauten gegen Sachschaden**

[Klauseln 5180 + 5181 sind inhaltlich gleichlautend, aber aufgrund der unterschiedlichen mitversicherten Gefahren werden in der Praxis abweichende Selbstbehalte vereinbart !]

Versicherte Sache: **Altbauten,** soweit an ihnen nach Abschnitt A $ 1 Nr. 1 ABN 2008 versicherte Lieferungen und Leistungen ausgeführt werden.

Sofern vereinbart:

- Medizinisch-technische Einrichtungen und Laboreinrichtungen
- Stromerzeugungsanlagen (z.B. Fotovoltaik)
- Datenverarbeitungsanlagen (z.B. Server) und sonstige selbstständige Anlagen, die unabhängig von der Nutzung des Objektes funktionieren
- Maschinelle Einrichtungen für Produktionszwecke
- Aufwendige Ausstattung und kunsthandwerklich bearbeitete Bauteile sowie Bestandteile mit unverhältnismäßig hohem Kunstwert (z.B. stuckierte oder bemalte Decken und Wandflächen, Jugendstilfenster, Steinmetzarbeiten, künstlerisch gestaltete Geländer, Türen, Brunnen, wertvolle Vertäfelungen, Fußböden etc.)

Versicherungssumme: **Ortsüblicher Neubauwert** der Altbausubstanz nach der Entkernung.

Hinweis:	Lediglich die Klausel 6155 (also analog 5155 ABN) gibt es für das ABU-Bedingungswerk auch !

Besteht über die nachfolgenden Klauseln eine Ersatzpflicht ?

	TK 5155	TK 5180	TK 5181
Versicherte Gefahren:	Einsturz versicherter Altbauten als unmittelbare Folge der an den Altbauten durchgeführten Lieferungen / Leistungen	Unvorhergesehene Sachschäden an Neubauten sowie Schäden durch Leitungswasser, Sturm, Hagel	Unvorhergesehene Sachschäden sowie Schäden durch Leitungswasser, Sturm, Hagel
-Einsturzrisiko:	**Ja**	**Nein**, muss separat vereinbart werden	**Ja**
Hinweis:	**„Sturm"** in TK 5180 + 5181:	hier wird nicht Windstärke 8 vorausgesetzt, sondern lediglich eine „für die Jahreszeit unübliche Luftbewegung".	

	TK 5155	TK 5180	TK 5181
Nicht versichert sind Schäden durch:	-Rammarbeiten -Veränderung der Grundwasserverhältnisse -Risse und Senkungsschäden	-Rammarbeiten -Veränderung der Grundwasserverhältnisse -Risse und Senkungsschäden Brand, Blitz, Explosion Diebstahl Schönheitsreparaturen Reinigungskosten	-Rammarbeiten -Veränderung der Grundwasserverhältnisse -Risse und Senkungsschäden Brand, Blitz, Explosion Diebstahl Schönheitsreparaturen Reinigungskosten
Nicht versichert sind Schäden an:	-Sachen, die eingebaut oder untergebracht sind -künstlerische Ausstattung (Stuck, Fassadenfiguren) -Reklameeinrichtungen		
Entschädigungs- leistung:	Wiederherstellungskosten ohne Abzug „neu für alt", die zwangsläufig eintretenden Verbesserungen (moderne Baustoffe) bleiben unberücksichtigt. Subsidiäre Haftung ! Haftpflichtversicherungen gehen vor.	Wiederherstellungskosten ohne Abzug „neu für alt" beim Rohbau und mit Zeitwert beim Altbau	Wiederherstellungskosten ohne Abzug „neu für alt" beim Rohbau und mit Zeitwert beim Altbau

Besteht über die nachfolgenden Klauseln eine Ersatzpflicht ?

	TK 5155	TK 5180	TK 5181
Altbau wird um 2 Stockwerke aufgestockt. Eine Neubauwand stürzt ein und beschädigt die Decke des Altbaus.	**Nein**, wenn kein Eingriff in die tragende Substanz vorgenommen wurde.	Ja	Ja
Altbau wird aufgestockt, stürzt ein, da Neubau zu schwer	**Nein**, wenn kein Eingriff in die tragende Substanz vorgenommen wurde.	**Nein**	Ja
Altbau wird bei Sturm zerstört. Windstärke unter 8, die in den letzten 10 Jahren nur 2-mal gemessen wurde.	**Nein**	Ja	Ja
Im Altbau wird eine tragende Zwischenwand entfernt, dadurch Teileinsturz.	Ja	**Nein**	Ja
Misslungene Unterfangung am Altbau, Giebelwand des Altbaus stürzt ein.	Ja	**Nein**	Ja
Neuverlegte Wasserleitung wird beschädigt oder bricht bei Druckprobe, Altbau und Neubau werden nass.	**Nein**	Ja	Ja
Wasserleitung aus Altbau, die noch nicht erneuert wurde, wird beschädigt oder bricht bei Druckprobe und setzt Altbau unter Wasser.	**Nein**	**Nein**	Ja

CAR / Maintenance

Die CAR (contractor's all risk) ist die internationale Variante der Bauleistungsversicherung.

Sie beginnt mit der Aufnahme der Bauarbeiten, endet mit der Abnahme/Inbetriebnahme und kann durch eine Maintenance Deckung erweitert werden.

Der Deckungsschutz umfasst auf „All Risk"-Basis alle Schäden, die plötzlich und unvorhergesehen an den versicherten Sachen eintreten, sowie an:

- Hoch- und Industriebauten

- Straßen, Eisenbahnanlagen und Flughäfen

- Brücken, Dämme, Tunnel usw.

Montagen von Maschinen, Anlagen und Stahlkonstruktionen können mitversichert werden, soweit deren Anteil weniger als 50% der Gesamtversicherungssumme ausmacht.

Maintenance-Periode

Die CAR Deckung ist erweiterbar auf eine zu definierende Deckung für den Zeitraum der (Garantie) Instandhaltung (i.d.R. 2 Jahre).

Hierbei unterscheidet man hinsichtlich der Maintenance Deckung zwischen:

- Visite Maintenance (Standard)

  Haftung des Versicherers ist beschränkt auf Verlust/Schäden, die der Versicherungsnehmer während der Maintenance Periode bei der Ausführung seiner vertraglichen Pflichten an der versicherten Sache verursacht

- Extended Maintenance

  In Erweiterung zur Maintenance Visits werden auch Schäden ersetzt, deren Ursache aus der Bauzeit herrührt.

CAR / EAR-Deckung

Die **internationale** Variante einer Bauleistungsversicherung für (Groß)Projektdeckungen

CAR = Contractor´s All Risk Bauleistungsversicherung	EAR = Erection All Risk Montageversicherung
Bautätigkeit	Montage, Test und Inbetriebnahme von Anlagen und Maschinen
Allgefahrenversicherung mit spezifisch genannten Ausschlüssen	Allgefahrenversicherung mit spezifisch genannten Ausschlüssen
	- Erweiterung durch Einschluss von Wartungsarbeiten (Visite Maintenance) Versicherungsschutz wird auf zu definierende Wartungsarbeiten ausgedehnt, wobei lediglich Verluste oder Schäden an der Bauleistung gedeckt sind, die von dem versicherten Bauunternehmer bei der Durchführung von Arbeiten im Rahmen der Wartungsklausel des Vertrages verursacht werden.
	- Erweiterung durch Einschluss von Wartungsarbeiten (Extended Maintenance) Versicherungsschutz wird auf zu definierende Wartungsarbeiten ausgedehnt, wobei lediglich Verluste oder Schäden an der Bauleistung gedeckt sind, die
	- von dem versicherten Bauunternehmer bei der Durchführung von Arbeiten im Rahmen der Wartungsklausel des Vertrages verursacht werden;
	- während der Wartungszeit eintreten, vorausgesetzt, dass diese Verluste oder Schäden während der Bau- bzw. Montagezeit auf der Baustelle verursacht wurden.
	- Erweiterung durch Garantiedeckung Versicherungsschutz wird ausgeweitet auf die aufgeführte Garantiezeit, wobei jedoch nur Schäden an den versicherten Sachen durch Montage- und Planungsfehler, Material-, Guss- und / oder Ausführungsmängel gedeckt und die Kosten ausgeschlossen sind, die der Versicherungsnehmer für die Behebung des ursprünglichen Fehlers zu zahlen gehabt hätte, wenn der Fehler vor Schadeneintritt erkannt worden wäre.

Montage

Versichert werden können Konstruktionen aller Art (Maschinen, maschinelle Anlagen und elektrische Einrichtungen) während der **Neu-, De- oder Remontage und bei Umbauten**.

Im Gegensatz zu den Bauleistungsversicherungen wird hier also nicht ein „Bauwerk für die Ewigkeit" benötigt, um Versicherungsschutz darzustellen.

Eine Erweiterung des Versicherungsschutzes auf Montageausrüstung, sowie fremde Sachen im Gefahrenbereich, ist möglich.

Versicherungsschutz besteht für unvorhergesehene Schäden an diesen Konstruktionen und Maschinen insbesondere durch:

- Fehler in der Berechnung und Konstruktion

- Höhere Gewalt und elementare Naturereignisse (Feuer, Blitzschlag, Sturm, Hagelschlag, Frost, Hochwasser, Erdrutsch, Erdbeben)

- Fahrlässigkeit, Ungeschicklichkeit, Böswilligkeit und Handlungen Dritter

Montage ist eine Tätigkeit, durch die bewegliche Sachen miteinander oder mit Grundstücken verbunden werden.

Welche Objekte können versichert werden ?

Als Montageobjekt - neu oder gebraucht - können versichert werden:

- Konstruktionen aller Art

- Maschinen, maschinelle und elektronische Einrichtungen

- Zugehörige Reserveteile

Hinweis: I.d.R. bekommen Versicherer „kalte Füße", wenn es um die De- und Remontage von gebrauchten Maschinen geht. Das Risiko, dass die „alte" Maschine am neuen Standort nicht mehr läuft, ist recht hoch. Grund: Schon leichte Abweichungen im Millimeterbereich können zu Undichtigkeiten oder zu einer Unwucht führen.

Im Rahmen der Montagedeckung wäre z.B. auch der Bau von schlüsselfertigen Messebauten / Messeständen versicherbar.

Hierbei wird in der Praxis unterschieden, in welcher Funktion der VN diesen Messestand aufgebaut hat bzw. welche Besitzverhältnisse bestehen.

Beispiel: Mittels eines Messestandes sollen neue Fahrzeuge auf einer Autoshow präsentiert werden.
Der VN stellt einen Messestand explizit nach Vorstellungen des Autoherstellers her und baut diesen vor Ort auch auf.

Weiteres technisches Gerät wie z.B. große Bildschirme werden geliehen. Die zur Schau gestellten Fahrzeuge stellt der Hersteller.

Die neuen Fahrzeuge sind in diesem Fall über den Hersteller abgesichert (haben ggf. keine Straßenzulassung, da sog. „Erlkönige" bzw. „Concept-Cars").

Die benannten Fernseher wären über die Mitversicherung von fremden Sachen gemäß TK 7102 auf Erstes Risiko bis Summe X mitversichert.

Da der Messestand in diesem Beispiel einzig und allein für dieses geschilderte Event hergestellt wurde, wäre noch der weitere Verbleib des Messestandes nach Ende der Präsentation interessant.

Sollte danach z.B. aus Copyright-Gründen der Stand ohnehin vernichtet werden, würde der Versicherungsschutz vermutlich mit dem Ende der Vorstellung und nicht mit dem Abbau (in diesem Fall sogar Abriss) auslaufen.

Hinweis: In solchen in der Praxis nicht unüblichen Fällen besteht eine Schwierigkeit im Leistungsfall darin, dass -anders als im normalen Hausbau- im Schadensfall aufgrund des Zeitdrucks keine Kostenvoranschläge oder Ähnliches eingeholt werden.
Für die Messen bzw. Fahrzeugpräsentationen stehen feste Termine an, damit die Messebesuche, Presse, geladene Gäste die Produkte zu Gesicht bekommen können. Im Schadensfall würde also "irgendwie" der Schaden behoben werden, um auf jeden Fall diesen Termin zu halten.

Montageausrüstung

Montageausrüstungen sind die für die Durchführung einer Montage erforderlichen Sachen, mit Ausnahme des eigentlichen Montagegenstands.

Montageausrüstung ist nur dann versichert, wenn dies vereinbart ist und Versicherungssummen (Neuwert) gebildet sind.

Fremde Sachen

Fremd sind Sachen, die nicht Teil des Montageobjektes oder der Montageausrüstung und außerdem nicht Eigentum des Versicherungsnehmers oder des Schadenverursachers sind.

Fremde Sachen sind nur im Rahmen der Klauseln 2a und 2b versichert, sofern der VN haftbar gemacht werden kann.

Fremde Sachen können auf "Erstes Risiko" versichert werden.

Welches Interesse kann versichert werden ?

Das Interesse aller Unternehmer, die an dem Vertrag mit dem Besteller (Bauherr) beteiligt sind, einschließlich der Subunternehmer.

Das Interesse des Bestellers kann auf Antrag mitversichert werden.

Versicherungssumme

Versichert werden sollte der volle Kontraktpreis / Auftragswert, Neuwert der Maschinen zuzüglich aller Nebenkosten wie Montage, Transport, Verpackung, Zoll, Leistungen, die nicht im Auftragswert enthalten sind, aber von einem anderen Unternehmen oder Auftraggeber selber erbracht werden.

Was ist der Kontraktpreis ?

Der Kontraktpreis wird zwischen Unternehmer und Besteller eines Montageobjektes im Kauf- bzw. Liefervertrag vereinbart.

Er muss sämtliche Lieferungen und Leistungen enthalten und ist der am besten nachvollziehbarste Maßstab für die Bemessung der Versicherungssumme.

Beginn der Haftung

Die Haftung beginnt mit dem vereinbarten Zeitpunkt, frühestens nach dem Abladen der versicherten Sachen vom Montageplatz.

Tipp: An dieser Stelle bietet sich an, mit dem VN über das Thema Transportversicherung zu reden. Wie ist die anzuliefernde Ware auf dem Weg zu der Baustelle gegen Transportschäden versichert ?

Was versteht man unter Erprobung ?

Die Erprobung ist die am meisten schadenanfällige Phase in der Montage. Hierbei wird das Objekt (oder Teile davon) nach erfolgtem Zusammenbau zum ersten Mal in der tatsächlichen Funktionsfähigkeit getestet.

Aufgrund des erhöhten Risikos ist es unerlässlich, den Beginn der Erprobung zu definieren, um entsprechend höhere Selbstbehalte und Prämien einkalkulieren zu können.

Anlagentyp	Die Erprobung (der Probebetrieb etc.) beginnt mit
Kessel, Müllverbrennung (Kessel, Gasturbine)	dem ersten Zünden
Chemieanlagen, Raffinerien, Zuckerfabriken, Papiererzeugung, Papiermaschine	dem ersten Zünden von Rohstoff
Schmelzöfen, Hochofenanlagen, Koksofenanlagen	dem ersten Befüllen mit Rohstoff bzw. Kohle
Silo, Tank, Rohrleitung	der ersten Befüllung mit Lagergut bzw. Transportgut
Kraftmaschinen (Verbrennungsmotoren)	dem ersten Drehen aus eigener Kraft
Scheren, Pressen, Stanzen, Walzwerk, Arbeitsmaschine, Stranggussanlage	der ersten Zuführung des Rohmaterials
Turbogenerator	der ersten Beaufschlagung mit Dampf
Wasserkraftanlagen, Kühlwasserpumpen	dem ersten Betrieb mit Wasser
Elektrische Einrichtungen wie Freileitungen, Kabel, Schaltanlagen, E-Motoren, Trafos	dem ersten Anlegen von Spannung
Schienenfahrzeuge	der ersten Fahrt mit eigenem Antrieb

Ein paar wichtige Details zur…

Montageversicherung: Versicherungssumme = Kontraktpreis

Ist die ideale Ergänzung zu jeder Betriebshaftpflicht in puncto „Bearbeitungsschäden".

Bei Großprojekten mit 2 oder 3 Jahren Bauzeit unbedingt individuelle Vereinbarung mit dem Versicherer treffen, dass im Schadenfall kein Abzug für die zuerst (und somit am ältesten) montierten Teilen vorgenommen wird.

Tipp: Greift eine Firma aufgrund des Montageumfanges auf Geräte (z.B. Hallenkran) des Auftraggebers zu, sollte man dies auch in der Angebotserstellung entsprechend berücksichtigen !

Die Versicherungssumme wird wie oben beschrieben gebildet, aber zusätzlich sollte man auch eine Erstrisikosumme für „Fremde Sachen" / Sachen im Gefahrenbereich berücksichtigen.

Ein vorhandener Hallenkran wird als "Hilfsmittel / Werkzeug" für die Montage genutzt, d.h. es spielt für die Deckung keine Rollen.

Wenn aber durch ein Montageschaden an den versicherten Sachen der Hallenkran mit beschädigt wird, ist dieser nur im Rahmen von "Fremden Sachen" mitversichert.

Derartige Schäden werden sich nur schwer (wenn überhaupt) über die Betriebshaftpflicht decken lassen (Ausschluss: „Geliehen, gemietet, gepachtet").

Ergänzend zu den versicherten Sachen (Montage) sind auch fremde Sachen versichert.

Fremd sind Sachen, die nicht Teil des Montageobjekts oder der Montageausrüstung und nicht Eigentum des Versicherungsnehmers oder desjenigen Versicherten sind, der den Schaden verursacht hat.

Ist der Besteller Versicherungsnehmer oder Mitversicherter, so gelten seine Sachen trotzdem als fremde Sachen.

Ergänzend zu den versicherten Gefahren leistet der Versicherer Entschädigung für Schäden an fremden Sachen,

a)	wenn sie innerhalb des Versicherungsortes durch eine Tätigkeit beschädigt oder zerstört werden, die anlässlich der Montage durch den Versicherungsnehmer oder in dessen Auftrag an oder mit ihnen ausgeübt wird. Ist der Besteller Versicherungsnehmer oder Mitversicherter, so besteht Versicherungsschutz auch für Schäden durch eine Montagetätigkeit, die durch den Besteller oder in dessen Auftrag ausgeübt wird;

b)	die auch ohne eine Tätigkeit an oder mit ihnen beschädigt oder zerstört werden, soweit der Versicherungsnehmer vertraglich über die gesetzlichen Bestimmungen hinaus für solche Schäden haftet.
	Entschädigung wird nur geleistet, soweit der Versicherungsnehmer oder die mitversicherten Unternehmen als Schadensverursacher von einem Dritten in Anspruch genommen werden. Dies gilt nicht für Schäden an Sachen des Bestellers, die dieser selbst verursacht.

Fremde Sachen sind bis zur Höhe der hierfür vereinbarten Versicherungssumme auf Erstes Risiko versichert, z.B. 50.000,- EUR oder 100.000,- EUR, je nach Größe des Montageprojektes.

Maschinenversicherung

Im Bereich der Maschinenversicherung wird unterschieden zwischen sog.

- stationäre Risiken
- mobile Risiken.

Bei den stationären Maschinen handelt es sich i.d.R. um fest mit dem Boden / Gebäude verbundene Risiken wie z.B. Turbinen, Krananlagen oder Bearbeitungsmaschinen.

Klassische mobile Risiken sind Bagger, Radlader usw. Aber auch Maschinen (z.B. Kompressoren, Mahlanlagen) auf Lkw´s können als mobile Risiken erfasst und versichert werden.

Versicherungsnehmer

Die Maschinenversicherung ist eine Versicherung für Rechnung „wen es angeht". Der VN ist in jeder Rechtsposition versichert, welche ein Interesse an der Tadellosigkeit der Maschine hervorrufen kann:

- Eigentümer (der, dem das Gerät rechtlich gehört)
- Sicherungsgeber (Banken), Sicherungsnehmer (Bankkunde)
- Vermieter, Mieter (Besitzer)
- Verpächter, Pächter (Besitzer)
- Verleiher, Entleiher (Besitzer)

Nicht als VN können Maschinenhersteller und Händler gelten. Für Maschinenhersteller gibt es die Maschinen-Garantieversicherung und für Händler bliebe nur der Weg mittels einer Inventar- oder Handel/Handwerksversicherung.

Versicherungssumme

Wenn der Versicherer lediglich über die Anschaffung der Maschine XY informiert wird, dann ist auch nur diese Maschine (nackt) versichert.

Eine Maschinenversicherung kann aber mehr, denn auch

- weiteres Equipment (stationär und mobil)
- oder für den Betrieb der Maschine (eher im stationären Bereich wichtig) erforderlichen Einbauten (Fundament, Stromleitungen, Abluftanlage)

können mitversichert werden.

Diese Überlegungen sind daher vor Ermittlung der Versicherungssumme notwendig !

Grundsätzlich wird zwischen folgenden Werten unterschieden:

- Anschaffungswert
- Neuwert (Versicherungswert)
- Zeitwert
- Wiederbeschaffungswert
- Verkehrswert (Gemeiner Wert)
- Restwert

Anschaffungswert umfasst die Kosten, die zur Zeit der Anschaffung aufgewendet werden mussten, um die Maschine zu beschaffen. Neben dem eigentlichen Kaufpreis können weitere Ausgaben wie Steuern, Zölle, Installations- und Frachtkosten dazu kommen. Die Mehrwertsteuer kommt nur dann hinzu, wenn der VN diese auch gezahlt hat.

Dieser Wert kann (!) dem Listenpreis entsprechen, tut es aber in der Praxis nicht und wird demnach häufig fälschlicher Weise als Listenpreis oder auch als Neuwert angesehen und leider auch angegeben.

Versicherungswert ist der Neuwert und somit der jeweils gültige Listenpreis der versicherten Sache im Neuzustand zuzüglich der Bezugskosten (z. B. Kosten für Verpackung, Fracht, Zölle, Montage). Die Mehrwertsteuer kommt nur dann hinzu, wenn der VN diese auch gezahlt hat.

Selbst bei neuen Maschinen ist der Listenpreis in der Praxis dem Versicherungsnehmer nicht immer geläufig, denn i.d.R. wird dieser Preis nie vom Kunden bezahlt, sondern immer ein rabattierter Betrag.

Noch gravierender wirkt sich diese Informationslücke bei gebrauchten Maschinen aus. Entweder sind die Maschinen schon so lange im Betrieb, dass sich keiner mehr an den damaligen Neuwert erinnert oder es ist eine gerade gekaufte gebrauchte Maschine, bei der ein ursprünglicher Neuwert nur geraten werden kann.

Hinweis: In einigen Unterlagen (z.B. des Kunden oder bei Maschinenhändlern) wird mit dem sog. „**durchschnittlichen Neuwert**" gearbeitet.

Dies ist der durchschnittliche Listenpreis von Baugeräten ab Werk sowie nach der BGL (Baugeräteliste) die Basis zur Berechnung der Abschreibungs-, Verzinsungs- und Reparaturkosten.

Hinweis: Da in der Maschinenversicherung der Neuwert auf Basis „März 1971" oder auch „3/71" angegeben wird, ist beim VN konkret zu hinterfragen, auf welches Jahr sich der von ihm genannte Neuwert bezieht. Soll z.B. eine gebrauchte Maschine versichert werden und der VN gibt einen Neuwert von 90.000,- EUR an, stellt sich die Frage, ob diese 90.000,- EUR sich auf das Herstellungsjahr (z.B. 2010) oder dem aktuellen Jahr beziehen !

Zeitwert ist der Wert einer Anlage unter Berücksichtigung ihres Alters, Betriebszustandes, Abnutzung, Instandhaltung, Verwendung und Nutzung sowie durchschnittliche Nutzungs- und Lebensdauer.

Wiederbeschaffungswert umfasst die Kosten, die aufgewendet werden müssen, um am Schadentag eine gleichartige und gleichwertige Maschine wiederzubeschaffen zu können.
Dieser Wert kann (!) dem Zeitwert entsprechen, wird aber i.d.R. höher als der Zeitwert sein, da sich dieser Wert an den Marktverhältnissen orientiert.

Verkehrswert wird durch den Preis bestimmt, der im gewöhnlichen Geschäftsverkehr nach der Beschaffenheit der Maschine / Anlage bei einer Veräußerung zu erzielen wäre. Dabei sind alle Umstände, die den Preis beeinflussen, zu berücksichtigen.

Restwert ist der Wert einer Maschine oder Anlage, die für ihren ursprünglichen Verwendungszweck nicht mehr benutzt werden kann oder soll (z.B. wegen Schaden oder Alters), abzüglich der Kosten für die Verwertung der Maschine / Anlage.

Goldene Regel - die garantierte oder auch „ewige" Neuwertentschädigung
Bei ordnungsgemäß gewarteter und im Gebrauch befindlicher Betriebseinrichtung wird immer der Neuwert entschädigt.

Was würde ohne die Goldene Regel geschehen?

Es wird der Neuwert nur ersetzt, wenn der Zeitwert mindestens 40 % des Neuwerts beträgt.
Sobald der Zeitwert auf weniger als 40% des Neuwertes sinkt, wird nur noch nach Zeitwert entschädigt, auch wenn eigentlich eine Neuwertentschädigung vereinbart wurde.
Der Kunde muss im Ernstfall die Differenz zwischen der Zeitwertentschädigung und dem eigentlichen Neuwert aus der eigenen Tasche bezahlen.

Maschinen müssen viel aushalten, umso wichtiger ist die korrekte Absicherung im Schadensfall.

Beispiel: Maschine XY mit 120 kW Leistung, Baujahr 2001
             Alles ohne Mehrwertsteuer, da der VN vorsteuerabzugsberechtigt ist !

- Anschaffungswert
  Der VN hat die Maschine als Vorführgerät beim Händler für 80.000,- EUR erstanden. Hinzu kommen Demontage, Fracht und Aufbau beim VN. Der Anschaffungswert beträgt für den VN in diesem Fall 89.000,- EUR.

- Neuwert (Versicherungswert)
  Laut Katalog hatte die Maschine einen offiziellen Verkaufspreis von 105.000,- EUR.
  In dem Preis enthalten sind Lieferung und Montage.
  Somit wäre hier der für die Versicherung wichtige Listenpreis mit 105.000,- EUR anzugeben.

- Zeitwert
  Die Maschine wird sehr stark genutzt, zum Teil im Mehrschichtbetrieb. Der Verbrauch an Verschleiß- und Reparaturteilen ist hoch.
  Daher beträgt der Zeitwert am Schadentag in 2017 nur noch 12.000,- EUR

- Wiederbeschaffungswert
  Eine Maschine von diesem Typ ist ein gefragtes Modell. Eine Maschine „gleicher Art und Güte" liegt im Schnitt bei 18.000,- EUR. Hier sind dann aber wieder Demontage, Fracht und Aufbau beim VN zusätzlich zu berücksichtigen. Da der Ab- und Aufbau einer gebrauchten Maschine länger dauert, kommen hier weitere 11.000,- EUR zum Tragen.
  Der Wiederbeschaffungswert beträgt demnach 29.000,- EUR.

- Verkehrswert (Gemeiner Wert)
  Hier können unterschiedliche Ergebnisse erzielt werden. Bei Ankauf der Maschine durch einen Maschinenhändler würde nur der sog. Ankaufspreis erzielt werden können.
  Bei Verkauf an eine andere Firma ist der Wert etwas höher (die Marge für den Händler entfällt).
  Da der VN die Maschine in einem nicht so guten Zustand vorzeigen kann, beträgt der Ankaufspreis eines interessierten Händlers gerade mal 5.000,- EUR.
  Ein benachbarter Betrieb interessiert sich ebenfalls für die Maschine und bietet 8.500,- EUR, da er für sich auch noch die Montage- und Transportkosten berücksichtigt.

- Restwert
  Aufgrund eines Teilschadens bekommt der VN die Maschine nun gar nicht verkauft und er nutzt sie auch nicht mehr.
  Der Restwert beträgt nur noch 6.000,- EUR abzüglich der Verwertungskosten von 3.500,- EUR stehen im Ergebnis 2.500,- EUR als Restwert zur Verfügung.

Sinn und Zweck einer korrekten Versicherungssumme

Bei der Maschinenversicherung handelt es sich um eine Reparaturkostendeckung auf Neuwertbasis.

Im Totalschadenfall wird hingegen nur der Zeitwert ersetzt (was bei einer nagelneuen Maschine in den ersten Tagen dem Neuwert quasi entsprechen würde).

Knapp 93 % aller Maschinenschäden können übrigens repariert werden.

Die Reparaturkosten sind im Wesentlichen geprägt durch das eingesetzte Montagepersonal sowie durch die benötigten Materialien.

Die Prämienkalkulation ist daher auf Basis des Neuwertes ausgelegt, damit steigende Personal- oder Materialkosten dauerhaft berücksichtigt sind.

Ferner kann nicht davon ausgegangen werden, dass die ehemals beim Kauf der Maschine gewährten Nachlässe Jahre später im Reparaturfall wieder von dem Kunden erzielt werden können.

Die Klausel zur Angleichung der Versicherungssumme und Prämien stellt sicher, dass die Prämie sich der dynamischen Entwicklung in den Schadenkosten anpasst.

Summen- und Prämienanpassung

Mittels einer Summenfestlegung auf Basis „März 1971" (streng genommen sind dies Zahlen auf Basis der Löhne und Preise in der Investitionsgüter-Industrie im Zeitraum Januar – März 1971) ist es gewährleistet, dass die einmal richtig gebildete Versicherungssumme automatisch künftigen Preisveränderungen (nach „oben" und nach „unten") angepasst wird. Maßgeblich sind hier die vom Statistischen Bundesamt veröffentlichten Änderungen der Erzeugerpreise von industriellen Produkten.

Zur Ermittlung des Beitrags wird also

1. die Versicherungssumme auf einen fiktiven Stand von März 1971 zurückgerechnet

2. und von diesem Stand aus mit dem Beitragssatz und dem Prämienfaktor im Abschlussjahr multipliziert.

Dieser Prämienfaktor passt sich jedes Jahr an, so dass bei einer laufenden Maschinenversicherung keine Unterversicherung eintritt.

Hinweis: Die Indizes werden nach stationären und mobilen Maschinen unterschieden !

So können sich die Indizes anhand folgender Beispiele für eine stationäre Maschine in dem jeweiligen Jahr auswirken:

A)   VN kauft im Jahr 2008 eine neue stationäre Maschine vom Typ XY, Baujahr 2008. Eine Maschinenversicherung im gleichen Jahr hätte damals gekostet:

Neuwert in 2008:   250.000,- EUR

Summenfaktor 2008:   2,5072

Versicherungssumme 3/71:   Neuwert / Summenfaktor
                                    = 99.713,- EUR

Prämiensatz für dieses Risiko: 0,50 %

Nettoprämie 3/71:   498,57 EUR

Prämienfaktor 2008:   4,1608

Nettoprämie 2008:   2.074,45 EUR zzgl. 19 % VSt.

B)   Im Jahr 2016 will der VN den Versicherer wechseln und bittet für die o.g. Maschine um ein Angebot:

Neuwert in 2008:   250.000,- EUR

Summenfaktor 2008:   2,5072

Versicherungssumme 3/71:   Neuwert / Summenfaktor
                                    = 99.713,- EUR

Prämiensatz für dieses Risiko: 0,65 % (wegen des Alters der Maschine)

Nettoprämie 3/71:   648,13 EUR   (zum Vergleich: 2008 = 498,57 EUR)

Prämienfaktor 2016:   5,0213   (zum Vergleich: 2008 = 4,1608)

Nettoprämie 2016:   3.254,45 EUR zzgl. VSt. (zum Vergleich: 2008 = 2.074,45 EUR)

C)   In dem Gespräch mit dem neuen Versicherer gibt der VN an, dass sich der Neuwert in Höhe
      von 250.000,- EUR auf das Jahr 2016 beziehen und nicht auf das Jahr 2008.
      Dies hätte folgende Auswirkung:

Neuwert in 2016:   250.000,- EUR

Summenfaktor 2016:   2,9045   (2008 = 2,5072)

Versicherungssumme 3/71:   Neuwert / Summenfaktor
                             = 86.073,- EUR   (2008 = 99.713,- EUR)

Die Maschine wäre Unterversichert !

Korrekter Wert 3/71:   99.713,- EUR

Summenfaktor 2016:   2.9045

Versicherungssumme in 2016: 289.616,- EUR (statt 250.000,- EUR wie vom VN angegeben).

Hinweis: Da in der Maschinenversicherung der Neuwert auf Basis „März 1971" oder auch
                „3/71" angegeben wird, ist beim VN konkret zu hinterfragen, auf welches Jahr sich
                der von ihm genannte Neuwert bezieht. Soll z.B. eine gebrauchte Maschine
                versichert werden und der VN gibt einen Neuwert von 90.000,- EUR an, stellt sich die
                Frage, ob diese 90.000,- EUR sich auf das Herstellungsjahr (z.B. 2010) oder dem
                aktuellen Jahr beziehen ! Welche Auswirkungen das haben kann, sieht man an dem
                o.g. Beispiel.

Diebstahl

Bei den mobilen Risiken muss explizit Diebstahl, Einbruchdiebstahl oder Raub eingeschlossen werden. Zumindest theoretisch, denn in der Praxis bieten die Risikoträger eigentlich von sich aus schon immer inkl. Diebstahl an.

In den AMB für stationäre Risiken ist u.a. kein Diebstahl mitversichert. Nach wie vor werden Kupferkabel etc. geklaut. Sollte es also zu einem entsprechenden Teilediebstahl und somit zu einer Betriebsunterbrechung kommen, hätte der VN über eine Maschinen-Betriebsunterbrechungsversicherung keinen Versicherungsschutz. Es würde der versicherte Sachschaden fehlen.

Transport

Bei den stationären Risiken sind gemäß den Bedingungen AMB Transporte auf dem Grundstück versichert.

Bei den mobilen Risiken wird die Tatsache, dass sie mobil sind und demnach bewegt werden, mit einer eingeschlossenen Transportdeckung berücksichtigt.
Lediglich Seetransporte sind nicht mitversichert.

Bewegungs- und Schutzkosten

In der Praxis wahrscheinlich häufig „überlesen" oder als „nicht so wichtig" eingestuft.

Aber hier handelt es sich nicht nur um Kosten für „Bewegung" und „Schutz" (also Demontage und Einlagern), sondern auch (!) um Kosten zur „Zugängigmachung" der Maschine.

Also Durchbrüche, Abrisse, Wiederaufbau von Gebäudeteilen fallen ebenso unter diese Position !

Schadensuchkosten

Hier sind Kosten zur Ermittlung des Schadenumfanges versichert.

Nicht darunter fallen sog. Schadenursachenkosten (also woran hat es gelegen ?), da dies in den Bereich der Prävention und somit zu dem nicht versicherten Bereich zählt.

Abgrenzung „Mangel" und „Schaden"

Kommt es an einer Maschine aufgrund eines Mangels (z.B. Konstruktionsfehlers) zu einem Schaden, dann ist dieser versichert.
Beispiel: Aufgrund eines mangelhaften Getriebes kommt es erst zu einem Getriebeschaden und dadurch zu einem Motorschaden. Der Motorschaden (ohne Getriebe) wäre versichert.

Wurde hingegen seinerzeit zweimal die gleiche Maschine angeschafft und (z.B. aufgrund des eingetretenen Schadens an der ersten Maschine zwecks Kontrolle geprüft) dort ebenfalls dieser Konstruktionsfehler festgestellt, ohne dass daraus ein Sachschaden entstanden ist, liegt hier ein unversicherter Mangel (Getriebeschaden) vor.

Frost

Sowohl in den AMB als auch in den ABMG gilt „Frost" mitversichert.

Bei Maschinen, die z.B. per Radlader von einem Außenlager beschickt werden (z.B. Biogasanlagen / Silage), sollte zur Klarstellung auch „Eis / Eisklumpen" mitversichert gelten. Dadurch wird eine unnötige Diskussion im Schadensfall vermieden. Sollte z.B. durch einen Eisklumpen (von draußen) die Maschine einen Schaden erleiden (das harte Eis beschädigt die Anlage oder Fremdkörper in dem Eis sorgen für Ärger), wäre durch eine entsprechende Klarstellung für Versicherungsschutz gesorgt.

Terror

Auch für Maschinenversicherungen gilt die 25 Mio. € Grenze zur Mitversicherung von Terrorschäden. Ab 25 Mio. € Versicherungssumme ist auch hier die Mitversicherung über den Extremus-Pool erforderlich !

Maschinenversicherung / stationäre Risiken

[Angaben beziehen sich auf die AMB 2011]

Versicherbar sind stationäre Maschinen, maschinelle Einrichtungen aller Art sowie sonstige technische Anlagen.

Versichert sind die im Versicherungsvertrag bezeichneten stationären Maschinen, maschinellen Einrichtungen und sonstigen technischen Anlagen, sobald sie betriebsfertig sind.

Betriebsfertig ist eine Sache, sobald sie nach beendeter Erprobung und soweit vorgesehen nach beendetem Probebetrieb entweder zur Arbeitsaufnahme bereit ist oder sich in Betrieb befindet.

Eine spätere Unterbrechung der Betriebsfertigkeit unterbricht den Versicherungsschutz nicht.

Dies gilt auch während einer De- oder Remontage sowie während eines Transportes der Sache innerhalb des Versicherungsortes.

Stationäre Brecheranlage

Zusätzlich versicherbare Sachen

Sofern vereinbart, sind zusätzlich versichert:

a) Zusatzgeräte, Reserveteile und Fundamente versicherter Sachen;

b) Ausmauerungen, Auskleidungen und Beschichtungen von Öfen, Feuerungs- und sonstigen Erhitzungsanlagen, Dampferzeugern und Behältern, die während der Lebensdauer der versicherten Sachen erfahrungsgemäß mehrfach ausgewechselt werden müssen.

Hinweis:	Der Einschluss von Zusatzgeräten, Reserveteilen und Fundamenten ergibt insofern Sinn, da im Schadenfall z.B. die neue Maschine ggf. größer oder schwerer als die alte Maschine sein kann. Somit müsste dann auch das Fundament geändert werden, was dann – wenn es eingeschlossen wäre – schadenbedingt ebenfalls reguliert werden würde.
	Bei Zusatzgeräten und Reserveteilen bietet sich der Einschluss an, da diese z.B. bei Transportschäden ebenfalls mitversichert sein würden.

Zusatzgeräte können sein:

- Betonschere
- Zusätzliche Bohrwerke
- Ballastgewichte für Krananlagen

Reserveteile können sein:

- Hubgabeln
- Teile mit besonders langer Lieferzeit (z.B. Getriebe)

Nicht versicherte Sachen

Nicht versichert sind

- Wechseldatenträger
  => Disketten, CDs, Wechselfestplatten, Streamerbänder

- Hilfs- und Betriebsstoffe, Verbrauchsmaterialien und Arbeitsmittel
  => Hilfs- und Betriebsstoffe
    - Brennstoffe (Gas, Diesel, Heizöl, Benzin usw.)
    - Fette, Gleit- und Schmiermittel
    - Chemikalien

  => Verbrauchsmaterial
    - Reinigungsmittel
    - Ölfilter, Luftfilter, Filtereinsätze, Filterfüllungen

  => Arbeitsmittel
    - Werkstück
    - Kontaktmasse
    - Schutzgase, Additive, Kältemittel in Klimaanlagen
    - Motor- und Getriebeöle

- Werkzeuge aller Art
  => Werkzeuge sind je nach Versicherungswert mitzuversichern. Werkzeuge können sein:
    - Fräser, Grabenfräskette
    - Baggerzähne
    - Bohrgestänge

  Bitte hierbei nicht die Werkzeughalter vergessen ! Diese sind allerdings nur dann versicherbar, wenn sie nicht ebenfalls während ihrer Lebensdauer mehrfach ausgewechselt werden müssen.

- Sonstige Teile, die während der Lebensdauer der versicherten Sachen erfahrungsgemäß mehrfach ausgewechselt werden müssen.

   => Definition „mehrfach":   i.d.R. ist ab dem 3. Austausch der Begriff „mehrfach" erfüllt.

   => Verschleißteile
   - Walzengummierungen
   - Prallmühlen, Schredder, Hammermühlen, Steinmühlen
   - Brennerdüsen, Roste / Roststäbe, Brenner (Öl- / Gasbrenner)
   - Siebe
   - Filtertücher

Versicherte Gefahren und Schäden

Der Versicherer leistet Entschädigung für unvorhergesehen eintretende Beschädigungen oder Zerstörungen von versicherten Sachen (Sachschaden).

Unvorhergesehen sind Schäden, die der Versicherungsnehmer oder seine Repräsentanten weder rechtzeitig vorhergesehen haben noch mit dem für die im Betrieb ausgeübte Tätigkeit erforderlichen Fachwissen hätten vorhersehen können, wobei nur grobe Fahrlässigkeit schadet und diese den Versicherer dazu berechtigt, seine Leistung in einem der Schwere des Verschuldens entsprechenden Verhältnis zu kürzen (sog. Quotelung).

Insbesondere wird Entschädigung geleistet für Sachschäden durch

- Bedienungsfehler, Ungeschicklichkeit oder Vorsatz Dritter
- Konstruktions-, Material- oder Ausführungsfehler
- Kurzschluss, Überstrom oder Überspannung (Ausnahmen siehe „Verhältnis zur Feuerversicherung")
- Versagen von Mess-, Regel- oder Sicherheitseinrichtungen
- Wasser-, Öl- oder Schmiermittelmangel
- Zerreißen infolge Fliehkraft
- Überdruck (außer in den Fällen von Nr. 3 „Verhältnis zur Feuerversicherung") oder Unterdruck
- Sturm, Frost oder Eisgang.

| Hinweis: | Bei stationären Maschinen bietet es sich an, ganz genau hinzuschauen ! Wie man anhand dieser Aufzählungen sehen kann, sind **Feuer-, Diebstahl- und Elementarschäden nicht Gegenstand der Deckung.** Sturm- und Leitungswasser hingegen schon. Die fehlenden Sach-Gefahren sind also daher i.d.R. über den Gebäude- bzw. Inventarversicherer einzubeziehen. Die BU-Schäden natürlich auch ! P.S. „Diebstahl": Der Versicherer leistet jedoch Entschädigung für Schäden an nicht gestohlenen Sachen, wenn sie als Folge des Diebstahls eintreten. |

Elektronische Bauelemente

Entschädigung für elektronische Bauelemente (Bauteile) der versicherten Sache wird nur geleistet, wenn eine versicherte Gefahr nachweislich von außen auf eine Austauscheinheit (im Reparaturfall üblicherweise auszutauschende Einheit) oder auf die versicherte Sache insgesamt eingewirkt hat. Ist dieser Beweis nicht zu erbringen, so genügt die überwiegende Wahrscheinlichkeit, dass der Schaden auf die Einwirkung einer versicherten Gefahr von außen zurückzuführen ist.

Für Folgeschäden an weiteren Austauscheinheiten wird jedoch Entschädigung geleistet.

Folgeschäden

Nur als Folge eines dem Grunde nach versicherten Sachschadens an anderen Teilen der versicherten Sache. Versichert sind Schäden an

- Transportbändern, Raupen, Kabeln, Stein- und Betonkübeln, Ketten, Seilen, Gurten, Riemen, Bürsten, Kardenbelägen und Bereifungen

- Öl- oder Gasfüllungen, die Isolationszwecken dienen

- sofern vereinbart: Ölfüllungen von versicherten Turbinen

Verhältnis zur Feuerversicherung

Für die Entschädigung von Schäden durch Brand, Blitzschlag, Explosion, Anprall oder Absturz eines Luftfahrzeuges gilt:

Der Versicherer leistet keine Entschädigung für Schäden

- durch Brand, Blitzschlag, Explosion, Anprall oder Absturz eines Luftfahrzeuges, seiner Teile oder seiner Ladung

- die durch Kurzschluss, Überstrom oder Überspannung an elektrischen Einrichtungen als Folge von Brand oder Explosion entstehen.

Der Versicherer leistet jedoch Entschädigung für:

- Brandschäden, die an versicherten Sachen dadurch entstehen, dass sie einem Nutzfeuer oder der Wärme zur Bearbeitung oder zu sonstigen Zwecken ausgesetzt werden; als ausgesetzt gelten auch versicherte Sachen, in denen oder durch die Nutzfeuer oder Wärme erzeugt, vermittelt oder weitergeleitet wird.

  Keine Entschädigung wird jedoch geleistet für derartige Brandschäden an Räucher-, oder Trockenanlagen und an zur Bearbeitung eines Rohstoffes oder Halbfertigfabrikates dienenden Erhitzungsanlagen sowie an Dampferzeugungsanlagen, Wärmetauschern, Luftvorwärmern, Rekuperatoren, Rauchgasleitungen Anlagen zur Rauchgasentstickung, Rauchgasentschwefelung und Rauchgasentaschung.

Hinweis:	Um im Schadensfall ganz sicher zu gehen, sollte über die Feuerversicherung (sofern das Sachkonzept des besitzenden Versicherers derartige Einschlüsse nicht schon vorweisen kann) folgende Klauseln eingeschlossen werden:
SK 3101 (10)	Brandschäden an Räucher-, Trocknungs- und sonstigen ähnlichen Erhitzungsanlagen sowie an deren Inhalt
SK 3112 (10)	Brandschäden an Dampferzeugungsanlagen, Wärmetauschern, Luftvorwärmern, Rekuperatoren, Rauchgasleitungen, Filteranlagen, Rauchgasentschwefelungsanlagen, Denitrifikationsanlagen und vergleichbaren Anlagen
SK 3114 (10)	Überspannungsschäden durch Blitzschlag oder sonstige atmosphärisch bedingte Elektrizität

- Sengschäden an versicherten Sachen

- Schäden, die an Verbrennungskraftmaschinen durch die im Verbrennungsraum auftretenden Explosionen, sowie Schäden, die an Schaltorganen von elektrischen Schaltern durch den in ihnen auftretenden Gasdruck entstehen.

- Blitzschäden an elektrischen Einrichtungen versicherter Sachen, es sei denn, dass der Blitz unmittelbar auf diese Sachen übergegangen ist.

  Für Schäden durch Brand oder Explosion, die durch diese Blitzschäden verursacht werden, wird jedoch keine Entschädigung geleistet.

Nicht versicherte Gefahren und Schäden

Der Versicherer leistet ohne Rücksicht auf mitwirkende Ursachen keine Entschädigung für Schäden

- durch Vorsatz des Versicherungsnehmers oder dessen Repräsentanten

- durch Krieg, kriegsähnliche Ereignisse, Bürgerkrieg, Revolution, Rebellion oder Aufstand

- durch Innere Unruhen

- durch Kernenergie, nukleare Strahlung oder radioaktive Substanzen

- durch Erdbeben

- durch Überschwemmung

- durch Gewässer beeinflusstes Grundwasser infolge von Hochwasser

- durch
  - betriebsbedingte normale Abnutzung
  - betriebsbedingte vorzeitige Abnutzung
  - korrosive Angriffe oder Abzehrungen
  - übermäßigen Ansatz von Kesselstein, Schlamm oder sonstigen Ablagerungen

- durch Einsatz einer Sache, deren Reparaturbedürftigkeit dem Versicherungsnehmer oder seinen Repräsentanten bekannt sein musste; wobei nur grobe Fahrlässigkeit schadet und diese den Versicherer dazu berechtigt, seine Leistung in einem der Schwere des Verschuldens entsprechenden Verhältnis zu kürzen. Der Versicherer leistet jedoch Entschädigung, wenn der Schaden nicht durch die Reparaturbedürftigkeit verursacht wurde oder wenn die Sache zur Zeit des Schadens mit Zustimmung des Versicherers wenigstens behelfsmäßig repariert war.

- durch Diebstahl; der Versicherer leistet jedoch Entschädigung für Schäden an nicht gestohlenen Sachen, wenn sie als Folge des Diebstahls eintreten.

- soweit für sie ein Dritter als Lieferant (Hersteller oder Händler), Werkunternehmer oder aus Reparaturauftrag einzutreten hat. Bestreitet der Dritte seine Eintrittspflicht, so leistet der Versicherer zunächst Entschädigung. Ergibt sich nach Zahlung der Entschädigung, dass ein Dritter für den Schaden eintreten muss, und bestreitet der Dritte dies, so behält der Versicherungsnehmer zunächst die bereits gezahlte Entschädigung.

- durch Mängel, die bei Abschluss der Versicherung bereits vorhanden waren und dem Versicherungsnehmer oder seinen Repräsentanten bekannt sein mussten; wobei nur grobe Fahrlässigkeit schadet und diese den Versicherer dazu berechtigt, seine Leistung in einem der Schwere des Verschuldens entsprechenden Verhältnis zu kürzen.

Hinweis:	Aufgrund des Ausschlusses „Innere Unruhen" sollte über den jeweiligen Sach-Vertrag die Klausel **TK 2236 (11)** Innere Unruhen eingeschlossen werden.

Maschinenversicherung / mobile Risiken

[Angaben beziehen sich auf die ABMG 2011]

Etwas weitergehender als die AMB 2011 ist der Versicherungsschutz für mobile Maschinen (ABMG).

Exkurs: **Wann wird eine Maschine über eine Elektronik- und wann über eine Maschinenversicherung versichert ?**

Es kommt auf die einzelnen Komponenten der Maschinen an, die gemessen an der gesamten Maschine überwiegen !

§ 1 ABE - Versicherte und nicht versicherte Sachen
Versichert sind die im Versicherungsvertrag bezeichneten <u>**elektrotechnischen und elektronischen**</u> Anlagen und Geräte, sobald sie betriebsfertig sind.

§ 1 ABMG - Versicherte und nicht versicherte Sachen
Versichert sind die im Versicherungsvertrag <u>bezeichneten fahrbaren oder transportablen Geräte</u>, sobald sie betriebsfertig sind.

Versicherte Sachen

Versichert sind die im Versicherungsvertrag bezeichneten fahrbaren oder transportablen Geräte, sobald sie betriebsfertig sind.

Betriebsfertig ist eine Sache, sobald sie nach beendeter Erprobung und soweit vorgesehen nach beendeten Probebetrieb entweder zur Arbeitsaufnahme bereit ist oder sich in Betrieb befindet. Eine spätere Unterbrechung der Betriebsfertigkeit unterbricht den Versicherungsschutz nicht.

Dies gilt auch während einer De- oder Remontage sowie während eines Transportes der Sache innerhalb des Versicherungsortes.

Zusätzlich versicherbare Sachen

Sofern vereinbart, sind zusätzlich versichert Zusatzgeräte und Reserveteile. Dies ist insofern zu empfehlen, da diese Teile auch dann versichert gelten, wenn sie nicht in Gebrauch sind.

Hinweis: Der Einschluss von Zusatzgeräten, Reserveteilen und Fundamenten ergibt insofern Sinn, da im Schadenfall z.B. die neue Maschine ggf. größer oder schwerer als die alte Maschine sein kann. Somit müsste dann auch das Fundament geändert werden, was dann – wenn es eingeschlossen wäre – schadenbedingt ebenfalls reguliert werden würde.
Bei Zusatzgeräten und Reserveteilen bietet sich der Einschluss an, da diese z.B. bei Transportschäden ebenfalls mitversichert sein würden.

Zusatzgeräte können sein:

- Tiefenlöffel und Grabkörbe für Bagger
- Spundwandgreifer
- Siebschaufel für Radlader
- Abbruchhammer
- Betonschere
- Zusätzliche Bohrwerke
- Ballastgewichte für Krananlagen

Reserveteile können sein:

- Hubgabeln
- Teile mit besonders langer Lieferzeit (z.B. Getriebe)

Folgeschäden

Nur als Folge eines dem Grunde nach versicherten Sachschadens an anderen Teilen der versicherten Sache. Versichert sind Schäden an

- Transportbändern, Raupen, Kabeln, Stein- und Betonkübeln, Ketten, Seilen, Gurten, Riemen, Bürsten, Kardenbelägen und Bereifungen
- Werkzeuge aller Art

Nicht versicherte Sachen

Nicht versichert sind

- Wechseldatenträger

- Hilfs- und Betriebsstoffe, Verbrauchsmaterialien und Arbeitsmittel

- sonstige Teile, die während der Lebensdauer der versicherten Sachen erfahrungsgemäß mehrfach ausgewechselt werden müssen

- Fahrzeuge, die ausschließlich der Beförderung von Gütern im Rahmen eines darauf gerichteten Gewerbes oder von Personen dienen

- Wasser- und Luftfahrzeuge sowie schwimmende Geräte

- Einrichtungen von Baubüros, Baucontainer, Baubuden, Baubaracken, Werkstätten, Magazinen, Labors und Gerätewagen

Versicherte Gefahren und Schäden

Der Versicherer leistet Entschädigung für unvorhergesehen eintretende Beschädigungen oder Zerstörungen von versicherten Sachen (Sachschaden).

Unvorhergesehen sind Schäden, die der Versicherungsnehmer oder seine Repräsentanten weder rechtzeitig vorhergesehen haben noch mit dem für die im Betrieb ausgeübte Tätigkeit erforderlichen Fachwissen hätten vorsehen können, wobei nur grobe Fahrlässigkeit schadet und diese dem Versicherer dazu berechtigt, seine Leistung in einem der Schwere des Verschuldens entsprechenden Verhältnis zu kürzen.

Insbesondere wird Entschädigung geleistet für Sachschäden durch

- Bedienungsfehler, Ungeschicklichkeit oder Vorsatz Dritter

- Konstruktions-, Material- oder Ausführungsfehler

- Kurzschluss, Überstrom oder Überspannung

- Versagen von Mess-, Regel- oder Sicherheitseinrichtungen

- Wasser-, Öl- oder Schmiermittelmangel

- Brand, Blitzschlag, Explosion, Anprall oder Absturz eines Luftfahrzeuges, seiner Teile oder seiner Ladung. Dies gilt jedoch nicht für Baubüros, Baucontainer, Baubuden, Baubaracken, Werkstätten, Magazine, Labors und Gerätewagen

- Sturm, Frost, Eisgang, Erdbeben, oder Überschwemmung

Hinweis:	Im Gegensatz zu den stationären Maschinen sind hier deutlich mehr Sachrisiken versichert ! Aufgrund des Ausschlusses „Innere Unruhen" sollte über den jeweiligen Sachvertrag die Klausel **TK 3236 (11)** Innere Unruhen eingeschlossen werden.

Hinweis: **Bei Einsätzen auf „Schwimmkörpern" sollte die Klausel TK 2219 (11) aus den AMB (!) eingeschlossen werden.**

Versicherung von Sachen auf Schwimmkörpern

1. Versichert sind abweichend von Abschnitt A § 1 Nr. 1 Maschinen, maschinelle Einrichtungen und sonstige technische Anlagen, die auf Schwimmkörpern betrieben werden.

2. Sofern im Versicherungsvertrag vereinbart, sind Zwischenwellen, Wellen- und getrennt stehende Drucklager, Kupplungen und Getriebe versichert.

3. In Ergänzung zu Abschnitt A § 1 Nr. 4 sind nicht versichert:

a) Schwimmkörper; (Hinweis: Sofern der VN für den „Schwimmkörper" auch Versicherungsschutz wünscht, müsste hier ggf. über eine Flusskasko entsprechende Schritte eingeleitet werden.)

b) schiffsbauliche Fundamente sowie Stevenrohr einschließlich Stopfbüchsen, Schiffsschrauben und Schwanzwellen.

4. Abweichend von Abschnitt A § 2 leistet der Versicherer ohne Rücksicht auf mitwirkende Ursachen keine Entschädigung für Schäden durch

a) Schiffskasko-Unfälle
b) Absinken des Schwimmkörpers
c) Versaufen oder Verschlammen

Sofern vereinbart, wird Entschädigung geleistet für Schäden durch Bedienungsfehler, Ungeschicklichkeit, Fahrlässigkeit oder Böswilligkeit.

5. Versicherungsorte sind abweichend von Abschnitt A § 4 die im Versicherungsvertrag bezeichneten Schwimmkörper, solange diese sich in den im Versicherungsvertrag bezeichneten Fahrt- oder Einsatzgebieten oder Liegeplätzen befinden.

6. Ergänzend zu Abschnitt A § 7 Nr. 2 b) wird von den Wiederherstellungskosten ein Abzug in Höhe der Wertverbesserung vorgenommen an
a) Greifern, Ladeschaufeln, Löffelkübeln und Eimern,
b) Getrieben, Lagern und Drehkränzen aller Art.

7. Zu den weiteren Kosten gemäß Abschnitt A § 7 Nr. 4 gehören auch
a) Kosten, die durch Arbeiten an dem Schiffskörper oder an Aufbauten sowie für das Eindocken und Aufslippen des Schwimmkörpers entstehen.
b) Bergungs- und Abschleppkosten im Rahmen der hierfür vereinbarten Versicherungssummen.

Eine weitere Besonderheit bei mobilen Risiken ist der Ein- bzw. Ausschluss von „Inneren Betriebsschäden" (TK 3252 (11))

Innere Betriebsschäden

1. Abweichend von Abschnitt A § 2 Nr. 1 und Nr. 2 leistet der Versicherer Entschädigung für unvorhergesehen eintretende Beschädigungen oder Zerstörungen von versicherten Sachen (Sachschaden).

a) als unmittelbare Folge eines von außen her einwirkenden Ereignisses.

b) durch Brand, Blitzschlag, Explosion, Anprall oder Absturz eines Luftfahrzeuges, seiner Teile oder seiner Ladung; dies gilt jedoch nicht für Baubüros, Baucontainer, Baubuden, Baubaracken, Werkstätten, Magazine, Labors und Gerätewagen.

c) durch Sturm oder Eisgang
Sturm ist eine wetterbedingte Luftbewegung von mindestens Windstärke 8 nach Beaufort (Windgeschwindigkeit mindestens 62 km/h).

d) durch Überschwemmung

e) durch Erdrutsch

f) durch Erdbeben

2. Der Versicherer leistet ohne Rücksicht auf mitwirkende Ursachen **keine Entschädigung für Innere Betriebsschäden oder Bruchschäden.**

Entschädigung wird jedoch geleistet für Schäden gemäß Nr. 1, die infolge eines inneren Betriebsschadens oder Bruchschadens eintreten.

Merke: Die Inneren Betriebsschäden kann man vom Versicherungsschutz ausschließen, wenn man diese Klausel einschließt !

Zusätzlich versicherbare Gefahren und Schäden

Sofern vereinbart, wird Entschädigung geleistet für Schäden

- bei Abhandenkommen versicherter Sachen durch Diebstahl, Einbruchdiebstahl oder Raub

- bei Tunnelarbeiten oder Arbeiten unter Tage

  => Tipp: Arbeitsmaschinen „unter Tage" können auch einfach nur verschüttet werden, ohne ggf. beschädigt zu sein. Eine Bergung etc. ist aber ggf. zu gefährlich / zu teuer.
  Dies ist kein Sachschaden !
  Dieses Szenario sollte daher mit dem Versicherer entsprechend besprochen und eingeschlossen werden.

- durch Versaufen oder Verschlammen infolge der besonderen Gefahren des Einsatzes auf Wasserbaustellen

  => Tipp: Arbeitsmaschinen auf Wasserbaustellen, die untergehen, sind analog der Problematik „unter Tage" in erster Linie für den Besitzer nicht zugänglich, deswegen aber noch lange nicht beschädigt.
  Dies ist kein Sachschaden !
  Dieses Szenario sollte daher mit dem Versicherer entsprechend besprochen und eingeschlossen werden.
  Ebenso sollte hier auf eine angemessene Versicherungssumme zur Bergung der Maschine geachtet werden.

Elektronische Bauelemente

Entschädigung für elektronische Bauelemente (Bauteile) der versicherten Sache wird nur geleistet, wenn eine versicherte Gefahr nachweislich von außen auf eine Austauscheinheit (im Reparaturfall üblicherweise auszutauschende Einheit) oder auf die versicherte Sache insgesamt eingewirkt hat.

Ist dieser Beweis nicht zu erbringen, so genügt die überwiegende Wahrscheinlichkeit, dass der Schaden auf die Einwirkung einer versicherten Gefahr von außen zurückzuführen ist.

Für Folgeschäden an weiteren Austauscheinheiten wird jedoch Entschädigung geleistet.

Nicht versicherte Gefahren und Schäden

Der Versicherer leistet ohne Rücksicht auf mitwirkende Ursachen keine Entschädigung für Schäden

- durch Vorsatz des Versicherungsnehmers oder dessen Repräsentanten

- durch Krieg, kriegsähnliche Ereignisse, Bürgerkrieg, Revolution, Rebellion oder Aufstand

- durch Innere Unruhen

- durch Kernenergie, nukleare Strahlung oder radioaktive Substanzen

- während der Dauer von Seetransporten
  => Der Ausschluss beginnt mit dem Verladen auf das Schiff (also bis „Hafenbecken" versichert, danach nicht mehr).

- durch Mängel, die bei Abschluss der Versicherung bereits vorhanden waren und dem Versicherungsnehmer oder seinen Repräsentanten bekannt sein mussten; wobei nur grobe Fahrlässigkeit schadet und diese den Versicherer dazu berechtigt, seine Leistung in einem der Schwere des Verschuldens entsprechenden Verhältnis zu kürzen.

- durch zwangsläufige, sich dauernd wiederholende, von außen einwirkende Einflüsse des bestimmungsgemäßen Einsatzes, soweit es sich nicht um Folgeschäden handelt.

- durch
  o betriebsbedingte normale Abnutzung
  o betriebsbedingte vorzeitige Abnutzung
  o korrosive Angriffe oder Abzehrungen
  o übermäßigen Ansatz von Kesselstein, Schlamm oder sonstigen Ablagerungen

- durch Einsatz einer Sache, deren Reparaturbedürftigkeit dem Versicherungsnehmer oder seinen Repräsentanten bekannt sein musste; wobei nur grobe Fahrlässigkeit schadet und diese den Versicherer dazu berechtigt, seine Leistung in einem der Schwere des Verschuldens entsprechenden Verhältnis zu kürzen. Der Versicherer leistet jedoch Entschädigung, wenn der Schaden nicht durch die Reparaturbedürftigkeit verursacht wurde oder wenn die Sache zur Zeit des Schadens mit Zustimmung des Versicherers wenigstens behelfsmäßig repariert war.

- soweit für sie ein Dritter als Lieferant (Hersteller oder Händler), Frachtführer, Spediteur, Werkunternehmer oder aus Reparaturauftrag einzutreten hat. Bestreitet der Dritte seine Eintrittspflicht, so leistet der Versicherer zunächst Entschädigung. Ergibt sich nach Zahlung der Entschädigung, dass ein Dritter für den Schaden eintreten muss, und bestreitet der Dritte dies, so behält der Versicherungsnehmer zunächst die bereits gezahlte Entschädigung.

Viele Versicherer bieten auch hier umfangreiche Deckungen (natürlich „Allgefahren") an:

- Weitreichende Kostenübernahme für Ersatzteile, Lohn, Montage, Demontage, Transport, Bergung und Verladung

- Mitversicherung von Kosten für Aufräumung, Dekontamination, Entsorgung, Luftfrachten

- Mitversicherung von Bewegungs- und Schutzkosten

- Abhandenkommen der versicherten Sache und ihrer an ihr befestigten Bestandteile durch Diebstahl, Einbruchdiebstahl oder Raub

Elektronik

[Angaben beziehen sich auf die ABE 2011]

Sachversicherung:

Die Sachversicherung übernimmt im Rahmen der "Allgemeine Bedingungen für die Elektronikversicherung (ABE)" den Versicherungsschutz gegen Schäden, die durch Bedienungsfehler, Kurzschluss, Ereignisse höherer Gewalt, Brand, Blitzschlag, Explosion, Diebstahl und Wasser verursacht werden.

Sofern keine speziellen Maschinen etc. versichert werden, sondern z.B. übliche technische Büroeinrichtung, kann die Sachversicherung recht einfach über eine sog. **Elektronik-Pauschalversicherung** abgesichert werden.

Nachteil einer Pauschalversicherung ist die fehlende Individualität. Der Versicherungsnehmer muss jedes versicherbare Gerät in der Versicherungssumme (auch später bei Neuanschaffungen) dem Versicherer melden.

Darin enthalten sind (je nach Versicherer) noch einmal weitere „Bausteine" für Schäden an gespeicherten Daten und vorhandener Software.

Versicherungswert ist der Neuwert.

Neuwert ist der jeweils gültige Listenpreis der versicherten Sache im Neuzustand zuzüglich der Bezugskosten (z. B. Kosten für Verpackung, Fracht, Zölle, Montage).

Versicherte Sachen

Versichert sind die im Versicherungsvertrag bezeichneten elektrotechnischen und elektronischen Anlagen und Geräte, sobald sie betriebsfertig sind.

Betriebsfertig ist eine Sache, sobald sie nach beendeter Erprobung und soweit vorgesehen nach beendetem Probebetrieb entweder zur Arbeitsaufnahme bereit ist oder sich in Betrieb befindet. Eine spätere Unterbrechung der Betriebsfertigkeit unterbricht den Versicherungsschutz nicht. Dies gilt auch während einer De- oder Remontage sowie während eines Transportes der Sache innerhalb des Versicherungsortes.

Nicht versicherte Sachen

Nicht versichert sind

- Wechseldatenträger

- Hilfs- und Betriebsstoffe, Verbrauchsmaterialien und Arbeitsmittel

- Werkzeuge aller Art

- sonstige Teile, die während der Lebensdauer der versicherten Sachen erfahrungsgemäß mehrfach ausgewechselt werden müssen

Versicherte Gefahren und Schäden

Der Versicherer leistet Entschädigung für unvorhergesehen eintretende Beschädigungen oder Zerstörungen von versicherten Sachen (Sachschaden) und bei Abhandenkommen versicherter Sachen durch Diebstahl, Einbruchdiebstahl, Raub oder Plünderung.

Unvorhergesehen sind Schäden, die der Versicherungsnehmer oder seine Repräsentanten weder rechtzeitig vorhergesehen haben, noch mit dem für die im Betrieb ausgeübte Tätigkeit erforderlichen Fachwissen hätten vorhersehen können, wobei nur grobe Fahrlässigkeit schadet und diese den Versicherer dazu berechtigt, seine Leistung in einem der Schwere des Verschuldens entsprechenden Verhältnis zu kürzen.

Insbesondere wird Entschädigung geleistet für Sachschäden durch

- Bedienungsfehler, Ungeschicklichkeit oder Vorsatz Dritter

- Konstruktions-, Material- oder Ausführungsfehler

- Kurzschluss, Überstrom oder Überspannung

- Brand, Blitzschlag, Explosion, Anprall oder Absturz eines Luftfahrzeuges, seiner Teile oder seiner Ladung sowie Schwelen, Glimmen, Sengen, Glühen oder Implosion

- Wasser, Feuchtigkeit

- Sturm, Frost, Eisgang, oder Überschwemmung

Elektronische Bauelemente

Entschädigung für elektronische Bauelemente (Bauteile) der versicherten Sache wird nur geleistet, wenn eine versicherte Gefahr nachweislich von außen auf eine Austauscheinheit (im Reparaturfall üblicherweise auszutauschende Einheit) oder auf die versicherte Sache insgesamt eingewirkt hat.

Ist dieser Beweis nicht zu erbringen, so genügt die überwiegende Wahrscheinlichkeit, dass der Schaden auf die Einwirkung einer versicherten Gefahr von außen zurückzuführen ist.

Für Folgeschäden an weiteren Austauscheinheiten wird jedoch Entschädigung geleistet.

Röhren und Zwischenbildträger

Sofern nicht anders vereinbart, leistet der Versicherer Entschädigung für Röhren und Zwischenbildträger nur bei Schäden durch

- Brand, Blitzschlag, Explosion, Anprall oder Absturz eines Luftfahrzeuges, seiner Teile oder seiner Ladung

- Einbruchdiebstahl, Raub oder Vandalismus

- Leitungswasser

Nicht versicherte Gefahren und Schäden

Der Versicherer leistet ohne Rücksicht auf mitwirkende Ursachen keine Entschädigung für Schäden

- durch Vorsatz des Versicherungsnehmers oder dessen Repräsentanten

- durch Krieg, kriegsähnliche Ereignisse, Bürgerkrieg, Revolution, Rebellion oder Aufstand

- durch Innere Unruhen

- durch Kernenergie, nukleare Strahlung oder radioaktive Substanzen

- durch Erdbeben

- durch Mängel, die bei Abschluss der Versicherung bereits vorhanden waren und dem Versicherungsnehmer oder seinen Repräsentanten bekannt sein mussten; wobei nur grobe Fahrlässigkeit schadet und diese den Versicherer dazu berechtigt, seine Leistung in einem der Schwere des Verschuldens entsprechenden Verhältnis zu kürzen.

- durch betriebsbedingte normale oder betriebsbedingte vorzeitige Abnutzung oder Alterung; für Folgeschäden an weiteren Austauscheinheiten wird jedoch Entschädigung geleistet. Nr. 2 bleibt unberührt.

- durch Einsatz einer Sache, deren Reparaturbedürftigkeit dem Versicherungsnehmer oder seinen Repräsentanten bekannt sein musste; wobei nur grobe Fahrlässigkeit schadet und diese den Versicherer dazu berechtigt, seine Leistung in einem der Schwere des Verschuldens entsprechenden Verhältnis zu kürzen. Der Versicherer leistet jedoch Entschädigung, wenn der Schaden nicht durch die Reparaturbedürftigkeit verursacht wurde oder wenn die Sache zur Zeit des Schadens mit Zustimmung des Versicherers wenigstens behelfsmäßig repariert war.

- soweit für sie ein Dritter als Lieferant (Hersteller oder Händler), Werkunternehmer oder aus Reparaturauftrag einzutreten hat.
  Bestreitet der Dritte seine Eintrittspflicht, so leistet der Versicherer zunächst Entschädigung. Ergibt sich nach Zahlung der Entschädigung, dass ein Dritter für den Schaden eintreten muss, und bestreitet der Dritte dies, so behält der Versicherungsnehmer zunächst die bereits gezahlte Entschädigung.

Hinweis:	Aufgrund des Ausschlusses „Innere Unruhen" sollte über den jeweiligen Sachvertrag die Klausel **TK 1236 (11)** Innere Unruhen eingeschlossen werden.

Versicherungsort

Versicherungsschutz besteht nur innerhalb des Versicherungsortes. Versicherungsort sind die im Versicherungsvertrag bezeichneten Betriebsgrundstücke.

Hinweis:	Der Geltungsbereich kann gemäß Klausel **TK 1408 (11)** erweitert werden.

Ein paar wichtige Details zur...

Elektronikversicherung:

Im Gegensatz zur Maschinenversicherung

- sind keine Inneren Betriebsschäden versicherbar bzw. auszuschließen.

- ist Diebstahl nur für betriebsfertige Geräte versicherbar. Eingelagerte Geräte sind somit nicht auf Anhieb mitversichert.

Versicherte Sachen	ABE	AMB	ABMG	ABN	ABU	AMoB
Versichert sind die im Versicherungsvertrag bezeichneten elektrotechnischen und elektronischen Anlagen und Geräte, sobald sie betriebsfertig sind	X					
Versichert sind die im Versicherungsvertrag bezeichneten fahrbaren oder transportablen Geräte, sobald sie betriebsfertig sind			X			
Versichert sind die im Versicherungsvertrag bezeichneten stationären Maschinen, maschinellen Einrichtungen und sonstigen technischen Anlagen, sobald sie betriebsfertig sind		X				
Versichert sind alle Lieferungen und Leistungen für das im Versicherungsvertrag bezeichnete Bauvorhaben (Neubau / Umbau eines Gebäudes einschl. Außenanlagen)				X		
Versichert sind alle Baustoffe, Bauteile und Bauleistungen für die Errichtung des im Versicherungsvertrag bezeichneten Bauvorhabens einschl. Hilfsbauten und Bauhilfsstoffe					X	
Versichert sind alle Lieferungen und Leistungen für die Errichtung des im Versicherungsvertrag bezeichnete Montageobjektes (Konstruktion, Maschinen, maschinelle und elektrische Einrichtungen)						X

Versicherte Gefahren

	ABE	AMB	ABMG	ABN	ABU	AMoB
Der Versicherer leistet Entschädigung für unvorhergesehen eintretende Beschädigungen oder Zerstörungen von versicherten Sachen (Sachschaden) — sog. Insurance clause	X	X	X	X	X	X
Abhandenkommen von versicherter Sachen durch Diebstahl, Einbruchdiebstahl, Raub oder Plünderung	X		Optional			
Diebstahl mit dem Gebäude fest verbundener versicherter Bestandteile				Optional		
Bedienungsfehler, Ungeschicklichkeit oder Vorsatz Dritter	X	X	X			
Konstruktions-, Material- oder Ausführungsfehler	X	X	X			
Kurzschluss, Überstrom oder Überspannung	X	X	X			
Brand, Blitzschlag, Explosion, Anprall oder Absturz eines Luftfahrzeuges, seiner Teile oder seiner Ladung	X		X	Optional	Optional	
Schwelen, Glimmen, Sengen, Glühen oder Implosion	X	X	X			
Wasser, Feuchtigkeit	X	X	X			
Sturm, Frost, Eisgang	X	X	X			
Überschwemmung	X		X			
Gewässer, Grundwasser, Hochwasser				Optional	Optional	
Witterungsschaden infolge eines versicherten Schadens				X	X	X
Normale Witterungseinflüsse			X			
Erdbeben		X	X			
Versagen von Mess-, Regel- oder Sicherheitseinrichtungen		X	X			
Wasser-, Öl- oder Schmiermittelmangel		X	X			
Zerreißen infolge Fliehkraft		X				
Überdruck / Unterdruck		X				
Transportrisiko / mobile Risiken	X					
Transportrisiko / mobile Risiken - außer Seetransporte -			X			
Tunnelarbeiten, Arbeiten unter Tage, Versaufen Verschlammen, Wasserbaustellen			Optional			
Tunnel-, Schacht-, Durchpress- und Stollenarbeiten					Optional	
Wiederherstellung von Daten zur Grundfunktion der versicherten Sache	X	X	X	X	X	X
Verlust durch						
- Innere Unruhen						Optional
- Streik oder Aussperrung						Optional
- radioaktive Isotope						Optional

Zusätzlich versicherbare Sachen	ABE	AMB	ABMG	ABN	ABU	AMoB
Medizinisch-technische Einrichtungen und Laboreinrichtungen				Optional		
Stromerzeugungsanlagen, Datenverarbeitungs- und sonstige selbstständige elektr. Anlagen				Optional		
Bestandteile von unverhältnismäßig hohem Kunstwert				Optional		
Hilfsbauten und Bauhilfsstoffe				Optional	X	
Baugrund und Bodenmassen, soweit nicht Bestandteil der Lieferungen / Leistungen				Optional	Optional	
Altbauten, sofern nicht Bestandteil der Lieferungen / Leistungen				Optional	Optional	
Montageausrüstung (Krane, schwimmende Sachen, Eigentum Montagepersonal, fremde Sachen						Optional
Zusatzgeräte und Reserveteile		Optional	Optional			
Fundamente der versicherten Sachen		Optional				
Ausmauerungen, Auskleidungen und Beschichtungen von Öfen, Feuerungs- und sonstigen Erhitzungsanlagen		Optional				
Röhren und Zwischenbildträger	Optional					

Folgeschäden

	ABE	AMB	ABMG	ABN	ABU	AMoB
Transportbänder, Raupen, Kabel, Stein- und Betonkübel, Ketten, Seile, Gurte, Riemen, Bereifungen, Kardanbeläge, Bürsten		X	X			
Werkzeuge aller Art			X			
Öl- und Gasfüllungen zu Isolationszwecken		X				X
Ölfüllungen von versicherten Turbinen		Optional				

Elektronische Bauelemente

	ABE	AMB	ABMG	ABN	ABU	AMoB
Entschädigung für elektronische Bauelemente (Bauteile) der versicherten Sache wird nur geleistet, wenn eine versicherte Gefahr nachweislich von außen auf eine Austauscheinheit (im Reparaturfall üblicherweise auszutauschende Einheit) oder auf die versicherte Sache insgesamt eingewirkt hat. Für Folgeschäden an weiteren Austauscheinheiten wird jedoch Entschädigung geleistet	X	X	X			

Versicherte Interessen

	ABE	AMB	ABMG	ABN	ABU	AMoB
Versichert ist das Interesse des Versicherungsnehmers (und des abweichenden Eigentümers)	X	X	X			
Versichert ist das Interesse des Versicherungsnehmers (Bauherr oder sonstiger Auftraggeber)				X		
Versichert ist das Interesse aller Unternehmer, die an dem Vertrag mit dem Auftraggeber beteiligt sind, einschließlich der Subunternehmer jeweils mit ihren Lieferungen und Leistungen				X	X	X

Nicht versicherte Sachen	ABE	AMB	ABMG	ABN	ABU	AMoB
Wechseldatenträger	X	X	X			X
Hilfs- / Betriebsstoffe, Verbrauchs- / Arbeitsmittel	X	X	X			X
Werkzeuge aller Art	X	X				
sonstige Teile, die während der Lebensdauer der versicherten Sachen erfahrungsgemäß mehrfach ausgewechselt werden müssen	X	X	X			
Fahrzeuge, die ausschließlich der Beförderung von Gütern im Rahmen eines darauf gerichteten Gewerbes oder von Personen dienen			X			
Wasser- und Luftfahrzeuge sowie schwimmende Geräte			X			
Einrichtungen von Baubüros, Baucontainer, Baubuden, Werkstätten, Magazinen, Labors und Gerätewagen			X			
Produktionsstoffe						X
Akten, Zeichnungen und Pläne						X
Verluste von versicherten Sachen, die nicht mit dem Gebäude fest verbunden sind				X		
Schäden an Glas-, Metall- oder Kunststoffoberflächen sowie an Oberflächen vorgehängter Fassaden durch eine Tätigkeit an diesen Sachen				X		

Baufertigstellungsversicherung

Risiken für den Bauherrn:

Nach einer Umfrage des Bauherrenschutzbundes (BSB) sind die typischen Vertragspartner privater Bauherren beim Eigenheimbau zu 47,5 % Generalunternehmer (GU) und Generalübernehmer (GÜ) und zu 38,8 % Bauträger.

Die wenigsten privaten Eigenheime werden noch mit Architekten gebaut. Als größte Risiken beim privaten Hausbau geben Bauinteressierte

- Baumängel (75 %),
- Firmeninsolvenzen (50 %) und
- Baukostenüberschreitung (47 %)

an.

In den Jahren 2002/2003 sind mehr als 18 % der Bauherren mit der Insolvenz von Bauträgern, Generalunternehmern, Generalübernehmern oder Handwerkern konfrontiert worden.

Jeden 3. traf eine Insolvenz während der Bauzeit, jeden 2. während der Gewährleistungszeit.

Die Folgen hieraus sind schwerwiegend:

- Jeder 5. konnte seine **Mängelansprüche** nicht mehr durchsetzen.
- 52 % erlitten einen finanziellen Schaden von ca. 15.000,- EUR - 20.000,- EUR (ohne Sachverständigen- und Rechtsverfolgungskosten).

Jedes Bauvorhaben ist für den bauausführenden Unternehmer und den Bauherrn mit vielfältigen Risiken verbunden – vor und nach der Bauabnahme.

Hier kann eine Kombination aus Baufertigstellungs- und Baugewährleistungsversicherung weiterhelfen.

Mit der

Baufertigstellungsversicherung wird das finanzielle Risiko einer Insolvenz **vor** der Bauabnahme abgesichert

und mit der

Baugewährleistungsversicherung wird das finanzielle Risiko abgesichert, das aus der Verpflichtung zur Mängelhaftung **nach** Bauabnahme resultiert. Dies bedeutet Sicherheit sowohl für den bauausführenden Unternehmer als auch im Insolvenzfall für den Bauherrn.

Was ist abgesichert?

Nach Bauabnahme:

• Risiken finanzieller Folgen durch Gewährleistungsansprüche

• Garantierte Erstattung der Mängelbeseitigungs-, Nachbesserungs- bzw. Minderungskosten für das gesamte Objekt

Innerhalb der Gewährleistungsfrist (nach BGB):

• Finanzielle Aufwendungen für die Behebung von Baumängeln

Subunternehmer:

• Die Leistungen aller Subunternehmer sind mitversichert

Ferner:

• Baubegleitende Qualitätsprüfung durch unabhängige Sachverständige

• Prüfung und ggf. Abwehr unberechtigter Ansprüche

Welche Leistungen erhält der Bauherr ?

• Bei Insolvenz des Bauunternehmens direkte Erstattung der Kosten für die Mängelbehebung an den Bauherrn nach Bauabnahme.

• Der Baustein „Baufertigstellung" sichert dem Bauherrn das finanzielle Risiko einer Insolvenz des Bauunternehmens vor Bauabnahme ab. Der Versicherer erstattet dem Bauherrn die möglichen Mehrkosten – i.d.R. 20 % der vertraglichen Bausumme – für die Fertigstellung des Bauvorhabens.

Kapitel 4
Betriebsunterbrechungs-
versicherungen

Allgemein

Gegenstand der Ertragsausfallversicherung

a) kurzfristige Risiken: Bauleistungsversicherung BU

Montageversicherung BU

Garantieversicherung BU

b) langfristige Risiken   Feuer- / EC-BU

Maschinenversicherung BU

Elektronikversicherung BU

c) Sonderrisiken   Praxisausfallversicherung wg. Krankheit der versicherten Person

Betriebsschließungsversicherung aufgrund meldepflichtiger Seuchen

Grundsätzliches:

- Wird der Betrieb des Versicherungsnehmers infolge eines versicherten Sachschadens unterbrochen oder beeinträchtigt, so ersetzt der Versicherer den dadurch entstehenden Unterbrechungsschaden.

- Unterbrechung ist also jede Beeinträchtigung der betrieblichen Aktivitäten, **egal** ob der gesamte Betrieb oder nur einzelne Maschinen oder Arbeitsplätze betroffen sind.

- Kriterium für eine Betriebsunterbrechung ist, dass ein versicherter Sachschaden entstanden ist, weil weiterlaufende Kosten und Gewinne nicht erwirtschaftet werden konnten.

- Die BU leistet nur dann, wenn der Betrieb in dieser Zeit auch geöffnet worden wäre. Ist der Betrieb an Wochenende und Feiertagen geschlossen, werden diese Tage im Schadensfall ebenfalls nicht berücksichtigt. Daher auch Achtung bei Saisonbetrieben wie z.B. eine Eishalle. Kommt es am letzten Betriebstag zu einem Schaden und würde dann der Betrieb ohnehin für 6 Monate ruhen, leistet in dieser Zeit auch nicht die BU-Versicherung.

- Keine BU ohne SB. Die Selbstbeteiligung wird in der Regel als „AT" (Arbeitstage) angegeben und bezieht sich auf die tatsächlichen Arbeitstage des Betriebes.
  Beispiel: Am Freitag kommt es zu einem versicherten Schaden, der Betrieb ist unterbrochen. Am Wochenende hätte der Betrieb nicht produziert. Es besteht eine SB von 2 AT.
  Die BU würde also demnach erst am nächsten Mittwoch (Fr = Schaden, Sa + So = geschlossen, Mo + DI = SB) beginnen.

Mehrkosten

Jede BU enthält auch einen sog. „Mehrkosten"-Baustein, welcher in Form der Mehrkosten-Versicherung auch als Alternative zur (teureren) BU abgeschlossen werden kann.

Dies bietet sich bei Betrieben an, die nicht oder nur sehr kurz eine Betriebsunterbrechung erleiden können. Hierzu zählen z.B. Filialbetrieb mit einem engmaschigen Filialnetz, Energieversorger sowie Entsorgungsbetriebe (bekommen ohnehin ihr Geld von der Kommune oder Endverbraucher).

Auch Betriebe, die kurzfristig beschädigte Einheiten anmieten (Bürocontainer, Maschinen, vorübergehend installierte Telefonie, EDV, Fax) oder kaufen (normale EDV für einen Bürobetrieb) können, sind meistens in der üblicher Weise vereinbarten zeitlichen Selbstbeteiligung wieder betriebsfähig.

Versichert sind also schadenbedingte und zeitlich abhängige Mehrkosten für die Anwendung anderer Arbeits- oder Fertigungsverfahren, für die Vergabe von Aufträgen an Lohnunternehmen, Ankauf von Halb- oder Fertigfabrikaten sowie Einstellung von zusätzlichen Personal.

Beschränkung der Betriebsunterbrechungsversicherung

- Räumlich: Voraussetzung ist ein Sachschaden, in einer im Vertrag bezeichneten Betriebsstätte.

- Zeitlich: Die Eintrittspflicht des Versicherers ist durch die Haftzeit begrenzt.

- Aktivitäten: Gegenstand des Hauptbetriebes und welche Neben- und Hilfsbetriebe sind mitversichert. Auch Sachschäden in Lägern, Verwaltungen, Versandbereichen etc. können Unterbrechungsschäden auslösen.

Vertragsformen

Klein-BU
- orientiert sich i.d.R. an der Inventarversicherung (VS für Inventar + Vorräte)
- VS steht auf erstes Risiko zur Verfügung
- KBU folgt dem Schicksal der Sachversicherung (ZKBU) / kein eigenständiger Vertrag
- Haftzeit i.d.R. 12 Monate

Mittlere BU
- eigenständiger Vertrag
- eigene Bedingung (FBUB + Klauseln; MFBU)
- vereinfachte Summenermittlung: *Umsatz ./. Wareneinsatz*
- Haftzeit i.d.R. 12 – 24 Monate

Groß-BU
- eigenständiger Vertrag
- eigene Bedingung (FBUB + Klauseln)
- Summenermittlungsschema
- Haftzeit i.d.R. 12 – 36 oder sogar noch mehr Monate

Versicherte Gefahren der Feuer-BU

Versichert sind analog der Feuerversicherung die Gefahren

- Brand, Blitzschlag, Explosion
- Anprall oder Absturz eines bemannten Flugkörpers
- Löschen, Niederreißen oder Ausräumen bei einem dieser Ereignisse
- Bei entsprechenden Einschluss auch EC- und Elementargefahren

Unterbrechungsschaden

- Unterbrechungsschaden ist der entgangene Betriebsgewinn und Aufwand an fortlaufenden Kosten in dem versicherten Betrieb, sofern sich der Sachschaden auf einem versicherten Grundstück ereignet hat.
- Der Versicherer haftet nur für solche Unterbrechungsschäden, die adäquat kausal auf einen versicherten Sachschaden zurückzuführen sind.
- Ereignisse, die außerhalb jeglicher Regel und Erfahrung hinzutreten, bilden eine neue Kausalkette und fallen damit nicht mehr unter den Schutz der BU-Versicherung.

Außergewöhnliche versicherbare Ereignisse

- Behördliche Wiederaufbau- oder Betriebsbeschränkungen
- Kapitalmangel des Versicherungsnehmers
- Lieferverzug bei Ersatzteilbeschaffungen
- Zusammentreffen von Maschinen- und FBU-Schäden
- Bagatellschäden

Nur für Maschinen-BU:	Mitversicherung von Warenverderb (Vergrößerung des Schadens durch Warenverderb als auch die Ware selber), Schäden an Rohstoffen, Halb- und Fertigfabrikaten oder Hilfs- und Betriebsstoffen.

Dauer des Unterbrechungsschadens

- Die Zeit, während der eine **infolge eines Sachschadens** eingetretene Unterbrechung den normalen Betriebsablauf eines Unternehmens beeinträchtigt, wird als Unterbrechungszeit oder Störungszeit bezeichnet.

- Sondereinflüsse während der Unterbrechungszeit, z.B. Feiertage, Betriebsferien, Stillstandzeiten wegen planmäßiger Wartungsarbeiten, werden bei der Schadenabrechnung berücksichtigt. Sie lassen den Begriff der Unterbrechungszeit aber unberührt.

- Die Störungszeit beginnt mit dem Eintritt des Sachschadens, d.h. mit der Verwirklichung einer versicherten Gefahr die an den dem Betrieb dienenden Sachen beginnt.

- Das Ende der Störungszeit ist aber im Allgemeinen nicht mit der Wiederherstellung der technischen Betriebsbereitschaft der zu Schaden gekommenen Sache erreicht (MBU). Vielmehr kommt es darauf an, dass der Ertragsrückgang beendet und sowohl die technische, als auch die kaufmännische Betriebsleistung voll wiederhergestellt ist (F-/EC-BU).

> Für den Versicherungsnehmer ist es daher sinnvoll, möglichst viele Gefahren im Rahmen der F- und EC-BU einzudecken, da diese „länger" leistet als die Maschinen-BU !

Haftzeit

- Haftzeit ist die im Vertrag vereinbarte Zeitspanne, in der der Versicherer nach Eintritt eines Sachschadens für entgangenen Betriebsgewinn und fortlaufende Kosten haftet.

- Die Haftzeit beginnt mit dem Eintritt des Sachschadens, und zwar mit dem Zeitpunkt, an dem der Sachschaden für VN nach den Regeln der Technik frühestens erkennbar war.

> Wichtig: Daher Achtung bei z.B. Betrieben mit Betriebsferien !
> Wenn der Schaden kurz vor den Betriebsferien eintritt, beginnt die Haftzeit am Schadentag ! Der BU-Schaden tritt aber erst NACH den Ferien auf !

- Die Vereinbarung einer Haftzeit ermöglicht die Anwendung des Vollwertprinzips, **in dem nämlich Versicherungssumme und Versicherungswert in einem bestimmten Zeitraum gegenübergestellt werden**

> Wichtig: Sofern man die Möglichkeit hat, sollte das Feuer-BU-Risiko von Maschinen immer über die FBU und nicht über die MBU (bei mobilen Risiken) erfasst werden !
>
> Grund: Die MBU endet mit Fertigstellung, die FBU erst mit Fertigstellung U N D Wiederherstellung der kaufmännischen Leistung. Die FBU ist also für den VN ein besserer Versicherungsschutz !

Vereinbarte Haftzeiten

- Unterjährige Haftzeiten < 12 Monate
- Haftzeiten von 12 Monaten
- Überjährige Haftzeiten > 12 Monate
- Unterschiedliche Haftzeiten für versicherte Positionen sind möglich:
  1   Betriebsgewinne und Kosten (außer Positionen 2 bis 5)
  2   Gehälter
  3   Löhne der Facharbeiter
  4   Löhne der Nichtfacharbeiter
  5   Vertreterprovisionen

Versicherungssumme =   **bei Haftzeiten von max. 12 Monaten immer die Jahressumme ansetzen.**

Bei Haftzeit über 12 Monaten ist die sog. 2-Jahressumme zu berücksichtigen.

Bewertungszeitraum

- Der Bewertungszeitraum dient zur Ermittlung des Versicherungswertes und der wiederum zur Überprüfung der Versicherungssumme.
- Der Bewertungszeitraum beträgt 12 oder 24 Monate, auch bei unterjährigen Haftzeiten.
- Der Bewertungszeitraum endet mit dem Zeitpunkt, an dem der Unterbrechungsschaden nicht mehr entsteht bzw. sich nicht mehr verwirklicht, spätestens mit Ende der Haftzeit.
- Der Bewertungszeitraum beginnt frühestens mit der Haftung des Versicherers.

Wechselwirkungsschäden

In einer Betriebsstelle (Filiale, Abteilung) des Versicherungsnehmers führt ein Sachschaden zu einer Betriebsunterbrechung **in einer anderen Betriebsstelle desselben Versicherungsnehmers.** Sie sind über eine Klausel versicherbar.

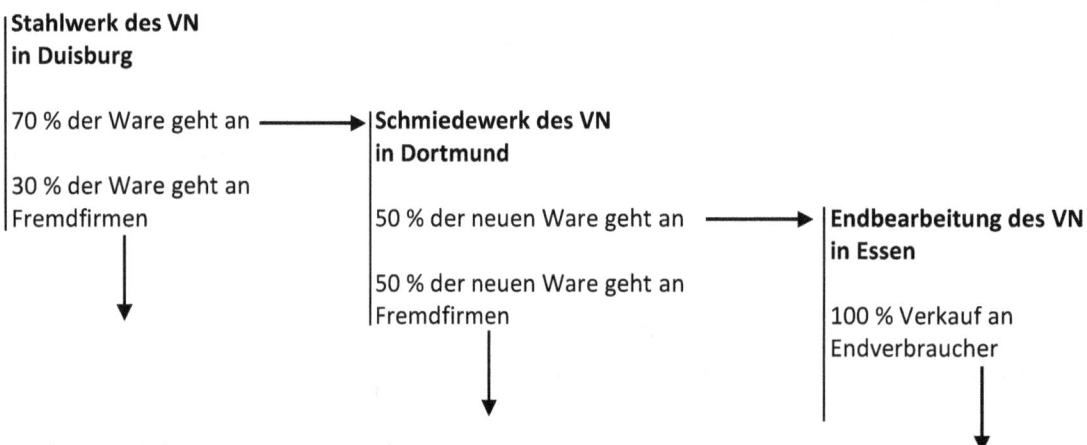

Stahlwerk des VN in Duisburg		
70 % der Ware geht an →	Schmiedewerk des VN in Dortmund	
30 % der Ware geht an Fremdfirmen	50 % der neuen Ware geht an →	Endbearbeitung des VN in Essen
↓	50 % der neuen Ware geht an Fremdfirmen	100 % Verkauf an Endverbraucher
	↓	↓

Ist also z.B. das Stahlwerk des VN betroffen, ruht auch gleich das Schmiedewerk und die Endbearbeitung.

Ist hingegen nur die Endbearbeitung durch einen Schaden betroffen, können sowohl das Stahl- sowie auch das Schmiedewerk arbeiten und 30% (Stahlwerk) bzw. 50 % (Schmiedewerk) ihrer Produkte verkaufen.

Rückwirkungsschäden

Rückwirkungsschaden bedeutet, dass durch **den Eintritt einer versicherten Gefahr in einem Fremdbetrieb oder sonst außerhalb einer benannten Betriebsstelle eine Betriebsunterbrechung beim Versicherungsnehmer** entsteht, **ohne** dass es dort zu einem Sachschaden gekommen ist.

Bezogen auf das o.g. Beispiel sind also, die bei dem Stahlwerk und dem Schmiedewerk benannten „Fremdfirmen" potenzielle Interessenten für die Absicherung von Rückwirkungsschäden !

Ggf. sind diese Fremdfirmen zu 100 % von den Lieferungen des Stahl- oder Schmiedewerks abhängig und müssten daher im Schadensfall ebenfalls ihre Arbeit einstellen.

Beitragstechnisch relevant ist der Unterschied zwischen namentlich benannten und unbenannten Zulieferern.

Dies hat den einfachen Grund, dass der Versicherer bei namentlich benannten Zulieferern mit einer hohen Abhängigkeit des Versicherungsnehmers das Risiko besser prüfen kann.
Im weitesten Sinne kann man in so einem Fall davon reden, dass neben dem Betrieb des VN auch ein weiterer Betrieb (der von dem wichtigen Zulieferer) versichert wird.
In Extremfällen werden auch diese Betriebe besichtigt !

Bei unbenannten Zulieferern kann der Versicherer das Risiko nicht prüfen und muss davon ausgehen, dass es eine Abhängigkeit des VN von irgendeinem Betrieb irgendwo auf der Welt gibt.

Im Bereich der Feuerversicherung mag sich das noch in einem überschaubaren Rahmen halten. Spannend wird es aber dann, wenn im Bereich der BU-Rückwirkungsschäden auch zonenabhängige Gefahren versichert werden sollen (erweiterte Elementarschäden).

Typische Bedarfsfälle für Mitversicherung von Rückwirkungsschäden:

- Just in time-Bezieher
- enge Liefer- und Produktionsbeziehungen
- Konzentration der Einkaufsmacht auf wenige / einen Hersteller
- schlechte Einflussnahme auf die Risiko- und Sicherheitspolitik
  des Lieferanten

Katastrophenplanung beim VN notwendig ! Der VN muss im Vorfeld prüfen, unter welchen Voraussetzungen andere Halbwaren etc. zugekauft werden können.

Ein Unterbrechungsschaden im Sinne des A § 1.2 FBUB liegt auch vor, wenn sich ein Sachschaden entsprechend A § 2.1 FBUB auf dem Grundstück eines Zulieferers des VN ereignet hat.

Entschädigungsgrenze je Versicherungsfall ist der vereinbarte Prozentsatz der Versicherungssumme (ohne Nachhaftung).

Ein Unterbrechungsschaden im Sinne des A § 1.2 FBUB liegt auch vor, wenn sich ein Sachschaden entsprechend A § 2.1 FBUB auf dem Grundstück eines Abnehmers des VN ereignet hat.

Entschädigungsgrenze je Versicherungsfall ist der für jeden benannten Abnehmer gesondert vereinbarte Betrag.

In MBU kaum oder nur schwer zu versichern.

„Auswirkungsschäden" = Rückwirkungsschäden beim Abnehmer

Auswirkungsschaden bedeutet, dass durch **den Eintritt einer versicherten Gefahr in einem Fremdbetrieb (→ Abnehmer) eine Betriebsunterbrechung beim Versicherungsnehmer** entsteht, **ohne** dass es dort zu einem Sachschaden gekommen ist. Behandlung analog Rückwirkungsschäden.

Ausfallziffern (PML / EML / MPL / MFL)

Die im Versicherungsvertrag (BU) für eine Sache genannte Ausfallziffer bezeichnet den prozentualen Anteil des Betriebsgewinnes und der fortlaufenden Kosten, der nicht erwirtschaftet werden kann, wenn diese Sache während des gesamten Bewertungszeitraumes (12 Monate) nicht betrieben werden kann.

Die reine Angabe von Versicherungssummen für Gebäude und Inventar sowie Vorräte sagt nichts über den zu erwartenden Höchstschaden aus. Häufig verteilen sich diese Werte auf mehrere Gebäude oder Etagen, sodass nicht immer mit einem Totalschaden zu rechnen ist.

Je mehr Sachwerte oder je wichtiger oder schwer nachzukaufende Sachwerte betroffen sind, desto höher der daraus resultierenden BU-Schaden !

Nachhaftung

- Der Versicherer haftet über die Versicherungssumme hinaus bis zur vereinbarten Nachhaftung. Bei überjährigen Haftzeiten gilt entsprechend höhere Haftung.

- Ist die Versicherungssumme aus Preis- und Mengenfaktor gebildet, so gilt die Nachhaftung nur für den Mengenfaktor.

- **Berechnung der Prämienrückgewähr nach A § 9 FBUB 2008:**

  = Differenz VS der abgelaufenen Periode und dem nachträglich festgestellten Versicherungswert

  - pro Position festzustellen, wenn nicht einheitliche Haftzeiten bestehen

  Achtung: Rückgewähr max. 1/3 der gezahlten Prämie

  <u>**Beispiel:**</u>
  - Pos. 1-5: einheitlich 12 MHZ, VS 15 Mio. €, Prämiensatz 2,3 ‰
  - Geschäftsjahr = Kalenderjahr; Fälligkeit 01.01.
  - VN beantragt Erhöhung der VS auf 18 Mio. € per 20.10.dJ; VR nimmt an
  - März des Folgejahres werden 13,8 Mio. € vom VN für die abgelaufene Periode gemeldet

- **Berechnung der Durchschnitts-VS:**

Alt:	15 Mio. €	01.01. -19.10. (292 Tage)	12.000.000
Neu:	18 Mio. €	20.10. - 31.12. (73 Tage)	3.600.000
Durchschnittssumme			15.600.000
Meldung:			13.800.000

  --> Überversicherung: 15,6 Mio. - 13,8 Mio. = 1,8 Mio. zu viel abgesichert

  1,8 Mio. zu dem in diesem Beispiel angesetzten Prämiensatz von 2,3 ‰ ergibt einen Beitrag in Höhe von 4.140 € (zzgl. VSt.) und entspricht somit weniger als 1/3 der bereits gezahlten Prämie. Rückerstattung der 4.140 € in voller Höhe (zzgl. VSt.) an VN.

Bei überjährigen Haftzeiten (bis 24 Monate) werden Zweijahressummen (Meldung und VS) verglichen.

Betriebsertrag als versichertes Interesse

Unter dem Ertrag versteht man die in Geld bewertete betriebliche Leistung einer Periode (z.B. eines Geschäftsjahres).

Diese beruht im Wesentlichen auf
- Umsatzerlösen (aus Produktion, Handel oder Dienstleistungen)
- Änderungen des Lagerbestandes
- Aktivierten Eigenleistungen (z.B. selbst erstellte Anlagen)

Den Erträgen stehen die Aufwendungen in derselben Periode gegenüber. Diese werden aus den Erträgen gedeckt, d.h. erwirtschaftet.

Übersteigen die Erträge die Aufwendungen, so verbleibt dem Betrieb ein Gewinn.

Versichertes Interesse in der Betriebsunterbrechungsversicherung ist also der Ertrag, aus dem Gewinne und Kosten erwirtschaftet werden.

Bedrohter Ertrag: **- entgangener Gewinn**

- fortlaufende Kosten, die nicht mehr durch die Betriebsleistung erwirtschaftet werden können

Nicht versichert: variablen Kosten

- Ein Teil des Ertrages wird vorab für Materialeinsatz und sonstige leistungsabhängige Kosten benötigt. Wird die Betriebsleistung beeinträchtigt oder unterbrochen, so gehen diese Kosten proportional zurück. Man spricht deshalb auch von leistungsabhängigen (proportionalen) Kosten. **Da proportionale Kosten keinen Unterbrechungsschaden verursachen können, sind sie nach A § 5.1 FBUB / A § 1.2 AMBUB nicht versichert.**

- **Versichert ist also der Teil der Betriebserträge, der nach Abzug der proportionalen Kosten verbleibt**, um die leistungsunabhängigen (nicht proportionalen) Kosten und eventuelle Gewinne zu decken. Dieser Teil wird auch als Rohertrag bezeichnet und entspricht weitgehend dem Begriff des Deckungsbeitrages aus der Betriebswirtschaftslehre.

- **Fertigungslöhne in der Kostenrechnung:**
  Diese sind in der Regel den jeweiligen Produkten direkt zurechenbar und werden in der Praxis deshalb als proportionale Kosten angesehen.

- **Fertigungslöhne in der Betriebsunterbrechungsversicherung:**
  Gehälter und Löhne sind fortlaufende, d. h. nicht proportionale Kosten und somit mitversichert, weil ihr Aufwand zumindest bis zum nächsten ordentlichen Kündigungstermin rechtlich notwendig ist und darüber hinaus wirtschaftlich begründet sein kann, um die Arbeitnehmer dem Betrieb zu erhalten.

Gewinn-und-Verlust-Rechnung

Die Gewinn-und-Verlust-Rechnung (G+V) verfolgt den Zweck, als zeitraumbezogene Rechnung den Periodenerfolg nach Art, Höhe und Quellen sichtbar zu machen. Im Gegensatz zur Bilanz, die eine auf einen Stichtag bezogene Zeitpunktrechnung darstellt.

Die Gewinn-und-Verlust-Rechnung wird zur Ermittlung des Versicherungswertes herangezogen.

Grundlage ist § 242 HGB:

§ 242 Pflicht zur Aufstellung

(1) Der Kaufmann hat zu Beginn seines Handelsgewerbes und für den Schluss eines jeden Geschäftsjahrs einen das Verhältnis seines Vermögens und seiner Schulden darstellenden Abschluss (Eröffnungsbilanz, Bilanz) aufzustellen. Auf die Eröffnungsbilanz sind die für den Jahresabschluss geltenden Vorschriften entsprechend anzuwenden, soweit sie sich auf die Bilanz beziehen.

(2) Er hat für den Schluss eines jeden Geschäftsjahrs eine Gegenüberstellung der Aufwendungen und Erträge des Geschäftsjahrs (Gewinn-und-Verlust-Rechnung) aufzustellen.

(3) Die Bilanz und die Gewinn-und-Verlust-Rechnung bilden den Jahresabschluss.

(4) Die Absätze 1 bis 3 sind auf Einzelkaufleute im Sinn des § 241a nicht anzuwenden. Im Fall der Neugründung treten die Rechtsfolgen nach Satz 1 schon ein, wenn die Werte des § 241a Satz 1 am ersten Abschlussstichtag nach der Neugründung nicht überschritten werden.

G + V-Rechnung: Erträge und Aufwendungen für eine Abrechnungsperiode = Vermögensänderungen

Bilanz: Bestände von Vermögen und Verbindlichkeiten

Schadenminderungskosten

Die Schadenminderung hat im Bereich der BU-Versicherung einen hohen Stellenwert.

Einen eingetretenen BU-Schaden zu mindern entspricht dem Regelfall.

Die Palette der Möglichkeiten ist hierbei häufig größer, als man denkt.

Möglichkeiten können sein:

- Provisorische Reparatur

- Neues Teil anstelle Reparatur

- Leihen von Ersatzanlagen

- Reparaturbeschleunigungsmaßnahmen

- Produktionsverlagerung

- Zukauf von Halb- oder Fertigfabrikaten

- Maßnahmen zur Absatzsicherung

Der Versicherungsnehmer hat im Rahmen seiner Rettungspflicht alle sich bietenden Maßnahmen zu nutzen.

Schadenminderungskosten sind vom Versicherer zu ersetzen, soweit

- sie den Umfang der Entschädigungspflicht des Versicherers verringern

- oder soweit der Versicherungsnehmer sie den Umständen nach für geboten halten durfte.

Sie werden jedoch <u>nicht</u> ersetzt,

- soweit der VN im zeitlichen Selbstbehalt oder nach Ablauf der Haftzeit Nutzen daraus hat.

- Sie werden auch nicht ersetzt, soweit sie geringer sind als ein vereinbarter betragsmäßiger Selbstbehalt.

- Sie werden auch nicht ersetzt, wenn sie den Ausfallschaden vergrößern (Grenze der Entschädigung ist der Ausfallschaden <u>ohne</u> Schadenminderung = Versicherungssumme).

Abrechnungsverfahren

Nach wie vor erläuterungsbedürftig sind die alljährlichen Abrechnungen der FBU.

Ein Großteil der Versicherer rechnet zum einen das **abgelaufene Geschäftsjahr** des VN anhand des tatsächlichen erzielten Umsatzes (und der sich daraus ergebenen Versicherungssumme) ab und erhebt direkt für **das laufende Geschäftsjahr** auf Basis dieser Versicherungssumme den aktuellen Beitrag.

Also: **1 Meldebogen löst 2 Beitragsberechnungen aus !**

Wird dann auch noch die Nachhaftung in der Beitragskalkulation berücksichtigt, kann schon mal die eine oder andere Rückfrage vom VN kommen.

Hinzu kommt das heikle Thema der **Unterversicherung** im BU-Fall, die trotz einer vereinbarten Nachhaftung eintreten kann.

Beispiel:

FBU Abrechnung

Versicherungssumme:	**10.000.000,00**	€		
Prämiensatz:	**1**	o/oo => somit	**10.000,00**	€ Vorausbeitrag
Nachhaftung VS:	**30**	% bezogen auf 10 Mio. VS		
Versicherungswert:	**15.000.000,00**	€		
Haftzeit:	**12**	Monate		
Berechnung der Nachhaftung:	**30**	o/oo => somit	**13.000.000,00**	€ Gesamt-VS
Prämiensatz:	**1**	o/oo => somit	**13.000,00**	€ Gesamtbeitrag
			- 10.000,00	€ Vorausbeitrag
			3.000,00	€ **Nacherhebung**

Unterversicherung: **Versicherungswert - Gesamt-VS = - 2 Mio. €**

Fazit:
- **Versicherungswert ist über Gesamt-VS**
- **Im Schadensfall unterversichert !**
- **3.000,- € Nacherhebung (zzgl. VSt.)**

Was melde ich wann ?

Haftzeit, Jahressumme, Zweijahressumme... was melde ich wann ? Im Prinzip ist es eigentlich ganz einfach:

Beträgt die Haftzeit max. 12 Monate, wird die Jahressumme gemeldet. Geht die Haftzeit über 12 Monate hinaus, wird die Zweijahressumme herangezogen. Hierbei wird die Jahressumme im Dreisatz auf die gewünschte Haftzeit umgerechnet.

> Wohlgemerkt:
> Es geht hier um die Meldung durch den VN, nicht um die Summenfindung im Vorfeld (die weicht hiervon ab !)

Beispiel:

12 Monate = VS 10 Mio.
15 Monate = 10 Mio. : 12 Monate * 15 Monate = 12.5 Mio.

Später in der Abrechnung der FBU wird hingegen die Jahressumme nicht einfach verdoppelt, sondern es werden die letzten beide Jahre einzeln abgefragt.

Hier wieder ein paar Beispiele:

FBU Abrechnung / Versicherungssumme umgerechnet auf Haftzeit
(alle Beiträge zzgl. VSt.)

Versicherungssumme:	10.000.000,00	€		
			ZVS	
Haftzeiten:	12	Monate	10.000.000,00	
	15	Monate	12.500.000,00	*Haftzeit > 12 Monate ?*
	18	Monate	15.000.000,00	*Dann IMMER mit der*
	24	Monate	20.000.000,00	*2-Jahressumme rechnen !*

Nachhaftung:	30	% => somit	13.000.000,00	€ Gesamt-VS bei 12 MHZ
			13.000,00	€ Gesamtbeitrag
Prämiensatz:	1	o/oo => somit	10.000,00	€ Vorausbeitrag
			3.000,00	€ Nacherhebung

Nachhaftung:	30	% => somit	16.250.000,00	€ Gesamt-VS bei 15 MHZ
			16.250,00	€ Gesamtbeitrag
Prämiensatz:	1	o/oo => somit	12.500,00	€ Vorausbeitrag
			3.750,00	€ Nacherhebung

Nachhaftung:	30	% => somit	19.500.000,00	€ Gesamt-VS bei 18 MHZ
			19.500,00	€ Gesamtbeitrag
Prämiensatz:	1	o/oo => somit	15.000,00	€ Vorausbeitrag
			4.500,00	€ Nacherhebung

Nachhaftung:	30	% => somit	26.000.000,00	€ Gesamt-VS bei 20 MHZ
			26.000,00	€ Gesamtbeitrag
Prämiensatz:	1	o/oo => somit	20.000,00	€ Vorausbeitrag
			6.000,00	€ Nacherhebung

Der FBU-Vertrag dient nicht als „Sparbuch" !

Auch eine zu großzügig bemessene BU-Summe kann sich monetär negativ für den VN auswirken !

Es werden i.d.R. nur 1/3 des gezahlten Beitrages wieder erstattet !

FBU Abrechnung

Versicherungssumme:	**10.000.000,00**	€		
Prämiensatz:	**1**	o/oo => somit	**10.000,00**	€ Vorausbeitrag
Versicherungswert:	**5.000.000,00**	€		
Prämiensatz:	**1**	o/oo => somit	**5.000,00**	€ regulärer Beitrag
Zu viel gezahlt demnach:			**5.000,00**	€

_____

max. 1/3 vom Vorausbeitrag:	**3.333,33**	**€ an VN (zzgl. VSt.)**

Nachhaftung:	**30**	% => somit	**13.000.000,00**	€ Gesamt-VS

Fazit:
- **Versicherungswert ist unter Versicherungssumme**
- **VN bekommt max. 1/3 vom Beitrag zurück !**
- **Nachhaftung wird NICHT abgerechnet**

Die Abrechnung einer überjährigen Haftzeit (also über 12 Monate) kann wie folgt aussehen:

FBU Abrechnung

Versicherungssumme:	**20.000.000,00**	€
Prämiensatz:	**1**	o/oo
Versicherungswert:	**15.000.000,00**	€

Haftzeit:	**18**	Monate => sog. "überjährige Haftzeit"
		Daher 2 Jahre die Summen abfragen !!

VN gibt an:	**15.000.000,00**	€ Versicherungswert in 2010
	18.000.000,00	€ Versicherungswert in 2009
	33.000.000,00	Summe
Versicherungssumme:	**20.000.000,00**	€
Differenz:	**13.000.000,00**	€

30 % NH aus VS:	**6.000.000,00**	€ (30 % von 20 Mio. €)
Prämiensatz:	**1**	o/oo => somit 6.000,00 € Nacherhebung (zzgl. VSt.)

Fazit:
- **Versicherungswert ist über Gesamt-VS**
- **Im Schadensfall unterversichert !**
- **6.000,00 € Nacherhebung (zzgl. VSt.)**

Maschinenversicherung

Keine BU ohne SB ! Bei einem zeitlichen SB hat der VN denjenigen Teil selbst zu tragen, der sich zu dem Gesamtbetrag verhält wie der zeitliche SB zu dem Gesamtzeitraum der Unterbrechung.

Es werden nur Zeiten berücksichtigt, in denen im versicherten Betrieb ohne Eintritt des Versicherungsfalles gearbeitet (z.B. Montag – Samstag) worden wäre.

Merke: Anderes Wort für „PML bei einer Maschinen-BU" =   Ausfallziffer

---

Tage mit Minderleistung werden zu vollen Unterbrechungstagen zusammengefasst !

Achtung bei sog. „Engpassmaschinen"

Sollten Sie auf eine derartige Maschine treffen, dann geben Sie dem Versicherer doch bereits im Vorfeld eine kurze Berechnung des PML bezogen auf diese „Bottleneck"-Passagen im Betrieb an die Hand:

Jahresumsatz:	45 Mio.	
Wareneinsatz:	20 Mio.	
Rohgewinn:	25 Mio.	= 100 %

Rohgewinnanteil der Maschine:	2 Mio.	= 8 % PML

oder

Jahresumsatz:	45 Mio.	
Wareneinsatz:	20 Mio.	
Rohgewinn:	25 Mio.	= 100 %

Rohgewinnanteil der Maschine:	20 Mio.	= 80 % PML

Die PML-Angaben beziehen sich also ausschließlich auf die Gefahr, dass diese eine Maschine ausfällt !

Mehrkostenversicherung

Anstelle von Betriebsgewinn und Kosten werden Mehrkosten versichert.

Sinnvoll für Betriebe, die keine Betriebsunterbrechung erleiden können wie z.B. Müllverbrennungsanlagen oder Stadtwerke.

Man unterscheidet: **Zeitabhängige Mehrkosten**
Zeitunabhängige Mehrkosten

Zeitabhängige Mehrkosten: Diese Kosten fallen proportional mit der Dauer **(also pro Tag x €)** der Unterbrechung an und entstehen z.B. durch:
- Fremdstrom-Arbeitspreis
- Benutzung anderer Anlagen (z.B. Fahrzeugwaagen, Schredder)
- Anwendung anderer Arbeits- oder Fertigungsverfahren
- Gemietete Maschinen oder Einrichtungen
- Inanspruchnahme von Lohn- und Dienstleistungen
- Bezug von Halb- oder Fertigfabrikaten

Zeitunabhängige Mehrkosten: Diese Kosten fallen einmalig während der Dauer der Unterbrechung an, z.B. durch:
- Fremdstrom-Leistungspreis
- Umrüstung
- einmalige Umprogrammierungen

Bauleistung

Versichert sind Ertragsausfälle infolge verspäteter Inbetriebnahmen von Bauleistungen, ausgelöst durch einen versicherten Sachschaden.

Hierfür besteht kein eigenständiges Bedingungswerk, vielmehr werden die Allgemeinen Bedingungen für die Maschinen-Betriebsunterbrechungsversicherung (AMBUB) mittels zusätzlicher Klausel (TK 4950) um die risikospezifischen Merkmale der Montageversicherung modifiziert.

Klausel TK 4950 (Auszug aus den GDV-Musterbedingungen)
[die Paragrafen im Text beziehen sich auf die AmoB !]

1. Gegenstand der Versicherung; Unterbrechungsschaden; Haftzeit

Abweichend von Abschnitt A § 1 gilt:

a) Gegenstand der Versicherung

Wird die Nutzungsmöglichkeit von im Versicherungsvertrag bezeichneten Bauvorhaben zum geplanten Zeitpunkt infolge eines am Versicherungsortes eingetretenen Sachschadens verzögert oder beeinträchtigt, leistet der Versicherer Entschädigung für den dadurch entstehenden Unterbrechungsschaden.

b) Unterbrechungsschaden

Der Unterbrechungsschaden besteht aus den fortlaufenden Kosten und dem Betriebsgewinn, die der Versicherungsnehmer innerhalb des Unterbrechungszeitraumes, längstens jedoch der Haftzeit nicht erwirtschaften kann, weil die beschädigte oder zerstörte Bauleistung oder die abhandengekommene Sache in einen dem Zustand unmittelbar vor Eintritt des Sachschadens technisch gleichwertigen Zustand versetzt bzw. durch eine gleichartige Sache ersetzt werden muss (Unterbrechungsschaden).

c) Haftzeit

Die Haftzeit ist der Zeitraum, für welchen Versicherungsschutz für den Unterbrechungsschaden besteht.
Die Haftzeit beginnt mit dem Zeitpunkt, zu dem ohne Eintritt des Sachschadens die Nutzungsmöglichkeit des Bauvorhabens gegeben gewesen wäre.
Ist die Haftzeit nach Monaten bemessen, so gelten jeweils 30 Kalendertage als ein Monat. Ist jedoch ein Zeitraum von 12 Monaten vereinbart, so beträgt die Haftzeit ein volles Kalenderjahr.

2. Bewertungszeitraum

Abweichend von Abschnitt A § 2 Nr. 2 beginnt der Bewertungszeitraum mit dem Ende des Unterbrechungsschadens.

3. Sachschaden; versicherte und nicht versicherte Gefahren und Schäden

Abweichend von Abschnitt A § 3 gilt:

a) Sachschaden ist die unvorhergesehen eintretende Beschädigung oder Zerstörung des im Versicherungsvertrag bezeichneten Bauvorhabens oder sonstiger im Versicherungsvertrag bezeichneter Sachen.
Unvorhergesehen sind Sachschäden, die der Versicherungsnehmer oder seine Repräsentanten weder rechtzeitig vorhergesehen haben, noch mit dem für die Erstellung der Bauleistung erforderlichen Fachwissen hätten vorhersehen können, wobei nur grobe Fahrlässigkeit schadet und diese den Versicherer dazu berechtigt, seine Leistung in einem der Schwere des Verschuldens entsprechenden Verhältnis zu kürzen.

b) Zusätzlich versicherbare Gefahren und Schäden

Sofern vereinbart, leistet der Versicherer Entschädigung für Unterbrechungsschäden infolge von

aa) Verlusten durch Diebstahl mit dem Gebäude fest verbundener versicherter Bestandteile;

bb) Sachschäden durch Brand, Blitzschlag oder Explosion, Anprall oder Absturz eines Luftfahrzeuges, seiner Teile oder seiner Ladung;

cc) Sachschäden durch Gewässer und/oder durch Grundwasser, das durch Gewässer beeinflusst wird, infolge von   (1) ungewöhnlichem Hochwasser;
(2) außergewöhnlichem Hochwasser;

dd) Sachschäden durch Innere Unruhen;

ee) Sachschäden durch Streik oder Aussperrung;

ff) Sachschäden durch radioaktive Isotope.

c) Nicht versicherte Schäden

Der Versicherer leistet keine Entschädigung für Unterbrechungsschäden durch

aa) Mängel der versicherten Lieferungen und Leistungen sowie sonstiger versicherter Sachen;

bb) Verluste von versicherten Sachen, die nicht mit dem Gebäude fest verbunden sind;

cc) Schäden an Glas-, Metall- oder Kunststoffoberflächen sowie an Oberflächen vorgehängter Fassaden durch eine Tätigkeit an diesen Sachen.

d) Nicht versicherte Gefahren und Schäden

Der Versicherer leistet ohne Rücksicht auf mitwirkende Ursachen keine Entschädigung für Unterbrechungsschäden infolge von Sachschäden

aa) durch Vorsatz des Versicherungsnehmers oder dessen Repräsentanten;

bb) durch normale Witterungseinflüsse, mit denen wegen der Jahreszeit und der örtlichen Verhältnisse gerechnet werden muss; Entschädigung wird jedoch geleistet, wenn der Witterungsschaden infolge eines anderen entschädigungspflichtigen Schadens entstanden ist;

cc) durch normale Wasserführung oder normale Wasserstände von Gewässern;

dd) durch nicht einsatzbereite oder ausreichend redundante Anlagen zur Wasserhaltung; redundant sind die Anlagen, wenn sie die Funktion einer ausgefallenen Anlage ohne zeitliche Verzögerung übernehmen können und über eine unabhängige Energieversorgung verfügen;

ee) während und infolge einer Unterbrechung der Arbeiten auf dem Baugrundstück oder einem Teil davon von mehr als __ Monaten;

ff) durch Baustoffe, die durch eine zuständige Prüfstelle beanstandet oder vorschriftswidrig noch nicht geprüft wurden;

gg) durch Krieg, kriegsähnliche Ereignisse, Bürgerkrieg, Revolution, Rebellion oder Aufstand;

hh) durch Kernenergie, nukleare Strahlung oder radioaktive Substanzen.

4. Versicherungsort

Abweichend von Abschnitt A § 4 gilt:

Versicherungsschutz besteht nur innerhalb des Versicherungsortes. Versicherungsort sind die im Versicherungsvertrag bezeichneten räumlichen Bereiche.

(...)

6. Ende des Vertrages

a) Abweichend von Abschnitt B § 2 endet der Vertrag mit der Nutzungsmöglichkeit des Bauvorhabens, spätestens jedoch mit dem vereinbarten Zeitpunkt. Besteht die Nutzungsmöglichkeit nur für einen Teil des Bauvorhabens, endet der Versicherungsschutz für diesen Teil.

b) Der Versicherungsvertrag kann verlängert werden, soweit keine Sachschäden, die zu einem versicherten Unterbrechungsschaden führen können, eingetreten sind.

c) Bei Eintritt des Unterbrechungsschadens kann der Versicherungsnehmer einen neuen Bauleistung-Betriebsunterbrechungsversicherungsvertrag beantragen.

Montage

Versichert gilt der Unterbrechungsschaden, den ein Betrieb infolge eines Sachschadens am versicherten Montageobjekt während der Montage oder der Erprobung durch die Verzögerung der Inbetriebnahme der Anlage erleidet.

Hierfür besteht kein eigenständiges Bedingungswerk, vielmehr werden die Allgemeinen Bedingungen für die Maschinen-Betriebsunterbrechungsversicherung (AMBUB) mittels zusätzlicher Klausel (TK 4970) um die risikospezifischen Merkmale der Montageversicherung modifiziert.

So beginnt der Bewertungszeitraum im Schadensfall mit dem Ende des Unterbrechungsschadens bzw. mit dem Ablauf der Haftzeit, deren Anfang durch den geplanten Zeitpunkt bestimmt wird, an dem die Anlage nach dem erfolgreichen Probebetrieb hätte eingesetzt werden sollen.

Klausel TK 4970 (Auszug aus den GDV-Musterbedingungen)
[die Paragrafen im Text beziehen sich auf die AMoB]

1. Gegenstand der Versicherung; Unterbrechungsschaden; Haftzeit

Abweichend von Abschnitt A § 1 gilt:

a) Gegenstand der Versicherung

Wird die technische Einsatzmöglichkeit von im Versicherungsvertrag bezeichneten Montageobjekt zum geplanten Zeitpunkt infolge eines am Versicherungsortes eingetretenen Sachschadens verzögert oder beeinträchtigt, leistet der Versicherer Entschädigung für den dadurch entstehenden Unterbrechungsschaden.

b) Unterbrechungsschaden

Der Unterbrechungsschaden besteht aus den fortlaufenden Kosten und dem Betriebsgewinn, die der Versicherungsnehmer innerhalb des Unterbrechungszeitraumes, längstens jedoch der Haftzeit, nicht erwirtschaften kann, weil die beschädigte, zerstörte oder abhandengekommene Sache in einen dem Zustand unmittelbar vor Eintritt des Sachschadens technisch gleichwertigen Zustand versetzt bzw. durch eine gleichartige Sache ersetzt werden muss (Unterbrechungsschaden).

c) Haftzeit

Die Haftzeit ist der Zeitraum, für welchen Versicherungsschutz für den Unterbrechungsschaden besteht.
Die Haftzeit beginnt mit dem Zeitpunkt, zu dem ohne Eintritt des Sachschadens die Nutzungsmöglichkeit des Montagevorhabens gegeben gewesen wäre.
Ist die Haftzeit nach Monaten bemessen, so gelten jeweils 30 Kalendertage als ein Monat. Ist jedoch ein Zeitraum von 12 Monaten vereinbart, so beträgt die Haftzeit ein volles Kalenderjahr.

2. Bewertungszeitraum

Abweichend von Abschnitt A § 2 Nr. 2 beginnt der Bewertungszeitraum mit dem Ende des Unterbrechungsschadens.

3. Sachschaden; versicherte und nicht versicherte Gefahren und Schäden

Abweichend von Abschnitt A § 3 gilt:

a) Sachschaden ist die unvorhergesehen eintretende Beschädigung oder Zerstörung des im Versicherungsvertrag bezeichneten Montageobjektes. Unvorhergesehen eintretende Verluste von versicherten Sachen sind dem Sachschaden gleichgestellt. Unvorhergesehen sind Sachschäden, die der Versicherungsnehmer oder seine Repräsentanten weder rechtzeitig vorhergesehen haben noch mit dem für die Montage und Inbetriebnahme erforderlichen Fachwissen hätten vorhersehen können, wobei nur grobe Fahrlässigkeit schadet und diese den Versicherer dazu berechtigt, seine Leistung in einem der Schwere des Verschuldens entsprechenden Verhältnis zu kürzen.

b) Sofern nichts anderes vereinbart ist, leistet der Versicherer Entschädigung für Unterbrechungsschäden durch Sachschäden an Lieferungen und Leistungen, die der Versicherungsnehmer der Art nach ganz oder teilweise erstmals ausführt oder ausführen lässt, nur soweit der Sachschaden durch Einwirkung von außen entstanden ist.

c) Zusätzlich versicherbare Gefahren und Schäden

Sofern vereinbart, leistet der Versicherer Entschädigung für Unterbrechungsschäden infolge von Sachschäden durch

aa) Brand, Blitzschlag oder Explosion, Anprall oder Absturz eines Luftfahrzeuges, seiner Teile oder seiner Ladung;

bb) Innere Unruhen;

cc) Streik oder Aussperrung;

dd) betriebsbedingt vorhandene oder verwendete radioaktive Isotope.

d) Nicht versicherte Gefahren und Schäden

Der Versicherer leistet ohne Rücksicht auf mitwirkende Ursachen keine Entschädigung für Unterbrechungsschäden infolge von

aa) Sachschäden durch Vorsatz des Versicherungsnehmers oder dessen Repräsentanten;

bb) Sachschäden durch normale Witterungseinflüsse, mit denen wegen der Jahreszeit und der örtlichen Verhältnisse gerechnet werden muss;

cc) Sachschäden, die eine unmittelbare Folge der dauernden Einflüsse des Betriebes sind;

dd) Verlusten, die erst bei einer Bestandskontrolle festgestellt werden;

ee) Sachschäden, die später als einen Monat nach Beginn der ersten Erprobung eintreten und mit einer Erprobung zusammenhängen;

ff) Sachschäden durch Einsatz einer Sache, deren Reparaturbedürftigkeit dem Versicherungsnehmer oder seinen Repräsentanten bekannt sein musste; wobei nur grobe Fahrlässigkeit schadet und diese den Versicherer dazu berechtigt, seine Leistung in einem der Schwere des Verschuldens entsprechendem Verhältnis zu kürzen. Der Versicherer leistet jedoch Entschädigung für den Unterbrechungsschaden, wenn der Schaden nicht durch die Reparaturbedürftigkeit verursacht wurde oder wenn die Sache zur Zeit des Schadens mit Zustimmung des Versicherers wenigstens behelfsmäßig repariert war;

gg) Sachschäden durch Beschlagnahme oder sonstige hoheitliche Eingriffe;

hh) Sachschäden durch Krieg, kriegsähnliche Ereignisse, Bürgerkrieg, Revolution, Rebellion oder Aufstand;

ii) Sachschäden durch Kernenergie, nukleare Strahlung oder radioaktiven Substanzen;

jj) Sachschäden durch Mängel, die bei Abschluss der Versicherung bereits vorhanden waren und dem Versicherungsnehmer, der Leitung des Unternehmens oder dem verantwortlichen Leiter der Montagestelle bekannt sein mussten, wobei nur grobe Fahrlässigkeit schadet und diese den Versicherer dazu berechtigt, seine Leistung in einem der Schwere des Verschuldens entsprechenden Verhältnis zu kürzen.

4. Versicherungsort

Abweichend von Abschnitt A § 4 gilt:

Versicherungsschutz besteht nur innerhalb des Versicherungsortes. Versicherungsort sind die im Versicherungsvertrag bezeichneten räumlichen Bereiche.

Hinweis:	Egal wie viele Montageschäden eintreten, es kann NUR EINEN BU-Schaden geben, da nur 1 Fertigstellungstermin besteht !

Haftzeit:	Die Haftzeit beginnt mit dem Zeitpunkt, zu dem ohne Schaden der Probetrieb beendet gewesen wäre !

Elektronik

Mehrkostenversicherung

Wird der Betrieb einer versicherten Anlage durch einen Sachschaden unterbrochen oder beeinträchtigt, ist es unerlässlich, wenigstens die wichtigsten Arbeiten weiterzuführen. Dies kann dann nur unter Aufwendung von Mehrkosten geschehen.

Mehrkosten sind z.B. Aufwendungen für die Benutzung anderer Anlagen, für zusätzlich beschäftigtes Personal, für Anwendungen anderer Arbeitsverfahren oder Inanspruchnahme von Lohn-Dienstleistungen.

Die Mehrkostenversicherung ist nicht auf den Bereich der Datenverarbeitung begrenzt, sondern kann auch für andere elektronische Anlagen (z.B. Medizingeräte) angewendet werden.

Betriebsunterbrechung

Die Elektronik-Betriebsunterbrechungsversicherung (BU) kommt für Betriebe infrage, die nach einem Schaden den Arbeitsprozess nicht mit Mehrkosten aufrechterhalten können.

Hier ersetzt die Elektronik-BU den entgangenen Gewinn und die fortlaufenden Kosten. Fortlaufende Kosten sind alle betrieblichen Kosten mit Ausnahme derjenigen, die während der Betriebsunterbrechung eingespart werden können und somit nicht zur Aufrechterhaltung des Betriebes erforderlich sind.

Hinweis: In der Praxis sind mittlerweile spezielle „Bau"-Elektronikversicherungen erhältlich, die das alltägliche Risiko des VN umfangreich absichern.

Dazu gehört z.B. die Mitversicherung von beweglichen Geräten (z. B. Laptops, Messinstrumente, GPS-Messgeräte) inklusive der vorhandenen (Mess)Daten.

Wann wirkt sich welcher Versicherungsschutz bei Bau- / Montageprojekten aus ?

Versicherung	Bauplanung / Materialanschaffung	Baubeginn / Bauausführung	Bauende / Bauabnahme
Sachversicherungen			
Feuerrohbau		■	
Sachversicherung			■
Sach-BU-Versicherung			■
Technische Versicherungen			
Maschinenversicherung			■
Maschinen-BU-Versicherung			■
Elektronikversicherung			■
Elektronik-BU-Versicherung			■
Montageversicherung (inkl. Probebetrieb + Feuer !)		■	
Montage-BU-Versicherung			■
Bauleistungsversicherung (ohne Feuer !)		■	
Internationale Variante der Bauleistung: CAR = Constructor´s All Risk		■	
Deckungserweiterung von Bauleistung / CAR:			
Maintenance Visits (Standard)			■
Extended Maintenance (in Erweiterung zur Maintenance Visits)		■	■
Kautionsversicherung			
Anzahlungsbürgschaft	■		
Ausführungsbürgschaft		■	
Gewährleistungsbürgschaft			■
Baufertigstellungsversicherung		■	
Exkurs:			
Décennale-Deckung als Erweiterung der Betriebshaftpflichtversicherung von z.B. Deutsche Handwerksfirmen in Frankreich		■	
Bauherrenhaftpflichtversicherung		■	

Anlage

Wichtige Zahlen auf einen Blick

Zündtemperaturen unterschiedlicher Stäube		Zündtemperaturen unterschiedlicher Stäube	
Hier: Zündtemperatur **Schicht** in °C		Hier: Zündtemperatur **Wolke** in °C	
Kautschuk	220	Schwefel	280
Braunkohle	225	Eisen	310
Steinkohle	245	Mangan	330
Bronze	260	Braunkohle	380
Schwefel	280	Bronze	390
Aluminium	280	Getreide	420
Mangan	285	Milchpulver	440
Getreide	290	Tabak	450
Kork	300	Kautschuk	460
Papier	300	Kork	470
Tabak	300	Weizenmehl	480
Eisen	300	Cellulose	500
Milchpulver	340	Aluminium	530
Baumwolle	350	PVC	530
Cellulose	370	Ruß	530
PVC	380	Papier	540
Ruß	385	Baumwolle	560
Magnesium	410	Zink	570
Zink	440	Steinkohle	590
Weizenmehl	450	Magnesium	610

Zündtemperaturen unterschiedlicher Stäube

Hier: Zündtemperatur **Stoffe (alphabetisch)** in °C

Stoff	Schicht	Wolke
Aluminium	280	530
Baumwolle	350	560
Braunkohle	225	380
Bronze	260	390
Cellulose	370	500
Eisen	300	310
Getreide	290	420
Kautschuk	220	460
Kork	300	470
Magnesium	410	610
Mangan	285	330
Milchpulver	340	440
Papier	300	540
PVC	380	530
Ruß	385	530
Schwefel	280	280
Steinkohle	245	590
Tabak	300	450
Weizenmehl	450	480
Zink	440	570

Weitere wichtige Angaben in °C

Hier: Brandverlauf

20 - 30	Umgebungstemperatur zur Selbstentzündung durch Bakterien von Kohle, Heu, Getreide
40	die "Entwässerung" von Gips beginnt
60	eine Braunfärbung von Holz beginnt
100	die Feuchtigkeit aus Gips verdampft
100	Wasser wird dem Holz entzogen und brennbares Holz entsteht
200	Restwasserentzug aus Gips erfolgt
200 - 300	Zersetzung von Kunststoff beginnt, Salzsäure wird u.U. freigesetzt
300	mit einer raschen Entzündung von Holz muss gerechnet werden
350 - 500	die Härte von Stahl nimmt ab
600	Schmelzpunkt bei Aluminium
600 - 700	kritische Temperatur bei Beton
800 – 1.000	Temperatur bei einem Vollbrand

Verbrennungswärme / Heizwert

Alphabetisch

Angaben in MJ/kg

Acetylen	48,22		Kunststoff PC	31
Autoreifen	31		Kunststoff PE	46,5
Benzin	41,8		Kunststoff PET	21,5
Benzol	40,1		Kunststoff PMMA	26
Biodiesel	37		Kunststoff POM	17
Butan	45,72		Kunststoff PP	46
Diesel	42,6		Kunststoff PS	42
Erdgas	45		Kunststoff PTFE	4,5
Erdöl	42,8		Kunststoff PVC	20
Erdöl, Petrolkoks	31		Magnesium	25
Ethan	47,15		Methanol	19,9
Ethanol	26,8		Methanol	55,5
Gerstenkörner	16		Papier	15
Grafit	32,8		Paraffin	45
Hausmüll	12		Paraffinöl	42
Heizöl	42,6		Phosphor	25,2
Heizöl, Schweröl	40		Propan	46,35
Holz, Brikett	17,6		Schwefel	9,3
Holz, lufttrocken	15,8		Stadtgas	16,34
Holz, Pellets	16,7		Steinkohle	28,7
Holz, waldfrisch	6,8		Steinkohle, Staub	30
Kohle, Braunkohlekoks	19,6		Stroh, trocken	17,2
Kohle, Braunkohlestaub	21,6		Torf	15
Kohle, Rohbraun	8		Trockenschlempe	19
Kohlenmonoxid	10,1		Wasserstoff	119,97
Kunststoff ABS	36		Weizenkörner	17
Kunststoff PA	32			

Verbrennungswärme / Heizwert

Nach Heizwert

Angaben in MJ/kg

119,97	Wasserstoff
55,5	Methanol
48,22	Acetylen
47,15	Ethan
46,5	Kunststoff PE
46,35	Propan
46	Kunststoff PP
45,72	Butan
45	Erdgas
45	Paraffin
42,8	Erdöl
42,6	Diesel
42,6	Heizöl
42	Kunststoff PS
42	Paraffinöl
41,8	Benzin
40,1	Benzol
40	Heizöl, Schweröl
37	Biodiesel
36	Kunststoff ABS
32,8	Grafit
32	Kunststoff PA
31	Autoreifen
31	Erdöl, Petrolkoks
31	Kunststoff PC
30	Steinkohle, Staub

26,8	Ethanol
26	Kunststoff PMMA
25,2	Phosphor
25	Magnesium
21,6	Kohle, Braunkohlestaub
21,5	Kunststoff PET
20	Kunststoff PVC
19,9	Methanol
19,6	Kohle, Braunkohlekoks
19	Trockenschlempe
17,6	Holz, Brikett
17,2	Stroh, trocken
17	Kunststoff POM
17	Weizenkörner
16,7	Holz, Pellets
16,34	Stadtgas
16	Gerstenkörner
15,8	Holz, lufttrocken
15	Papier
15	Torf
12	Hausmüll
10,1	Kohlenmonoxid
9,3	Schwefel
8	Kohle, Rohbraun
6,8	Holz, waldfrisch
4,5	Kunststoff PTFE

Wichtiges in Meter, °C und Prozenten

Hier: Brandschutz / Brandverlauf

0,6	m Abstand Gangbreite zwischen Batterieladestationen
1	m Abstand zwischen Batterie und Ladegerät
2	m Mindesthöhe bei geforderter Umfriedung zzgl. Übersteigsicherung
2	m müssen Rauch- und Wärmeschürzen mind. von der Decke herab hängen
2,5	m Abstand bei Batterieladestationen zu brennbaren Stoffen
5	m Abstand bei Batterieladestationen zu explosiven Stoffen
5	m Mindestabstand zw. 2 Gebäuden = räumliche Brandabschnittstrennung
5	m Mindestabstand von brennbaren Materialien im Freien zu Gebäuden
7	m max. Fußbodenhöhe für Steckleitern
8	m max. Brüstungshöhe für Steckleitern
9	m zwischen Fußboden und Oberkante Ladegut = Hochregallager
10	m Mindestabstand von brennbaren Materialien im Freien zur Umzäunung
10	m Mindestabstand von der Abfallsammelstelle zu Gebäuden
14	% Sauerstoffgehalt benötigt ein Feuer in der Luft
20	m Maximalabstand zw. 2 Gebäuden / mind. Gebäudehöhe (5 m) = Komplextrennung
20	m Mindestabstand bei Komplextrennung vom Gebäude zu brennbaren Stoffen im Freien
20 - 30	°C Umgebungstemperatur zur Selbstentzündung durch Bakterien von Kohle, Heu, Getreide
21	% Sauerstoffgehalt in der Atemluft
22	max. Höhe für Drehleitern
30	Minuten müssen Rauch- und Wärmeschürzen wirksam bleiben
35	max. Entfernung vom Aufenthaltsraum bis zum Rettungsweg / bis nach draußen
40	°C, bei der die "Entwässerung" von Gips beginnt
60	°C, bei der eine Braunfärbung von Holz beginnt
100	°C, bei der Feuchtigkeit aus Gips verdampft
100	°C, bei der Wasser dem Holz entzogen wird und brennbares Holz entsteht
84 - 325	m² Wirkungsfläche von Sprinkleranlagen
200	°C, bei der der Restwasserentzug aus Gips erfolgt
200 - 300	°C, Zersetzung von Kunststoff beginnt, Salzsäure wird u.U. freigesetzt
300	°C, bei der mit einer raschen Entzündung von Holz gerechnet werden muss
350 - 500	°C, in der die Härte von Stahl abnimmt
600	°C, Schmelzpunkt bei Aluminium
600 - 700	°C, kritische Temperatur bei Beton
800 – 1.000	°C Temperatur bei einem Vollbrand
3.000	Nm max. Stoßbeanspruchung bei Brandwänden
4.000	Nm max. Stoßbeanspruchung bei Komplextrennwänden
4102	DIN für Bauteile

Wichtige Meter-Angaben

Hier: Brandschutz

0,6	m Abstand Gangbreite zwischen Batterieladestationen
1	m Abstand zwischen Batterie und Ladegerät
2	m Mindesthöhe bei geforderter Umfriedung zzgl. Übersteigsicherung
2	m müssen Rauch- und Wärmeschürzen mind. von der Decke herab hängen
2,5	m Abstand bei Batterieladestationen zu brennbaren Stoffen
5	m Abstand bei Batterieladestationen zu explosiven Stoffen
5	m Mindestabstand zw. 2 Gebäuden = räumliche Brandabschnittstrennung
5	m Mindestabstand von brennbaren Materialien im Freien zu Gebäuden
7	m max. Fußbodenhöhe für Steckleitern
8	m max. Brüstungshöhe für Steckleitern
9	m zwischen Fußboden und Oberkante Ladegut = Hochregallager
10	m Mindestabstand von brennbaren Materialien im Freien zur Umzäunung
10	m Mindestabstand von der Abfallsammelstelle zu Gebäuden
20	m Maximalabstand zw. 2 Gebäuden / mind. Gebäudehöhe (5 m) = Komplextrennung
20	m Mindestabstand bei Komplextrennung vom Gebäude zu brennbaren Stoffen im Freien
22	max. Höhe für Drehleitern
35	max. Entfernung vom Aufenthaltsraum bis zum Rettungsweg / bis nach draußen
84 - 325	m² Wirkungsfläche von Sprinkleranlagen

Literaturverzeichnis
Tabellen, Bilder & Skizzen

1. Cover / Gestaltung & Foto: **Marc Latza**
Das Motiv entstand im **Landschaftspark Duisburg** und wurde mit freundlicher Genehmigung von der Duisburg Marketing GmbH für die Veröffentlichung freigegeben (erneute Nutzung des Fotos auf Seite 3).
www.landschaftspark.de

2. Sämtliche Fotos, Skizzen, Tabellen: Marc Latza, sofern nicht nachfolgend Ausnahmen genannt werden:

Bilder auf den Kapitel-Deckblättern

Quelle:	Wikipedia
	Bilder unterliegen aufgrund ihres Alters nicht mehr dem Copyright bzw. es sind laut Wikipedia keine Quelle mehr bekannt.
Stand:	17.12.2012

Kapitel 1

Seite 55 / Alle Bilder

Quelle:	Wiktionary
Suchbegriff:	„Feuermelder"
Stand:	07.10.2017

Seite 64 / „Kerze"

Quelle:	Wikipedia
Suchbegriff:	„Temperaturzonen Kerze"
Stand:	07.10.2017

Seite 66 / „Rauchabzug"

Quelle:	Wiktionary
Suchbegriff:	„Rauchabzug"
Stand:	07.10.2017

Seite 67 / oberes Foto

Quelle:	Fa. Colt, Kleve
Stand:	07.10.2017

Seite 92 / „Brandwand"

Quelle:	Fa. Hebel, Duisburg
Stand:	07.10.2017

Seite 122 / „Fluchtweg"

Quelle:	Wikipedia
Suchbegriff:	„Fluchtweg"
Stand:	07.10.2017

Seite 125 / „Feuerwehrlaufkarte"

Quelle:	Wikipedia
Suchbegriff:	„Feuerwehrlaufkarte"
Stand:	07.10.2017

Seite 126 / „Feuerwehrlaufkarte"

Quelle:	Wikipedia
Suchbegriff:	„Feuerwehrlaufkarte"
Stand:	07.10.2017

Seite 129 / „Rauchverbot"

Quelle:	Wikipedia
Suchbegriff:	„Rauchverbot"
Stand:	07.10.2017

Seite 137 / „Prüfplakette"

Quelle:	Fa. Wenzel, Düsseldorf
Stand:	07.10.2017

Seite 140 / „Thermografie"

Quelle:	Wikipedia
Suchbegriff:	„Thermografie"
Stand:	07.10.2017

Seite 149 / „Detektionseinheit"

Quelle:	Wikipedia
Suchbegriff:	„Rauchansaugsystem"
Stand:	20.10.2017

Seite 150 / „Sammelplatz"

Quelle:	Wikipedia
Suchbegriff:	„Sammelplatz"
Stand:	07.10.2017

3. Sämtliche Texte: Marc Latza, sofern nicht nachfolgend Ausnahmen genannt werden:

Kapitel 1

Seite 22-24	**Auszüge aus einem historischen Brandbericht**
	Quelle: Internetseite der Feuerwehr Bremerhaven, ergänzt von Marc Latza
	Stand: 17.12.2012

Seite 69 „Kombinationsmöglichkeiten"
Quelle: VdS Brandschutzkonzept
Stand: 10.01.2015

Seite 75-76 DIN EN 13501 (Tabellen zur EU-Vereinheitlichung)
Quelle: Wikipedia
Suchbegriff: „Brandverhalten"
Stand: 16.06.2013

Seite 106 Garagenverordnungen / Länderangaben
Quelle: Wikipedia
Suchbegriff: „Garagenverordnung"
Stand: 17.12.2012

Seite 138 Klausel 3602
Quelle: GDV
Suchbegriff: „Klausel 3602"
Stand: 17.12.2012

Seite 139 Klausel 3603
Quelle: GDV
Suchbegriff: „Klausel 3603"
Stand: 17.12.2012

Seite 148-149 Rauchansaugsysteme
Quelle: Wikipedia
Suchbegriff: „Rauchansaugsysteme"
Stand: 20.10.2017

Kapitel 2

Seite 191-231 Schadstoffe
Quelle: Wikipedia
Suchbegriff: der jeweilige Schadstoff
Stand: 07.01.2015

Seite 191-231 Zuschlagstoffe
Quelle: Wikipedia
Suchbegriff: der jeweilige Zuschlagstoff
Stand: 07.01.2015

Seite 249 3AF / AAAF
Quelle: Wikipedia
Suchbegriff: „3AF Löschmittel"
Stand: 17.12.2012

Seite 250-251 Löschmittelrückhaltung
Quelle: Wikipedia
Suchbegriff: „Löschmittelrückhaltung"
Stand: 07.01.2015

Seite 253-258 Chemische Verfahrensweisen
Quelle: Wikipedia
Suchbegriff: „Chemische Verfahrensweisen"
Stand: 11.01.2015

Seite 263-264 Warenarten
Quelle: Wikipedia
Suchbegriff: „Holz Arten"
Stand: 11.01.2015

Seite 268-271 Papierherstellung
Quelle: Wikipedia
Suchbegriff: „Papierherstellung"
Stand: 11.01.2015

Kapitel 2

Seite 281   **VbF-Lager**
                            Quelle: Wikipedia
                            Suchbegriff: „VbF"
                            Stand: 05.01.2015

Kapitel 3

Seite 351-353   **Baufertigstellungsversicherung**
                            Quelle: VHV, Pressemitteilung
                            Stand: 2012

Kapitelübergreifend

          Temperaturangaben
          Quelle: Wikipedia
          Suchbegriff: der jeweilige Baustoff
          Stand: 17.12.2012

          Klauseln und Bedingungen
          Quelle: GDV-Musterbedingungen
          Stand: 17.12.2012

Bock auf Buch ?

www.independentverlaglatza.de

Jetzt selber Autor werden !
Wir suchen Hobby-Autoren !

Einfach ein Buch veröffentlichen, ohne dem Mainstream zu unterliegen !

Unser Leistungsumfang für Sie:

- Unterstützung bei der Covergestaltung

- Hilfestellungen bei der Erstellung des Buches

- Korrektorat:
  Die Korrekturen beschränken sich auf die Beseitigung von Tippfehlern sowie die
  Verbesserung der Rechtschreibung, Grammatik, Zeichensetzung sowie Korrekturen im
  Satzbau.

- 2 Probeexemplare zur Korrekturlesung

- 2 ISBN für die Veröffentlichung des Buches als Paperback und eBook.

- Dauerhafte Listung des Buches im Verzeichnis der lieferbaren Bücher (VLB) und somit
  Zugriffsmöglichkeit des Buchhandels auf das veröffentlichte Werk !

- Organisation von Lesungen & automatischer Haftpflichtschutz für Lesungen bis max. 100
  Personen !

- Fairer Autorenvertrag mit nur 1 Jahr Mindestlaufzeit !

- Monatliche Provisionsabrechnung vom ersten Monat an. Keine Verrechnung von
  irgendwelchen versteckten Kosten !

Bei Interesse einfach melden !
www.independentverlaglatza.de !

www.ingramcontent.com/pod-product-compliance
Lightning Source LLC
Chambersburg PA
CBHW082308210326
41598CB00029B/4472